华章科技

U0139533

智能科学与技术丛书

Distributed Machine Learning

Theories, Algorithms, and Systems

分布式机器学习

算法、理论与实践

刘铁岩 陈薇 王太峰 高飞 ◎ 著

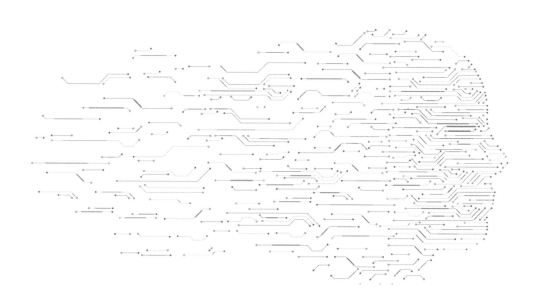

机械工业出版社
China Machine Press

图书在版编目（CIP）数据

分布式机器学习：算法、理论与实践 / 刘铁岩等著 . —北京：机械工业出版社，2018.9
（2018.11 重印）
（智能科学与技术丛书）

ISBN 978-7-111-60918-6

I. 分… II. 刘… III. 机器学习 IV. TP181

中国版本图书馆 CIP 数据核字（2018）第 220552 号

分布式机器学习：算法、理论与实践

出版发行：机械工业出版社（北京市西城区百万庄大街 22 号 邮政编码：100037）

责任编辑：姚　蕾　　迟振春　　　　　　　责任校对：张惠兰

印　　刷：中国电影出版社印刷厂　　　　　版　　次：2018 年 11 月第 1 版第 2 次印刷

开　　本：185mm×260mm　1/16　　　　　印　　张：17.25

书　　号：ISBN 978-7-111-60918-6　　　　定　　价：89.00 元

凡购本书，如有缺页、倒页、脱页，由本社发行部调换

客服热线：（010）88379426　88361066　　　　投稿热线：（010）88379604

购书热线：（010）68326294　88379649　68995259　　　读者信箱：hzit@hzbook.com

最近几年，机器学习在许多领域都获得了前所未有的成功，由此也彻底改变了人工智能的发展方向，引发了大数据时代的到来。其中最富有挑战性的问题是由分布式机器学习解决的。所以，要了解机器学习究竟能够带来什么样前所未有的新机遇、新突破，就必须了解分布式机器学习。

相比较而言，机器学习这个领域本身是比较单纯的领域，其模型和算法问题基本上都可以被看成纯粹的应用数学问题，而分布式机器学习则不然，它更像是一个系统工程，涉及数据、模型、算法、通信、硬件等许多方面，这更增加了系统了解这个领域的难度。刘铁岩博士和他的合作者的这本书，从理论、算法和实践等多个方面对这个新的重要学科给出了系统、深刻的讨论。这无疑是雪中送炭，这样的书籍在现有文献中还难以找到。对我个人而言，这也是我早就关注但一直缺乏系统了解的领域，所以看了这本书，我也是受益匪浅。相信对众多关注机器学习的工作人员和学生，这也是一本难得的好书。

我是 2012 年在我组织的"数据科学与信息产业"会议上认识铁岩的。后来虽然见面不多，但我一直关注他的工作。他和合作者在百忙之中抽出宝贵的时间来写这本书，对整个机器学习、大数据和人工智能领域都是很大的贡献。相信他们的辛勤劳动会得到行业的回报。

鄂维南

2018 年 6 月

如果说人工智能技术将造就人类的未来时代，那么作为人工智能的核心支撑，机器学习将会像电力一样无处不在。事实上，机器学习现在已经炙手可热，不仅学界关注、业界聚焦、政府重视，甚至在街头巷尾也常有所闻。回望十几年前很多人还以为机器学习是机械类专业内容，恍如隔世。

机器学习备受关注的原因之一，是它已经在众多现实应用中发挥了巨大作用，尤其在若干困难任务上带来了超出一般预料的成功。于是，人们热情高涨，对于以机器学习为核心的智能产业的前景无限憧憬，而如何让机器学习技术在业界的大规模任务中更充分地发挥威力，则成为热议的话题。

业界的大规模机器学习任务往往涉及如何充分地利用"大数据"、如何有效地训练"大模型"。使用价格昂贵的高性能设备，例如 TB 级内存的计算服务器未尝不可，但硬件能力的增长速度显然比不上机器学习所面对数据的增长速度，因此目前业界更主流的解决方案是分布式机器学习。

分布式机器学习并非分布式处理技术与机器学习的简单结合。一方面，它必须考虑机器学习模型构成与算法流程本身的特点，否则分布式处理的结果可能失之毫厘、谬以千里；另一方面，机器学习内含的算法随机性、参数冗余性等，又会带来一般分布式处理过程所不具备的、宜于专门利用的便利。

值得一提的是，市面上关于机器学习的书籍已有许多，但是分布式机器学习的专门书籍还颇少见。

刘铁岩博士是机器学习与信息检索领域的国际著名专家，带领的微软亚洲研究院机器学习研究团队成果斐然。此次他们基于分布式机器学习方面的丰富经验推出《分布式机器学习：算法、理论与实践》一书，将是希望学习和了解分布式机器学习的中文读者的福音，必将有力促进相关技术在我国的推广和发展。

周志华

于南京

2018 年 6 月

近年来，人工智能取得了飞速的发展，实现了一个又一个技术突破。这些成功的幕后英雄是海量的训练数据、超大规模的机器学习模型以及分布式的训练系统。一系列有关分布式机器学习的研究工作，从并行模式、跨机通信到聚合机制，从算法设计、理论推导到系统构建，都在如火如荼地展开。人们不仅发表了大量的学术论文，也开发出一批实用性很强的分布式机器学习系统。本书的目的是向读者全面展示分布式机器学习的现状，深入分析其中的核心技术问题，并且讨论该领域未来发展的方向。本书既可以作为研究生从事分布式机器学习方向研究的参考文献，也可以作为人工智能从业者进行算法选择和系统设计的工具书。

全书共 12 章。第 1 章是绪论，向大家展示分布式机器学习这个领域的全景。第 2 章介绍机器学习的基础知识，其中涉及的基本概念、模型和理论，会为读者在后续章节中更好地理解分布式机器学习的各项技术奠定基础。第 3 章到第 8 章是本书的核心部分，向大家细致地讲解分布式机器学习的框架及其各个功能模块。其中第 3 章对整个分布式机器学习框架做综述，而第 4 章到第 8 章则针对其中的数据与模型划分模块、单机优化模块、通信模块、数据与模型聚合模块分别加以介绍，展示每个模块的不同选项并讨论其长处与短板。接下来的三章是对前面内容的总结与升华。其中第 9 章介绍由分布式机器学习框架中不同选项所组合出来的各式各样的分布式机器学习算法，第 10 章讨论这些算法的理论性质（例如收敛性），第 11 章则介绍几个主流的分布式机器学习系统（包括 Spark MLlib、Multiverso 参数服务器系统和 TensorFlow 数据流系统）。最后的第 12 章是全书的结语，在对全书内容进行简要总结之后，着重讨论分布式机器学习这个领域未来的发展方向。

有关本书的写作，因为涉及分布式机器学习的不同侧面，不同的章节对读者预备知识的要求有所不同。尤其是涉及优化算法和学习理论的部分，要求读者对于最优化理论和概率统计有一定的知识储备。不过，如果读者的目的只是熟悉主流的分布式机器学习框架和系统，则可以跳过这些相对艰深的章节，因为其余章节自成体系，对于理论部分没有过多的依赖。

我仍然清晰地记得，两年以前华章公司的姚蕾编辑多次找到我，希望我能撰写一本关于分布式机器学习的图书。一方面被姚蕾的诚意打动，另一方面也考虑到这样一本书对于在校研究生和人工智能从业者可能有所帮助，我最终欣然应允。然而，平时工作过于繁忙，真正可以用来写书的时间非常有限，所以一晃就是两年的时光，直至今日本书才与读者见面，内心十分惭愧。

回顾这两年的写作过程，有很多人需要感谢。首先，我要感谢本书的联合作者：陈薇博士负责书中与优化算法和学习理论有关的内容，王太峰和高飞则主要负责通信机制、聚合模式和分布式机器学习系统等方面的内容。没有他们夜以继日的努力，本书无法成文。在写作过程中，本书的各位作者得到了家人的大力支持。写书之路实属不易，如果没有她（他）们的默默奉献，作者们很难集中精力，攻克这个艰巨的任务。其次，我要感谢诸多为本书的写作做出过重要贡献的人：我在中国科学技术大学的博士生郑书新花费了大量的精力和时间帮助我们整理了全书的参考文献；北京大学的孟琪同学则帮助我们对全书做了细致的校验；华章公司的编辑姚蕾和迟振春对我们的书稿提出了很多宝贵的意见；普林斯顿大学教授、中国科学院院士鄂维南博士，以及南京大学教授周志华博士分别为本书题写了推荐序。正是因为这么多幕后英雄的奉献，本书才得以顺利面世。最后，我还要感谢微软亚洲研究院院长洪小文博士，他的大力支持使得我们在分布式机器学习这个领域做出了很多高质量的研究工作，也使得我们有机会把这些成果记录下来，编纂成书，与更多的同行分享。

惭愧的是，即便耗时两载，即便集合了多人的智慧和努力，本书的写作仍然略显仓促。加之分布式机器学习这个领域飞速发展，本书成稿之时，又有很多新的研究成果发表，难以周全覆盖。再则，本书的作者才疏学浅，书中难免有疏漏、错误之处，还望读者海涵，不吝告知，日后加以勘误，不胜感激。

刘铁岩

于北京中关村

2018 年 6 月

刘铁岩　　微软亚洲研究院副院长。刘博士的先锋性研究促进了机器学习与信息检索之间的融合，被国际学术界公认为"排序学习"领域的代表人物。近年来在深度学习、分布式学习、强化学习等方面也颇有建树，发表论文 200 余篇，被引用近两万次。多次获得最佳论文奖、最高引用论文奖、Springer 十大畅销华人作者、Elsevier 最高引中国学者等。受邀担任了包括 SIGIR、WWW、KDD、ICML、NIPS、AAAI、ACL 在内的顶级国际会议的程序委员会主席或领域主席和多家国际学术期刊副主编。被聘为卡内基 – 梅隆大学（CMU）客座教授，诺丁汉大学荣誉教授，中国科技大学教授、博士生导师；被评为国际电子电气工程师学会（IEEE）会士，国际计算机学会（ACM）杰出会员。担任中国计算机学会青工委副主任，中文信息学会信息检索专委会副主任，中国云体系创新战略联盟常务理事。他的团队发布了 LightLDA、LightGBM、Multiverso 等知名的机器学习开源项目，并且为微软 CNTK 项目提供了分布式训练的解决方案，他的团队所参与的开源项目在 GitHub 上已累计获得数万颗星。

陈　薇　　微软亚洲研究院机器学习组主管研究员，研究机器学习各个分支的理论解释和算法改进，尤其关注深度学习、分布式机器学习、强化学习、博弈机器学习、排序学习等。2011 年于中国科学院数学与系统科学研究院获得博士学位，同年加入微软亚洲研究院，负责机器学习理论项目，先后在 NIPS、ICML、AAAI、IJCAI 等相关领域顶级国际会议和期刊上发表文章 30 余篇。

王太峰　蚂蚁金服人工智能部总监、资深算法专家。在蚂蚁金服负责 AI 算法组件建设，包括文本理解、图像理解、在线学习、强化学习等，算法工作服务于蚂蚁金服的支付、国际、保险等多条业务线。在加入蚂蚁之前在微软亚洲研究院工作 11 年，任主管研究员，他的研究方向包括大规模机器学习、数据挖掘、计算广告学等。在国际顶级的机器学习会议上发表近 20 篇论文，做了 4 次大规模机器学习专题讲座，并被多次邀请为各个会议程序委员。目前还是中国人工智能开源软件发展联盟的副秘书长，在大规模机器学习开源工具方面也做出了很多贡献，在微软期间主持开发过 DMTK 的开源项目，在 GitHub 上获得的点赞总数超过 8000 次，得到广泛好评。

高 飞　微软亚洲研究院副研究员，主要从事分布式机器学习和深度学习的研究工作，并在国际会议上发表多篇论文。2014 年设计开发了当时规模最大的主题模型算法和系统 LightLDA。还开发了一系列分布式机器学习系统，并通过微软分布式机器学习工具包（DMTK）开源在 GitHub 上。

CHAPTER

1

第1章

DISTRIBUTED MACHINE LEARNING
Theories, Algorithms, and Systems

绪　　论

1.1 人工智能及其飞速发展

很早以前人类就有一个梦想：创建一种能像自己一样，具有独立思考和推理能力的机器。这个梦想驱动着人们不断进行科学探索，也孕育出很多引人入胜的科幻小说。

直到 1956 年一群怀揣梦想的青年科学家在美国的达特茅斯学院集会，正式提出了"人工智能"这一概念，从此开启了人工智能的历史篇章。在随后的 60 多年里，人工智能几起几落，技术也不断推陈出新，其波澜壮阔的景象如图 1.1 所示。每一次人工智能高潮（即所谓的"人工智能的春天"）的到来，都是因为某（几）项新技术的发明解决了之前困扰大家多年的难题，引燃了大众对于梦想的无限畅想和狂热追逐；而人工智能低谷（即所谓的"人工智能的冬天"）的出现，则往往是因为技术的发展速度跟不上狂热大众的期望，于是很多关于机器智能的预言破灭，政府和投资机构相继撤资，导致人工智能的研究得不到应有的充分支持。与其他的研究领域相比，正因为人工智能与人类本身更加密切相关，离人类的梦想更近，所以难免命运多舛，跌宕起伏。

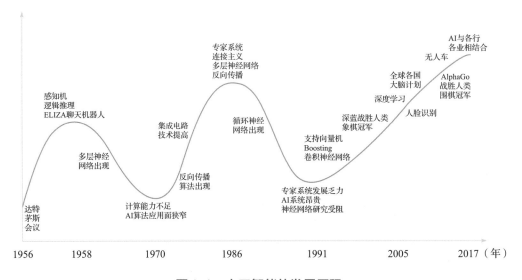

图 1.1 人工智能的发展历程

聚焦过去的十年间，人工智能技术取得了前所未有的高速发展，甚至用"春天"都不足以形容人工智能的热度。为了给大家一个具象化的感觉，我们列举了这几年人工智能在语音、图像、自然语言处理、人机对弈、自动驾驶、医疗健康等方面所取得的骄人战绩。

- 在语音处理方面，2016 年年底，来自微软研究院的计算机科学家首次在普通对话数据上取得了可以和人类媲美的语音识别能力（词错误率低至 5.9%）[1]；2017 年年初，IBM 的科学家宣布通过集成多个语音识别模型，可以把识别的错误率进一步降低到 5.1%[2]；而 2017 年 8 月，微软研究院的科学家再接再厉，挑战技术极限，成功地训练出可以取得 5.1% 错误率的单个语音识别模型[3]。语音识别精度的不断提升，为个人语音助手和智能音箱的出现提供了技术支持，催生出如 Siri、Cortana、Google Now、Echo 等家喻户晓的产品。

- 在图像处理方面，2012 年 AlexNet 在 ImageNet 大规模视觉识别挑战（ILSVRC）中将图像分类的 top-5 错误率降低到 15.3%[4]；而后 VGGNet 将这个分类错误率进一步降低到 7.3%[5]；2015 年，来自微软研究院和谷歌的科学家分别独立取得了错误率接近 3.5% 的骄人成绩[6-7]，而这个识别精度已经远超人类的平均水平（5.1%）。图像识别能力的提升，促进了安防、智能金融等诸多领域的迅猛发展，造就了一批"刷脸公司"，不断刷新创业公司融资的纪录。

- 在自然语言处理方面，各大公司近年来都在构建自己的机器翻译系统，并且将其产品化、商业化。比如 2016 年年底微软公司发布的新版 Microsoft Translator 手机应用可以通过对 100 种语言的实时互译，实现跨国团队之间的无障碍实时交流。而谷歌、脸书、百度等公司也不断推出新型的机器翻译模型，在精度和速度上开展"军备竞赛"。2018 年年初，微软公司宣布在中英新闻翻译领域达到了人类的水平，创立了人工智能的又一个里程碑[8]。

- 在人机对弈方面，人工智能技术对人类选手构成了前所未有的威胁。2016 年年初，来自 DeepMind 的 AlphaGo 以 4:1 的大比分战胜人类围棋世界冠军李世石[9]。一年之后，新一代的 AlphaGo 化身 Master，又在围棋快棋赛中横扫人类选手获得 60 连胜，随后又完胜当时世界排名第一的中国棋手柯洁[10]。除了围棋，人工智能技术在德州扑克、桥牌、麻将等竞技领域也捷报频传[11-13]。

- 在自动驾驶方面，从芯片制造商、互联网公司到传统汽车企业都开始引入人工智能技术，为未来布局。例如谷歌、百度、特斯拉、优步等公司先后宣布了自动驾驶的战略，而且在一定范围内实现了路测；而近期英特尔公司以 153 亿美元的天价收购了 Mobileye 公司，提升其在自动驾驶领域的核心竞争力[14]。国内以自动驾驶为主题的创业公司更是如雨后春笋，关注自动驾驶的不同技术模块或不同场景，不断刺激着人们对自动驾驶走入寻常百姓家的美好憧憬。

- 在健康医疗方面，人工智能公司和传统医药企业密切合作，也取得了很多可喜的进展。例如，由谷歌的科学家训练出的人工智能模型在皮肤癌检测上达到了专业医师的水平[15]；来自微软的科学家和医药公司及医院一起，建立医疗知识图谱和医师助手，并且利用深度学习技术把对糖尿病眼盲症的自动诊断引入临床[16]。2017 年年末，微软宣布了 Azure 云平台对基因数据分析的支持，包括大规模基因数据、基因分析 API 等，为进一步应用人工智能技术解决健康医疗的难题打下基础[17-18]。

除了上述领域之外，人工智能在金融、物流、教育、制造等方面也都取得了长足的进步。这一次人工智能的热潮不仅仅是技术层面的，还涉及广泛的产业和资本运作。无论人们如何评价目前的产业状况，毋庸置疑的是，人工智能真的来了，而且即将对我们的生活产生巨大的影响。

1.2　大规模、分布式机器学习

人工智能真的来了。有人称 2016 年为人工智能元年、2017 年为人工智能的落地之年。大众对于人工智能的认知达到了前所未有的程度，传统产业对于智能转型的热情也空前高涨。那么，是什么原因导致人工智能的全面爆发呢？是在人工智能的算法和理论层面上出现了革命性的突破吗？反观当今主流的人工智能技术，我们会发现其实绝大部分机器学习算法（至少其原型）都是上世纪八九十年代，甚至更早就被提出来的，虽然近年来人们进行了很多技术改良，但是尚谈不上有革命性的技术突破。但是，在很多其他方面，却实实在在发生着改变，从最初的量变，逐步发展到质变，成为人工智能蓬勃发展的强力推手。用一个字来总结这种改变，应该就是"大"：在前所未有的大数据（尤其是有标签的训练数据）的支撑下，通过庞大的计算机集群（尤其以 GPU 集群为主），训练大规模的机器学习模型（尤其是深层神经网络）。而如此训练出来的机器学习模型因为足够复杂，可以有效地逼近很多困难问题的决策边界，因此可以最终秒杀传统的人工智能技术。

大数据、大模型为人工智能的飞速发展奠定了坚实的物质基础，也提出了新的技术挑战。近年来，越来越多的学者开始深入研究分布式机器学习，从而可以更高效地利用大数据训练更准确的大模型。分布式机器学习涉及如何分配训练任务，调配计算资源，协调各个功能模块，以达到训练速度与精度的平衡。一个分布式机器学习系统通常会包含以下主要模块：数据和模型划分模块、单机优化模块、通信模块、模型和数据聚合模块等。这些模块都有各自的设计准则和设计选项，而它们之间的组合更是五花八门。因此，实际的分布式机器学习系统有着非常多样的形态，其优劣性可能需要根据机器学习任务本身（比如模型和优化算法的类别）、计算机集群的属性（比如单机运算能力和通信带宽等）以及最终的评价准则（比如精度优先还是速度优先）等来进行取舍，并无一定之规。在本书中，我们将尽量客观地对各种不同的技术选项进行充分介绍，并且以一些个案为例展示组合的艺术，希望对大家有所帮助。

对很多读者而言，"分布式机器学习"这个研究课题可能既熟悉又陌生。熟悉是因为"分布式计算"和"机器学习"都已经有相当长的发展历史，陌生是因为不清楚二者的结合会碰撞出怎样的新火花。其实，作为一种特殊的分布式系统，分布式机器学习确实非常独具一格：

1）首先，机器学习虽然依赖于数据，但是它的目的是从数据中学习出规律或模型，而不是精准地对原始数据进行存储或者索引。机器学习对于数据细节的细小差别具有很强的鲁棒性。因此，分布式机器学习不像其他分布式计算任务那样要求计算过程在单机和集群上的执行是严格一致的，而是要求所学习到的规律和模型在统计上具有一致性。换言之，即便一个机器学习任务的分布式实现与它的单机实现存在执行层面的差异，只要最后产出的规律和模型与单机版本中的没有显著差别，那么这个分布式实现就是好的实现。

2）其次，机器学习的终极目的是利用所学的模型来完成分类、回归等任务，而这些任务完成的好坏是依据模型的测试精度来判定的。精度往往是人工智能中的兵家必争之地，在很多大型的机器学习比赛中，冠军与亚军的差别往往就在百分之几甚至是千分之几的精度之间。所以，如果机器学习的分布式实现一味追求加速，而损失了所学模型的精度，其结果可能会失之毫厘、谬以千里。但另一方面，因为机器学习关心的是在测试集上的期望精度而不是在训练集上的经验精度，所以如果在分布式实现中引入一些微小噪声，很可能反而会增加学习过程的泛化能力，带来更好的测试结果。

综合以上两点，分布式机器学习与其他分布式系统不同，我们需要考虑它对数据的鲁棒性，对算法精度的特别要求，以及机器学习的泛化过程等。因而，如果想把分布式机器学习做好，需要把系统和统计、优化等知识有机地结合在一起。这一方面对于从业者的要求更高，另一方面也催生出很多新的技术和算法。正是因为这个原因，分布式机器学习才会成长为一个独立的研究领域，并且值得我们用一本书去阐述它的来龙去脉。

1.3   本书的安排

在本书后面章节里，我们将会针对机器学习的分布式算法、理论与实践，剥茧抽丝地进行层层介绍。特别地：

- 第 2 章将首先对机器学习的基本概念和方法进行介绍，包括常用的损失函数、模型、优化算法以及学习理论等。借此为后续章节针对分布式机器学习的介绍打下基础。

- 第 3 章将介绍分布式机器学习的基本框架，简述其基本组件：数据与模型划分、单机优化、通信、数据与模型聚合，并探讨与其相关的重要研究问题。

- 接下来，将介绍分布式机器学习框架中的单机优化模块。第 4 章和第 5 章分别介绍确定性优化算法和随机优化算法，并且对各种算法进行对比和必要的理论分析。

- 第 6 章将介绍分布式机器学习框架中的数据和模型划分模块，并讨论不同的划分方法对于整体学习效果的影响。

- 第 7 章将介绍分布式机器学习框架中的通信模块，包括通信的不同内容、不同的拓扑结构、不同的步调以及不同的频率。

- 第 8 章将介绍分布式机器学习框架中的数据与模型聚合模块，并且讨论各种聚合方法在凸优化和非凸优化的不同场景下有何优劣。

- 第 9 章将结合前文介绍的分布式机器学习框架，讨论各种常用的同步和异步分布式机器学习算法。这些算法对应了分布式机器学习框架中不同模块的组合。

- 第 10 章将对分布式机器学习中涉及的理论问题进行集中讨论。

- 第 11 章将介绍目前学术界和工业界常用的几种分布式机器学习平台，通过一些具体示例教会大家如何利用这些系统完成自己的分布式机器学习任务。

- 第 12 章是本书的结语。除了总结全书的内容，还将对分布式机器学习这个研究领域未来的发展进行开放性的探讨，以期为读者沿着这个方向进一步探索打开方便之门。

- 在每章的结尾，我们都为读者准备了详尽的参考文献。如果大家想对本书介绍的内容有深度的理解，并获得丰富的实战经验，建议大家广泛阅读这些资料并进行必要的实践，熟能生巧，不断进步。

希望通过阅读本书，大家能够对分布式机器学习这一领域有全面而深入的认识，并且为进一步的研究和实践储备必要的知识和思路。同时，我们也希望通过大家共同的努力，推进分布式机器学习这个领域的蓬勃发展，为人工智能进一步攻城略地打下坚实的系统基础。

参考文献

[1]　Xiong W, Droppo J, Huang X, et al. Toward Human Parity in Conversational Speech Recognition [J]. IEEE/ACM Transactions on Audio, Speech, and Language Processing, 2017, 25(12): 2410-2423.

[2]　Saon G, Kurata G, Sercu T, et al. English Conversational Telephone Speech Recognition by Humans and Machines[J]. 2017.

[3]　Xiong W, Wu L, Alleva F, et al. The Microsoft 2017 Conversational Speech Recognition System [J]. 2017.

[4]　Krizhevsky A, Sutskever I, Hinton G E. Imagenet Classification with Deep Convolutional Neural Networks[C]//Advances in Neural Information Processing Systems (NIPS). 2012: 1097-1105.

[5]　K. Simonyan and A. Zisserman. Very Deep Convolutional Networks for Large-scale Image Recognition.[C]// Advances in International Conference on Learning Representations (ICLR), 2015.

[6]　He K, Zhang X, Ren S, et al. Deep Residual Learning for Image Recognition[C]//Proceedings of the IEEE Conference on Computer Vision and Pattern Recognition (CVPR). 2016: 770-778.

[7]　Ioffe S, Szegedy C. Batch Normalization: Accelerating Deep Network Training by Reducing Internal Covariate Shift[C]//International Conference on Machine Learning (ICML). 2015: 448-456.

[8]　Hassan H, Aue A, Chen C, et al. Achieving Human Parity on Automatic Chinese to English News Translation[J]. arXiv preprint arXiv:1803.05567, 2018.

[9]　Silver D, Huang A, Maddison C J, et al. Mastering the Game of Go with Deep Neural Networks and Tree Search[J]. Nature, 2016, 529(7587): 484-489.

[10]　Silver D, Schrittwieser J, Simonyan K, et al. Mastering the Game of Go without Human Knowledge [J]. Nature, 2017, 550(7676): 354.

[11]　Brown N, Sandholm T. Superhuman AI for Heads-up No-limit Poker: Libratus Beats Top Professionals[J]. Science, 2017: eaao1733.

[12]　Ventos V, Costel Y, Teytaud O, et al. Boosting a Bridge Artificial Intelligence[J]. 2017.

[13]　Mizukami N, Tsuruoka Y. Building a Computer Mahjong Player Based On Monte Carlo Simulation and Opponent Models[C]//Computational Intelligence and Games (CIG), 2015 IEEE Conference on. IEEE, 2015: 275-283.

[14]　Geiger A, Lenz P, Urtasun R. Are We Ready for Autonomous Driving? the kitti vision benchmark suite[C]//Computer Vision and Pattern Recognition (CVPR), 2012 IEEE Conference on. IEEE,

2012： 3354-3361.

［15］ Esteva A, Kuprel B, Novoa R A, et al. Dermatologist-level Classification of Skin Cancer with Deep Neural Networks［J］. Nature, 2017, 542(7639)： 115.

［16］ Aimee Riordan. Open Source and the Cloud： Changing the Lives of People with Type 1 Diabetes ［EB/OL］. (2014-12-18). https：//news. microsoft. com/features/open-source-and-the-cloud-changing-the-lives-of-people-with-type-1-diabetes/.

［17］ Zhang J X, Fang J Z, Duan W, et al. Predicting DNA Hybridization Kinetics from Sequence［J］. Nature Chemistry, 2018, 10(1)： 91.

［18］ Chatterjee G, Dalchau N, Muscat R A, et al. A Spatially Localized Architecture for Fast and Modular DNA Computing［J］. Nature Nanotechnology, 2017, 12(9)： 920.

CHAPTER

2

第2章

DISTRIBUTED MACHINE LEARNING
Theories, Algorithms, and Systems

机器学习基础

想要深入了解什么是"分布式机器学习"，首先需要了解什么是"机器学习"。本章将对机器学习的基本概念和方法进行介绍，包括机器学习的基本流程、常用的损失函数、模型结构、优化方法以及学习理论等。写作本章的目的是为后续章节的展开做个铺垫，并非本书重点，因此我们的介绍会停留在比较粗的粒度上，同时力争以点带面，而非面面俱到。

2.1　机器学习的基本概念

机器学习是一门多领域交叉学科，涉及计算机科学、概率统计、最优化理论、控制论、决策论、算法复杂度理论、实验科学等多个学科。机器学习的具体定义也因此有许多不同的说法，分别以某个相关学科的视角切入。但总体上讲，无论是哪种说法，其关注的核心问题都是如何用计算的方法模拟人类的学习行为：从历史经验中获取规律（或模型），并将其应用到新的类似场景中。

为了使大家对机器学习有直观认识，我们先来举个简单的例子。假定我们的目的是学习一个模型，用以自动判断某产品评论是正面的还是负面的（如图 2.1 所示）。为此，我们首先要了解"正面评论"和"负面评论"的表现形式有何不同。我们可以人为采集一批正面评论和一批负面评论作为参考，用以发掘哪些词汇或者表述形式能够反映评论的感情色彩。假设我们已经人为标注了两组数据：第一组数据包含 1000 条正面评论，第二组数据包含 1000 条负面评论。我们的目的是让计算机通过这些训练数据，自动学习一个预测模型，将来如果再给定一条新的产品评论，计算机可以利用该模型来预测它是正面评论的可能性有多大。

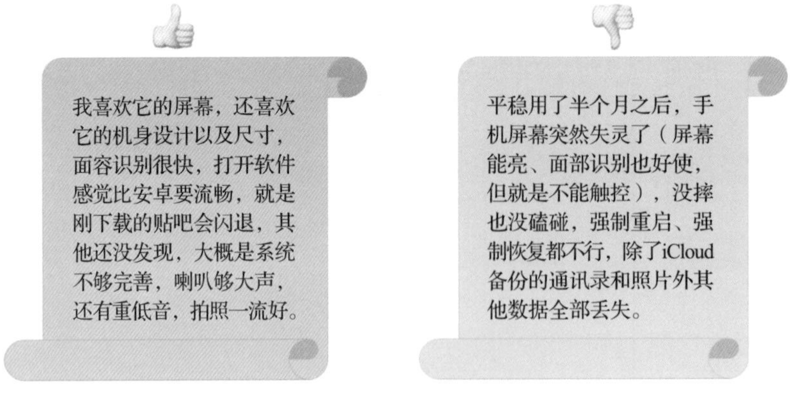

我喜欢它的屏幕，还喜欢它的机身设计以及尺寸，面容识别很快，打开软件感觉比安卓要流畅，就是刚下载的贴吧会闪退，其他还没发现，大概是系统不够完善，喇叭够大声，还有重低音，拍照一流好。

平稳用了半个月之后，手机屏幕突然失灵了（屏幕能亮、面部识别也好使，但就是不能触控），没摔也没磕碰，强制重启、强制恢复都不行，除了 iCloud 备份的通讯录和照片外其他数据全部丢失。

图 2.1　产品评论分类

为了实现以上目的，我们需要进行以下几个步骤：

- **为每条评论抽取特征**。比如是否出现具有特殊感情色彩的词汇（如美观、实用、耐用、易碎、粗糙等），以及这些词汇出现的频率。特征抽取的过程可以是人为的，也可以是自动化的。近年来，机器学习领域的趋势是使用算法实现端到端的特征抽取，以便提高机器学习算法的自动化程度。

- **定义带参数的预测模型**。该模型以产品评论的特征为输入，输出一个分数，作为最终进行正面、负面分类的依据。预测模型的数学形式可以有诸多选择：线性函数是最简单的选择，它对各维特征进行线性加权（各维特征对应的加权系数就是线性预测模型的参数），然后输出一个分数；非线性函数要复杂一些，会考虑各维特征之间的高阶组合关系，其模型参数依赖于非线性函数的具体形式。

- **定义损失函数**。给定预测模型，我们可以用它对训练数据集中的每一个输入样本进行预测。当然，预测结果相对于真实类别可能正确，也可能错误。为了衡量预测结果是否正确，就需要一个损失函数，它负责在预测结果错误时给予惩罚，在预测结果正确时不予惩罚。为了方便依照损失函数来调整模型参数，通常希望损失函数是个取值非负的连续可导的函数，甚至是凸函数，比如二次函数或者交叉熵函数等。

- **选取优化方法**。当训练数据、特征抽取、预测模型、损失函数都悉数到位以后，我们就可以在整个训练数据集上计算预测模型对应的总体损失（通常称之为经验风险），然后利用合适的优化方法来最小化这个损失，从而获得具有某种最优性的模型参数。实现模型参数优化的方法有很多，例如：梯度下降法、牛顿法等。但是，我们是否能够获得真正意义上的"最优"，还要看损失函数的复杂程度。如果损失函数是个凸函数，则很容易找到全局最优；否则，多数情况下得到的只能是局部最优而已。

上面关于产品评论情感分类的例子是一个非常简单的有监督二分类问题，但是它很有代表性。很多实际问题都可以被建模成二分类问题，或者二分类问题的组合，比如：图像识别、人脸识别、语音识别、垃圾邮件检测、钓鱼网站识别等。当然，也存在其他一些问题，不能用简单的二分类加以建模，比如回归问题和排序问题。另外，有时候我们无法获得有标签的训练数据，而是要通过无标签数据进行学习。这个时候我们就称相应的学习问题为无监督学习。其实，机器学习任务的类别是非常丰富的，为了让大家获得对机器学习更加全面的认知，下面将从多个维度对机器学习问题进行梳理。

- 从学习目标的角度，机器学习可以大体分成回归、分类、排序、有结构预测等类别。这些类别的主要差别在于机器学习模型输出的格式，以及如何衡量输出的准确程度。
  - 在**回归问题**里，模型的输出值一般是一个连续的标量，人们通常用模型输出与真值之间的最小平方误差来衡量模型的准确程度。
  - 在**分类问题**里，模型的输出是一个或多个类别标签，人们通常使用 0 – 1 误差及其损失函数（如交叉熵、Hinge 函数、指数函数等）来衡量模型的准确程度。
  - 在**排序问题**里，模型的输出是一个经过排序的对象列表，人们通常用序对级别（pairwise）或列表级别（listwise）的损失函数来衡量模型的准确程度[1-2]。
  - 在更加通用的**有结构预测问题**中，则需要具体问题具体分析，利用领域知识定义合适的输出格式和模型准确程度的判别准则。
- 从训练数据特性的角度，机器学习可以大体分为有监督学习、半监督学习、无监督学习、弱监督学习等类别。
  - **有监督学习**，指的是每个训练数据都拥有标签。这样一来，在每个训练样本上都可以精准地计算损失，并且根据损失对模型进行优化[3]。
  - **半监督学习**，指的是训练集里同时存在有标签数据和无标签数据。通常人们需要对无标签数据进行一些预处理（比如根据它们和有标签数据的相似性来预测其伪标签，或者计算它们彼此之间的相似性以获取对整个数据集分布的先验知识），然后利用它们来协助原有的训练过程（比如把伪标签当作真实标签使用，或把数据集分布作为正则项来增强模型的泛化能力）[4-5]。
  - **无监督学习**处理的数据全都是无标签的。学习的目的是从数据中发掘关联规则，或者利用数据在输入空间中的相互关系（如相似性、距离、偏序关系等）对数据进行聚类和影响力排序[6]。
  - **弱监督学习**中存在某种形式的奖励信号，该信号可以用于模型训练，但是没有样本标签那么直接、完全、确切或者准确。强化学习是一类典型的弱监督学习问题，它无须依赖预先给定的离线训练数据，而是通过与环境的试探性交互来进行学习。具体而言，学习机制通过选择并执行某些动作，导致环境状态变化，并得到来自环境的奖励信号。学习的目标是寻找一个合适的动作选择策略，使产生的动作序列获得最优的累计奖励[7]。

- 从模型复杂程度的角度，机器学习可以分为线性模型与非线性模型（或浅层模型与深层模型）。

  ○ **线性模型**包括线性回归[8]、逻辑回归[9]、线性支持向量机[10]等。这些模型可以通过核化进行非线性变换，从而获得更加强大的表达能力。

  ○ **非线性模型**包括决策树[11]、深层神经网络[12]（包括全连接神经网络、卷积神经网络[13]、循环神经网络[14]等）。它们具有很强的表达能力，可以更好地拟合训练数据。

- 从模型的功能角度，机器学习可以划分为生成模型和判别模型。

  ○ **生成模型**在学习过程中通常以最大化训练数据的似然为目的，关注的是输入样本和标签的联合概率分布。生成模型要学习的概率分布比较复杂，但适用场合很丰富，既可以用来完成分类任务，也可以实现概率密度估计或样本的随机生成。

  ○ **判别模型**通常最大化的是条件似然，也就是关注在给定输入样本的前提下标签的条件概率。判别模型单刀直入，解决的是一个判别问题，不需要对联合分布做不必要的刻画，学习效率比较高，但适用场景也因此受到一定程度的限制。

机器学习还可以从可解释性、可扩展性等多个维度进行划分，考虑到本书的范畴，我们就不一一赘述了。如果读者想要对机器学习有更加全面和系统的理解，建议阅读相关的参考文献 [15-17]。

2.2　机器学习的基本流程

接下来，我们仍然围绕简单的有监督二分类问题进行探讨。麻雀虽小，五脏俱全。这个问题（例如前面给出的产品评论情感分类的例子）虽然简单，但是它大体上可以向我们展示出机器学习的基本流程。

为了更好地对机器学习的基本流程进行描述，我们首先对有监督的二分类问题进行数学建模。假设我们有一个训练数据集，包含 n 个样本 $\{x_i\}_{i=1}^n$，每个样本 x_i 可以表示成一个 d 维的向量：$x_i \in \mathcal{X} \subseteq R^d$。样本 x_i 被赋予了一个标签 y_i，表征该样本属于正类还是负类：$y_i \in \mathcal{Y} = \{+1, -1\}$。假设我们最终想要通过机器学习获得一个分类模型 $g: \mathcal{X} \mapsto R$，它以 $\mathcal{X}$ 空间内任意的 d 维向量为输入，通过一个由参数 w 驱动的变换，输出一个分数，然后取这个分数的符号，得到 $\mathcal{Y}$ 空间的预测标签：$\mathrm{sgn}(g(x_i; w))$。那么现在的问题是：什么样的分类模型才是好的？如何才能学到一个好的分类模型呢？

可以根据一个分类模型 g 在训练集上的表现来评价它的好坏。换言之，我们把 g 作用在每一个训练样本 x_i 上，获得相应的输出值 $g(x_i; w)$，然后把这个输出值与 x_i 本身的类别标签 y_i 进行比对，如果二者相同就说明 g 在这个样本上实现了正确的分类，否则就判定它分类错误。这个判定可以用一个简单的示性误差函数加以表示：

$$\mathcal{E}(w; x_i, y_i) = 1_{\{y_i g(x_i; w) < 0\}} \quad ^{\ominus}$$

如果分类模型 g 把训练集里所有的样本或绝大部分样本都分到了正确的类别里，我们就说它是一个好的分类器；相反，如果 g 在很多样本上都做出了错误的判断，我们就说它不是一个好的分类器。这种定性的判断可以用一个称为经验误差风险的数值来进行定量衡量，也就是分类模型 g 在所有的训练样本上所犯错误的总和：

$$\hat{\mathcal{E}}_n(w) = \sum_{i=1}^{n} 1_{\{y_i g(x_i; w) < 0\}}$$

如果 $\hat{\mathcal{E}}_n(w)$ 为 0 或者取值很小，我们就说 g 的经验误差风险很小，是一个不错的分类模型。反之，如果 $\hat{\mathcal{E}}_n(w)$ 很大，则对应的经验误差风险很大，g 就不是一个好的分类模型。

通常，我们会通过在训练集上最小化经验误差风险来训练分类模型。换言之，通过调节 g 的参数 w，使得经验误差风险 $\hat{\mathcal{E}}_n(w)$ 不断下降，最终达到最小值的时候，我们就获得了一个所谓"最优"的分类模型。这件事说起来容易，实操起来还是有难度的，主要的问题出在 $\hat{\mathcal{E}}_n(w)$ 的数学性质上。按照上面的定义，$\hat{\mathcal{E}}_n(w)$ 是一组示性函数的和，因此是一个不连续、不可导的函数，不易优化。为了解决这个问题，人们提出了"损失函数"的概念。所谓的损失函数就是和误差函数有一定的关系（例如是误差函数的上界）但具有更好的数学性质（比如连续、可导、凸性等），比较容易进行优化。通过对经验损失风险的最小化，我们可以间接地实现对经验误差风险 $\hat{\mathcal{E}}_n(w)$ 的最小化。为了便

$\ominus$ 读者请注意,误差函数的设计严重依赖于我们要解决的问题。在二分类问题里,这个由示性函数表征的 0 - 1 误差是个不错的评价准则;而在其他问题里,可能会用到别的误差函数。比如对于排序问题,我们会关心位置靠前的结果是否正确,因此会选用一些位置敏感的误差函数,如 MRR[18] 或 NDCG[19]。

于引用，我们用 $\hat{l}_n(w)$ 来表示经验损失风险。

因为损失函数满足了连续可导的条件，所以在优化过程中选择面就比较宽了，有很多方法可供使用。我们既可以选择确定性的优化算法（包含以梯度下降法、坐标下降法为代表的一阶算法，以及以牛顿法、拟牛顿法为代表的二阶算法），也可以选择随机性的优化算法（包括随机梯度下降法、随机坐标下降法、随机拟牛顿法等）。当优化算法收敛以后，我们就得到了一个不错的模型。当然，这个"不错"的模型到底能有多好还要看损失函数的复杂程度。如果损失函数是个凸函数，则很容易通过上述方法找到全局最优模型；否则，多数情况下我们得到的只是局部最优模型。无论是哪种情况，未来我们将会使用这个学到的模型对未知的新样本进行分类。

不过请大家注意，我们的终极目的不是在训练集上使用学到的模型 g，而是要用它对未知的新样本进行预测，因此仅仅在训练集上表现出色（有很小的经验风险）有时是远远不够的。例如，如果一个函数非常复杂，可以精准地拟合所有训练样本，但是它可能在测试样本上的表现差强人意。我们称这种现象为"过拟合"。为了避免这种现象的发生，通常需要函数 g 的形式尽可能简单（例如参数尽可能少，或者函数空间的容度尽可能小），从而具有更好的泛化到测试样本的能力。这就涉及正则化的问题，后文会针对这个问题做进一步介绍。

以上描述的机器学习流程可以用图 2.2 进行表示。

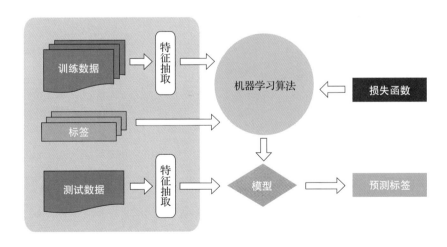

图 2.2　机器学习的基本流程

在下面的各节中，我们将针对机器学习流程的主要组成部分做相对深入的介绍。其中，关于优化方法的更详尽介绍请参见第 4 章和第 5 章。

2.3　常用的损失函数

在二分类问题中，0 - 1 误差是最终的评价准则，但是因为它不是一个连续的凸函数，直接用它来指导模型优化的过程未必是一个好的选择。为了解决这个问题，人们通常使用损失函数作为 0 - 1 误差的一个凸近似或者凸上界，然后通过最小化损失函数，来间接地达到最小化 0 - 1 误差的目的。本节将介绍几种典型的损失函数。

2.3.1　Hinge 损失函数

Hinge 损失函数衡量的是预测模型的输出的符号和类别标签的符号是否一致以及一致的程度。其具体数学形式如下（参见图 2.3）：

$$l(w;x,y) = \max\{0, 1 - yg(x;w)\}$$

从以上数学定义可以看出：当 $g(x;w)$ 和 y 符号相同且乘积数值超过 1 时，损失函数取值为 0；否则，将有一个线性的损失（二者符号不同时，乘积的绝对值越大，损失越大）。Hinge 损失函数是一个连续凸函数，但是它在 0 点不可导，人们通常会选择次导数集合中的任意一个数值参与优化过程。我们从图 2.3 可以清晰地看出，Hinge 损失是 0 - 1 误差的上界，因此通过最小化 Hinge 损失，可以有效地减小 0 - 1 误差，从而提高分类性能。

2.3.2　指数损失函数

指数损失函数也是 0 - 1 误差的上界，它的具体形式如下（参见图 2.4）：

$$l(w;x,y) = \exp(-yg(x;w))$$

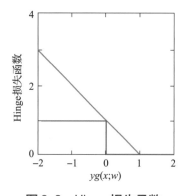

图 2.3　Hinge 损失函数

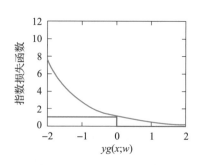

图 2.4　指数损失函数

从以上定义可以看出，指数损失函数对于预测模型输出的符号与类别标签的符号不一致的情况有强烈的惩罚，相反，当二者符号一致且乘积数值较大时，损失函数的取值会非常小。指数损失函数的基本形状和 Hinge 损失函数很接近，只不过它对于符号不一致的情况的惩罚力度更大（指数力度 vs. 线性力度），而且它是全程连续可导的凸函数，对于优化过程更加有利。

2.3.3　交叉熵损失函数

交叉熵损失函数也是常用的损失函数之一，它假设预测模型以下述形式决定了标签的概率分布：

$$P(Y = 1 \mid x;w) = \frac{\exp(g(x;w))}{\exp(g(x;w)) + \exp(-g(x;w))}$$

$$P(Y = -1 \mid x;w) = \frac{\exp(-g(x;w))}{\exp(g(x;w)) + \exp(-g(x;w))}$$

并且试图衡量该概率与标签之间的差别。其数学定义如下（参见图 2.5）：

$$l(w;x,y) = -\sum_{z \in \{-1,1\}} I_{|y=z|} \log P(Y = z \mid x;w)$$

可见，最小化交叉熵损失函数等价于最大化预测函数 g 所对应的条件似然函数。

从以上定义可以看出，对于正类的样本而言，当预测模型的输出接近于 1 时，损失很小；而当预测模型的输出接近于 0 时，则产生一个很大的损失。相反，对于负类的样本而言，当预测模型的输出接近于 1 时，会产生很大的损失；而当预测模型的输出接近于 0 时，则损失很小。交叉熵损失函数也是一个全程连续可导的凸函数，并且是 0 - 1 误差的上界。

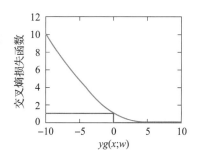

图 2.5　交叉熵损失函数

以上介绍了一些常用的损失函数。虽然它们和 0 - 1 误差在形式上有所差别，但是从统计意义上讲，它们存在着很强的关联关系。可以证明，在一定假设下，以上损失函数对于 0 - 1 误差而言都具有统计一致性[20]，也就是说，当样本趋近于无穷多的时候，按照最小化损失函数找到的最优模型也是在 0 - 1 误差意义下的最优模型。这就给使用这些损失函数奠定了理论基础。

2.4   常用的机器学习模型

2.4.1   线性模型

线性模型是最简单的，也是最基本的机器学习模型。其数学形式如下：$g(x; w) = w^T x$。有时，我们还会在 $w^T x$ 的基础上额外加入一个偏置项 b，不过只要把 x 扩展出一维常数分量，就可以把带偏置项的线性函数归并到 $w^T x$ 的形式之中。线性模型非常简单明了，参数的每一维对应了相应特征维度的重要性。但是很显然，线性模型也存在一定的局限性。

首先，线性模型的取值范围是不受限的，依据 w 和 x 的具体取值，它的输出可以是非常大的正数或者非常小的负数。然而，在进行分类的时候，我们预期得到的模型输出是某个样本属于正类（如正面评价）的可能性，这个可能性通常是取值在 0 和 1 之间的一个概率值。为了解决这二者之间的差距，人们通常会使用一个对数几率函数对线性模型的输出进行变换，得到如下公式：

$$g(x; w) = \frac{1}{1 + \exp(-w^T x)}$$

经过变换，严格地讲，$g(x; w)$ 已经不再是一个线性函数，而是由一个线性函数派生出来的非线性函数，我们通常称这类函数为广义线性函数。对数几率模型本身是一个概率形式，非常适合用对数似然损失或者交叉熵损失进行训练。

其次，线性模型只能挖掘特征之间的线性组合关系，无法对更加复杂、更加强大的非线性组合关系进行建模。为了解决这个问题，我们可以对输入的各维特征进行一些显式的非线性预变换（如单维特征的指数、对数、多项式变换，以及多维特征的交叉乘积等），或者采用核方法把原特征空间隐式地映射到一个高维的非线性空间，再在高维空间里构建线性模型。

2.4.2   核方法与支持向量机

核方法的基本思想是通过一个非线性变换，把输入数据映射到高维的希尔伯特空间中，在这个高维空间里，那些在原始输入空间中线性不可分的问题变得更加容易解决，甚至线性可分。支持向量机（Support Vector Machine，SVM）[10] 是一类最典型的核方法，下面将以支持向量机为例，对核方法进行简单的介绍。

支持向量机的基本思想是通过核函数将原始输入空间变换成一个高维（甚至是无穷维）的空间，在这个空间里寻找一个超平面，它可以把训练集里的正例和负例尽最大可能地分开（用更加学术的语言描述，就是正负例之间的间隔最大化）。那么如何才能通过核函数实现空间的非线性映射呢？让我们从头谈起。

假设存在一个非线性映射函数 ϕ，可以帮我们把原始输入空间变换成高维非线性空间。我们的目的是在变换后的空间里，寻找一个线性超平面 $w^T\phi(x)=0$，它能够把所有正例和负例分开，并且距离该超平面最近的正例和负例之间的间隔最大。这个诉求可以用数学语言表述如下：

$$\max \frac{2}{\|w\|}$$

$$w^T\phi(x_i) \geq +1, \quad \text{如果 } y_i = +1$$

$$w^T\phi(x_i) \leq -1, \quad \text{如果 } y_i = -1$$

$$i = 1,\cdots,n$$

其中，$\dfrac{2}{\|w\|}$ 是离超平面最近的正例和负例之间的间隔（如图 2.6 所示）。

以上的数学描述等价于如下的优化问题：

$$\min \frac{1}{2}\|w\|^2$$

$$y_i(w^T\phi(x_i)) \geq 1, \quad i = 1,\cdots,n$$

上式中的约束条件要求所有的正例和负例分别位于超平面 $w^T\phi(x)=0$ 的两侧。某些情况下，这种约束可能过强，因为我们所拥有的训练集

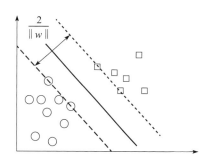

图 2.6　最大化间隔与支持向量机

有时是不可分的。这时候，就需要引入松弛变量 ξ，把上述优化问题改写为：

$$\min \frac{1}{2}\|w\|^2 + C\sum_i \xi_i$$

$$y_i(w^T\phi(x_i)) \geq 1 - \xi_i$$

$$\xi_i \geq 0,$$

$$i = 1,\cdots,n$$

其实这种新的表述等价于最小化一个加了正则项 $\frac{1}{2}\|w\|^2$ 的 Hinge 损失函数。这是因为当 $1-y_i(w^T\phi(x_i))$ 小于 0 的时候，样本 x_i 被超平面正确地分到相应的类别里，$\xi_i = 0$；反之，ξ_i 将大于 0，且是 $1-y_i(w^T\phi(x_i))$ 的上界：最小化 ξ_i 就相应地最小化了 $1-y_i(w^T\phi(x_i))$。基于以上讨论，其实支持向量机在最小化如下的目标函数：

$$\hat{l}_n(w) = \frac{1}{2}\|w\|^2 + \sum_{i=1}^{n} \max\{0, 1 - y_i(w^T\phi(x_i))\}$$

其中，$\frac{1}{2}\|w\|^2$ 是正则项，对它的最小化可以限制模型的空间，有效提高模型的泛化能力（也就是使模型在训练集和测试集上的性能更加接近）。

为了求解上述有约束的优化问题，一种常用的技巧是使用拉格朗日乘数法将其转换成对偶问题进行求解。具体来讲，支持向量机对应的对偶问题如下：

$$\max_{\alpha} \sum_{i=1}^{n} \alpha_i - \frac{1}{2} \sum_{i=1}^{n} \sum_{j=1}^{n} \alpha_i \alpha_j y_i y_j \phi(x_i)^T \phi(x_j)$$

$$\text{s. t.} \sum_{i=1}^{n} \alpha_i y_i = 0, \quad \alpha_i \geq 0$$

在对偶空间里，该优化问题的描述只与 $\phi(x_i)$ 和 $\phi(x_j)$ 的内积有关，而与映射函数 ϕ 本身的具体形式无关。因此，我们只需定义两个样本 x_i 和 x_j 之间的核函数 $k(x_i, x_j)$，用以表征其映射到高维空间之后的内积即可：

$$k(x_i, x_j) = \phi(x_i)^T \phi(x_j)$$

至此，我们弄清楚了核函数是如何和空间变换发生联系的。核函数可以有很多不同的选择，表 2.1 列出了几种常用的核函数。

表 2.1　常用的核函数

核函数	数学形式
多项式核	$k(x_i, x_j) = (x_i^T x_j)^p, p \geq 1$
高斯核	$k(x_i, x_j) = \exp\left(-\dfrac{\|x_i - x_j\|^2}{2\sigma^2}\right)$
拉普拉斯核	$k(x_i, x_j) = \exp\left(-\dfrac{\|x_i - x_j\|}{\sigma}\right), \sigma > 0$
Sigmoid 核	$k(x_i, x_j) = \tanh(\beta x_i^T x_j + \theta), \beta > 0, \theta < 0$

事实上，只要一个对称函数所对应的核矩阵满足半正定的条件，它就能作为核函数使用，并总能找到一个与之对应的空间映射 ϕ。换言之，任何一个核函数都隐式地定义了一个"再生核希尔伯特空间"（Reproducing Kernel Hilbert Space，RKHS）。在这个空间里，两个向量的内积等于对应核函数的值。

2.4.3 决策树与 Boosting

决策树也是一类常见的机器学习模型，它的基本思想是根据数据的属性构造出树状结构的决策模型。一棵决策树包含一个根节点、若干内部节点，以及若干叶子节点。叶子节点对应最终的决策结果，而其他节点则针对数据的某种属性进行判断与分支：在这样的节点上，会对数据的某个属性（特征）进行检测，依据检测结果把样本划分到该节点的某棵子树之中。通过决策树，我们可以从根节点出发，把一个具体的样本最终分配到某个叶子节点上，实现相应的预测功能。

因为在每个节点上的分支操作是非线性的，因此决策树可以实现比较复杂的非线性映射。决策树算法的目的是根据训练数据，学习出一棵泛化能力较强的决策树，也就是说，它能够很好地把未知样本分到正确的叶子节点上。为了达到这个目的，我们在训练过程中构建的决策树不能太复杂，否则可能会过拟合到训练数据上，而无法正确地处理未知的测试数据。常见的决策树算法包括：分类及回归树（CART）[21]，ID3 算法[11]，C4.5 算法[22]，决策树桩（Decision Stump）[23]等。这些算法的基本流程都比较类似，包括划分选择和剪枝处理两个基本步骤。

划分选择要解决的问题是如何根据某种准则在某个节点上把数据集里的样本分到它的一棵子树上。常用的准则有：信息增益、增益率、基尼系数等。其具体数学形式虽有差别，但是核心思想大同小异。这里我们就以信息增益为例进行介绍。所谓信息增益，指的是在某个节点上，用特征 j 对数据集 D 进行划分得到的样本集合的纯度提升的程度。信息增益的具体数学定义如下：

$$G(D, j) = \text{Entropy}(D) - \sum_{v \in \mathcal{V}_j} \frac{|D^v|}{|D|} \text{Entropy}(D^v)$$

其中，$\mathcal{V}_j$ 是特征 j 的取值集合，而 D^v 是特征 j 取值为 v 的那些样本所组成的子集；$\text{Entropy}(D)$ 是样本集合 D 的信息熵，描述的是 D 中来自不同类别的样本的分布情况。不同类别的样本分布越平均，则信息熵越大，集合纯度越低；相反，样本分布越集中，则信息熵越小，集合纯度越高。样本划分的目的是找到使得划分后平均信息熵变得最小的特征 j，从而使得信息增益最大。

剪枝处理要解决的问题是抑制过拟合。如果决策树非常复杂，每个叶子节点上只对应一个训练样本，一定可以实现信息增益最大化，可这样的后果是对训练数据的过拟合，将导致在测试数据上的精度损失。为了解决这个问题，可以采取剪枝的操作降低决策树的复杂度。剪枝处理有预剪枝和后剪枝之分：预剪枝指的是在决策树生成过程中，对每个节点在划分前先进行估计，如果当前节点的划分不能带来决策树泛化性能的提升（通常可以通过一个交叉验证集来评估泛化能力），则停止划分并且将当前节点标记为叶子节点；后剪枝指的是先从训练集中生成一棵完整的决策树，然后自底向上地考察去掉每个节点（即将该节点及其子树合并成为一个叶子节点）以后泛化能力是否有所提高，若有提高，则进行剪枝。

在某些情况下，由于学习任务难度大，单棵决策树的性能会捉襟见肘，这时人们常常会使用集成学习来提升最终的学习能力。集成学习有很多方法，如 Bagging[24]、Boosting[25] 等。Boosting 的基本思路是先训练出一个弱学习器 $h_t(x)$，再根据弱学习器的表现对训练样本的分布进行调整，使得原来弱学习器无法搞定的错误样本在后续的学习过程中得到更多的关注，然后再根据调整后的样本分布来训练下一个弱学习器 $h_{t+1}(x)$。如此循环往复，直到最终学到的弱学习器的数目达到预设的上限，或者弱学习器的加权组合能够达到预期的精度为止。最终的预测模型是所有这些弱学习器的加权求和：

$$H(x) = \sum_t \alpha_t h_t(x)$$

其中，α_t 是加权系数，它既可以在训练过程中根据当前弱学习器的准确程度利用经验公式求得，也可以在训练过程结束后（各个弱学习器都已经训练好以后），再利用新的学习目标通过额外的优化手段求得。

有研究表明 Boosting 在抵抗过拟合方面有非常好的表现，也就是说，随着训练过程的推进，即便在训练集上已经把误差降到 0，更多的迭代还是可以提高模型在测试集上的性能。人们用间隔定理（Margin Theory）[26] 来解释这种现象——随着迭代进一步推进，虽然训练集上的误差已经不再变化，但是训练样本上的分类置信度（对应于每个样本点上的间隔）却仍在不断变大。到今天为止，Boosting 算法，尤其是与决策树相结合的算法如梯度提升决策树（GBDT）[27] 仍然在实际应用中挑着大梁，是很多数据挖掘比赛的夺冠热门。

2.4.4　神经网络

神经网络是一类典型的非线性模型，它的设计受到生物神经网络的启发。人们通过对大脑生物机理的研究，发现其基本单元是神经元，每个神经元通过树突从上游的神经元那里获取输入信号，经过自身的加工处理后，再通过轴突将输出信号传递给下游的神经元。当神经元的输入信号总和达到一定强度时，就会激活一个输出信号，否则就没有输出信号（如图 2.7a 所示）。

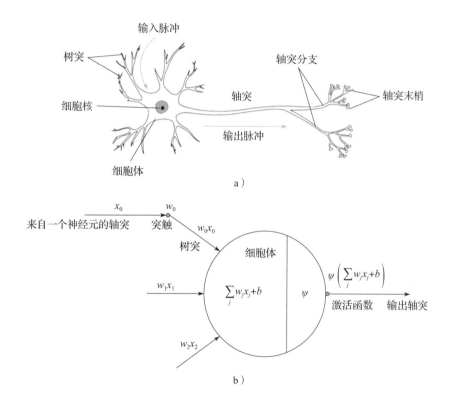

图 2.7　神经元结构与人工神经网络

这种生物学原理如果用数学语言进行表达，就如图 2.7b 所示。神经元对输入的信号 $x = (x_j)$ 进行线性加权求和：$\sum_j w_j x_j + b$，然后依据求和结果的大小来驱动一个激活函数 ψ，用以生成输出信号。生物系统中的激活函数类似于阶跃函数：

$$\psi(z) = \begin{cases} 1, & z > 0 \\ 0, & z \leq 0 \end{cases}$$

但是，由于阶跃函数本身不连续，对于机器学习而言不是一个好的选择，因此在人们设计人工神经网络的时候通常采用连续的激活函数，比如 Sigmoid 函数、双曲正切函数（tanh）、校正线性单元（ReLU）等。它们的数学形式和函数形状分别如图 2.8 所示。

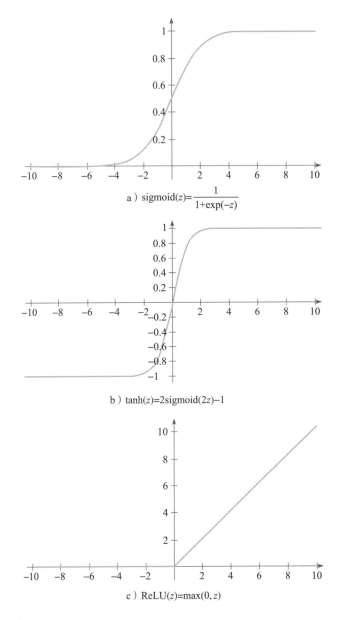

图 2.8　常用的激活函数

1. 全连接神经网络

最基本的神经网络就是把前面描述的神经元互相连接起来，形成层次结构（如图 2.9 所示），我们称之为全连接神经网络。对于图 2.9 中这个网络而言，最左边对应的是输入节点，最右边对应的是输出节点，中间的三层节点都是隐含节点（我们把相应的层称为隐含层）。每一个隐含节点都会把来自上一层节点的输出进行加权求和，再经过一个非线性的激活函数，输出给下一层。而输出层则一般采用简单的线性函数，或者进一步使用 softmax 函数将输出变成概率形式。

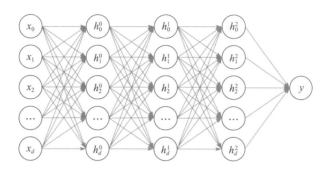

图 2.9　全连接神经网络

全连接神经网络虽然看起来简单，但它有着非常强大的表达能力。早在 20 世纪 80 年代，人们就证明了著名的通用逼近定理（Universal Approximation Theorem[28]）⊖。其数学描述是，在激活函数满足一定条件的前提下，任意给定输入空间中的一个连续函数和近似精度 ε，存在自然数 N_ε 和一个隐含节点数为 N_ε 的单隐层全连接神经网络，对这个连续函数的 L_∞ - 逼近精度小于 ε。这个定理非常重要，它告诉我们全连接神经网络可以用来解决非常复杂的问题，当其他的模型（如线性模型、支持向量机等）无法逼近这类问题的分类界面时，神经网络仍然可以所向披靡、得心应手。近年来，人们指出深层网络的表达力更强，即表达某些逻辑函数，深层网络需要的隐含节点数比浅层网络少很多[30]。这对于模型存储和优化而言都是比较有利的，因此人们越来越关注和使用更深层的神经网络。

全连接神经网络在训练过程中常常选取交叉熵损失函数，并且使用梯度下降法来求解模型参数（实际中为了减少每次模型更新的代价，使用的是小批量的随机梯度下降法）。要注意的是，虽然交叉熵损失是个凸函数，但由于多层神经网络本身的非线性和非凸本质，损失函数对于模型参数而言其实是严重非凸的。在这种情况下，使用梯度下降求解通常只能找到局部最优解。为了解决这个问题，人们在实践中常常采用多次随机初始化或者模拟退火等技术来寻找全局意义下更优的解。近年有研究表明，在满足一

⊖　最早的通用逼近定理是针对 Sigmoid 激活函数证明的，一般情况下的通用逼近定理在 2001 年被证明[29]。

定条件时，如果神经网络足够深，它的所有局部最优解其实都和全局最优解具有非常类似的损失函数值[31]。换言之，对于深层神经网络而言，"只能找到局部最优解"未见得是一个致命的缺陷，在很多时候这个局部最优解已经足够好，可以达到非常不错的实际预测精度。

除了局部最优解和全局最优解的忧虑之外，其实关于使用深层神经网络还有另外两个困难。

- 首先，因为深层神经网络的表达能力太强，很容易过拟合到训练数据上，导致其在测试数据上表现欠佳。为了解决这个问题，人们提出了很多方法，包括DropOut[32]、数据扩张（Data Augmentation）[33]、批量归一化（Batch Normalization）[34]、权值衰减（Weight Decay）[35]、提前终止（Early Stopping）[36]等，通过在训练过程中引入随机性、伪训练样本或限定模型空间来提高模型的泛化能力。

- 其次，当网络很深时，输出层的预测误差很难顺利地逐层传递下去，从而使得靠近输入层的那些隐含层无法得到充分的训练。这个问题又称为"梯度消减"问题[37]。研究表明，梯度消减主要是由神经网络的非线性激活函数带来的，因为非线性激活函数导数的模都不太大，在使用梯度下降法进行优化的时候，非线性激活函数导数的逐层连乘会出现在梯度的计算公式中，从而使梯度的幅度逐层减小。为了解决这个问题，人们在跨层之间引入了线性直连，或者由门电路控制的线性通路[38]，以期为梯度信息的顺利回传提供便利。

2. 卷积神经网络

除了全连接神经网络以外，卷积神经网络（Convolutional Neural Network，CNN）[13]也是十分常用的网络结构，尤其适用于处理图像数据。

卷积神经网络的设计是受生物视觉系统的启发。研究表明每个视觉细胞只对于局部的小区域敏感，而大量视觉细胞平铺在视野中，可以很好地利用自然图像的空间局部相关性。与此类似，卷积神经网络也引入局部连接的概念，并且在空间上平铺具有同样参数结构的滤波器（也称为卷积核）。这些滤波器之间有很大的重叠区域，相当于有个空域滑窗，在滑窗滑到不同空间位置时，对这个窗内的信息使用同样的滤波器进行分析。这样虽然网络很大，但是由于不同位置的滤波器共享参数，其实模型参数的个数并不多，参数效率很高。

图2.10描述了一个2×2的卷积核将输入图像进行卷积的例子。所谓卷积就是卷积

核的各个参数和图像中空间位置对应的像素值进行点乘再求和。经过了卷积操作之后，会得到一个和原图像类似大小的新图层，其中的每个点都是卷积核在某空间局部区域的作用结果（可能对应于提取图像的边缘或抽取更加高级的语义信息）。我们通常称这个新图层为特征映射（feature map）。对于一幅图像，可以在一个卷积层里使用多个不同的卷积核，从而形成多维的特征映射；还可以把多个卷积层级联起来，不断抽取越来越复杂的语义信息。

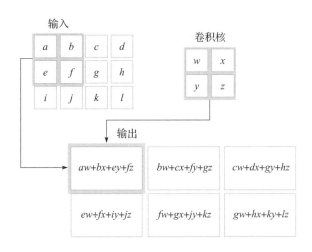

图 2.10　卷积过程示意图

除了卷积以外，池化也是卷积神经网络的重要组成部分。池化的目的是对原特征映射进行压缩，从而更好地体现图像识别的平移不变性，并且有效扩大后续卷积操作的感受野。池化与卷积不同，一般不是参数化的模块，而是用确定性的方法求出局部区域内的平均值、中位数，或最大值、最小值（近年来，也有一些学者开始研究参数化的池化算子[39]）。图 2.11 描述了对图像局部进行 2×2 的最大值池化操作后的效果。

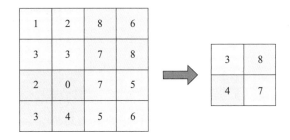

图 2.11　池化操作示意图

在实际操作中，可以把多个卷积层和多个池化层交替级联，从而实现从原始图像中不断抽取高层语义特征的目的。在此之后，还可以再级联一个全连接网络，在这些高层语义特征的基础上进行模式识别或预测。这个过程如图 2.12 所示。

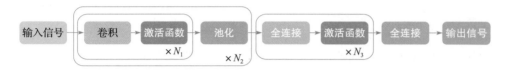

图 2.12　多层卷积神经网络（N_1，N_2，N_3 表示对应单元重复的次数）

实践中，人们开始尝试使用越来越深的卷积神经网络，以达到越来越好的图像分类效果。图 2.13 描述了近年来人们在 ImageNet 数据集上不断通过增加网络深度刷新错误率的历程。其中 2015 年来自微软研究院的深达 152 层的 ResNet 网络[40]，在 ImageNet 数据集上取得了低达 3.57% 的 Top-5 错误率，在特定任务上超越了普通人类的图像识别能力。

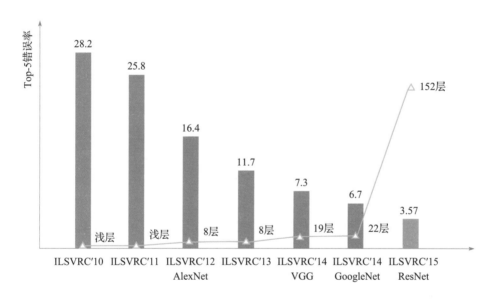

图 2.13　卷积神经网络不断刷新 ImageNet 数据集的识别结果

随着卷积神经网络变得越来越深，前面提到的梯度消减问题也随之变得越来越显著，给模型的训练带来了很大难度。为了解决这个问题，近年来人们提出了一系列的方法，包括残差学习[40-41]（如图 2.14 所示）、高密度网络[42]（如图 2.15 所示）等。实验表明：这些方法可以有效地把训练误差传递到靠近输入层的地方，为深层卷积神经网络的训练奠定了坚实的实践基础。

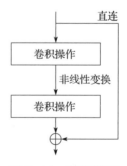

图 2.14　残差学习

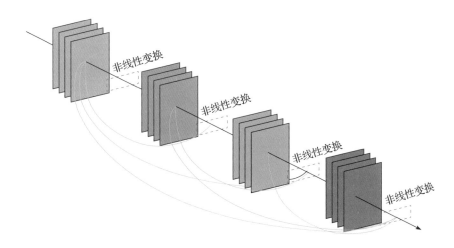

图 2.15　高密度网络

3. 循环神经网络

循环神经网络（Recurrent Neural Network，RNN）[14] 的设计也有很强的仿生学基础。我们可以联想一下自己如何读书看报。当我们阅读一个句子时，不会单纯地理解当前看到的那个字本身，相反我们之前读到的文字会在脑海里形成记忆，而这些记忆会帮助我们更好地理解当前看到的文字。这个过程是递归的，我们在看下一个文字时，当前文字和历史记忆又会共同成为我们新的记忆，并对我们理解下一个文字提供帮助。其实，循环神经网络的设计基本就是依照这个思想。我们用 s_t 表示在 t 时刻的记忆，它是由 t 时刻看到的输入 x_t 和 $t-1$ 时刻的记忆 s_{t-1} 共同作用产生的。这个过程可以用下式加以表示：

$$s_t = \psi(Ux_t + Ws_{t-1})$$

$$o_t = Vs_t$$

很显然，这个式子里蕴含着对于记忆单元的循环迭代。在实际应用中，无限长时间的循环迭代并没有太大意义。比如，当我们阅读文字的时候，每个句子的平均长度可能只有十几个字。因此，我们完全可以把循环神经网络在时域上展开，然后在展开的网络上利用梯度下降法来求得参数矩阵 U、W、V，如图 2.16 所示。用循环神经网络的术语，我们称之为时域反向传播（Back Propagation Through Time，BPTT）。

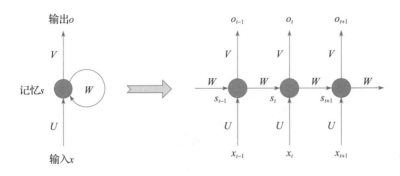

图 2.16　循环神经网络的展开

和全连接神经网络、卷积神经网络类似，当循环神经网络时域展开以后，也会遇到梯度消减的问题。为了解决这个问题，人们提出了一套依靠门电路来控制信息流通的方法。也就是说，在循环神经网络的两层之间同时存在线性和非线性通路，而哪个通路开、哪个通路关或者多大程度上开关则由一组门电路来控制。这个门电路也是带参数并且这些参数在神经网络的优化过程中是可学习的。比较著名的两类方法是 LSTM[43] 和GRU[44]（如图 2.17 所示）。GRU 相比 LSTM 更加简单一些，LSTM 有三个门电路（输入门、忘记门、输出门），而 GRU 则有两个门电路（重置门、更新门），二者在实际中的效果类似，但 GRU 的训练速度要快一些，因此近年来有变得更加流行的趋势。

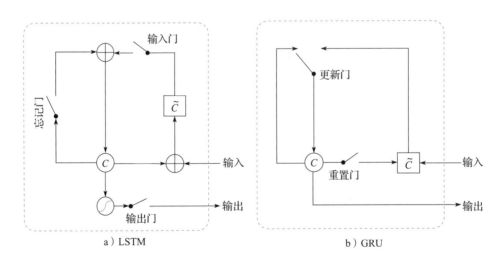

图 2.17　循环神经网络中的门电路

循环神经网络可以对时间序列进行有效建模，根据它所处理的序列的不同情况，可以把循环神经网络的应用场景分为点到序列、序列到点和序列到序列等类型（如图 2.18所示）。

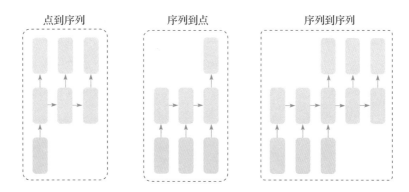

图 2.18　循环神经网络的不同应用

下面分别介绍几种循环神经网络的应用场景。

（1）**图像配文字：点到序列的循环神经网络应用**

在这个应用中，输入的是图像的编码信息（可以通过卷积神经网络的中间层获得，也可以直接采用卷积神经网络预测得到的类别标签），输出则是靠循环神经网络来驱动产生的一句自然语言文本，用以描述该图像包含的内容。

（2）**情感分类：序列到点的循环神经网络应用**

在这个应用中，输入的是一段文本信息（时序序列），而输出的是情感分类的标签（正向情感或反向情感）。循环神经网络用于分析输入的文本，其隐含节点包含了整个输入语句的编码信息，再通过一个全连接的分类器把该编码信息映射到合适的情感类别之中。

（3）**机器翻译：序列到序列的循环神经网络应用**

在这个应用中，输入的是一个语言的文本（时序序列），而输出的则是另一个语言的文本（时序序列）。循环神经网络在这个应用中被使用了两次：第一次是用来对输入的源语言文本进行分析和编码；而第二次则是利用这个编码信息驱动输出目标语言的一段文本。

在使用序列到序列的循环神经网络实现机器翻译时，在实践中会遇到一个问题。输出端翻译结果中的某个词其实对于输入端各个词汇的依赖程度是不同的，通过把整个输入句子编码到一个向量来驱动输出的句子，会导致信息粒度太粗糙，或者长线的依赖关系被忽视。为了解决这个问题，人们在标准的序列到序列循环神经网络的基础上引入了所谓"注意力机制"。在它的帮助下，输出端的每个词的产生会利用到输入端不同词汇的编码信息。而这种注意力机制也是带参数的，可以在整个循环神经网络的训练过程中自动习得。

神经网络尤其是深层神经网络是一个高速发展的研究领域。随着整个学术界和工业界的持续关注，这个领域比其他的机器学习领域获得了更多的发展机会，不断有新的网络结构或优化方法被提出。如果读者对于这个领域感兴趣，请关注每年发表在机器学习主流学术会议上的最新论文。

2.5 常用的优化方法

前文提到了机器学习领域常用的损失函数以及预测模型的结构。在此基础上，我们需要采用有效的优化手段，通过最小化经验损失函数来求出预测模型里的参数。

最优化这个领域历史悠久，远在机器学习兴起之前，梯度下降法[45]就已经被提出，后续的共轭梯度法[46]、坐标下降法[47]、牛顿法[48]、拟牛顿法[49]、Frank-Wolfe 方法[50]、Nesterov 加速方法[51]、内点法[52]、对偶方法[53]等其他确定性优化算法也被陆续发明。随着大数据的兴起，为了减小优化过程中每次迭代的计算复杂度，人们开始关注随机优化算法，比如随机梯度下降法、随机坐标下降法等。近年来由于深层神经网络变得越来越重要，又有一些专门针对深层神经网络的优化算法被发明。由于我们将会用第4 章、第 5 章两章篇幅对优化算法进行详细的介绍，因此本节就不再赘述，而是仅仅简单梳理一下优化算法的发展脉络。表 2.2 总结了典型的优化方法。

表2.2 典型的优化方法

	一阶算法	二阶算法
确定性算法	梯度下降法 投影次梯度下降 近端梯度下降 Frank-Wolfe 算法 Nesterov 加速方法 坐标下降法 对偶坐标上升法	牛顿法 拟牛顿法
随机算法	随机梯度下降法 随机坐标下降法 随机对偶坐标上升法 随机方差减小梯度法	随机拟牛顿法

确定性优化方法从算法所使用的信息的角度可以分为一阶方法和二阶方法，从解问题的角度可以分为原始方法和对偶方法。所谓一阶方法指的是在优化过程中只利用了目

标函数的一阶导数信息，而二阶方法则要利用到目标函数的二阶导数（例如海森矩阵）。所谓原始方法指的是针对原始问题描述中的变量进行优化，而对偶方法则是先通过对偶变换把原始问题转换成对偶问题，再针对对偶变量进行优化。

随着大数据的出现，确定性优化方法的效率成为瓶颈。于是，人们基于确定性优化方法设计了各种随机优化方法。这些算法的基本思想是每次迭代不使用全部训练样本或全部特征维度进行优化，而是随机抽样一个/一组样本，或一个/一组特征，再利用这些抽样的信息来计算一阶或二阶导数，对目标函数进行优化。在很多情况下，可以证明随机优化算法可以看作对原确定性算法的无偏意义上的实现，因此有一定的理论保障。但是，有时随机采样会带来比较大的方差，这就需要我们使用一些新的技术手段去控制方差（例如 SVRG 方法[54]等）。

上面提到的绝大部分优化算法在求解凸优化问题时的理论性质是比较清楚的，但是近年来随着深层神经网络变得越来越重要，非凸优化的问题逐渐浮出水面并受到大家的广泛重视。以上算法在非凸优化的情况下，还存在很大的理论空白。例如：

- 这些优化算法的收敛性质在非凸问题上能否得以保持？与其在凸问题上的收敛速度有何不同？

- 非凸问题有很多局部极值点和鞍点，如何通过初始化或者其他手段来逃离鞍点并且使最终的优化结果收敛到较好的极值点（相应的目标函数值低、鲁棒性强或泛化性能好）？

- 已有的优化算法中哪些更适合用来训练神经网络？能否设计新的适用于神经网络的优化方法？

为了解决以上问题，尤其是加速神经网络训练的收敛速度，近年来人们提出了一系列针对神经网络优化的算法，例如：带冲量的随机梯度下降法[55]、Nesterov 加速方法[55]、AdaGrad[56]、RMSProp[57]、AdaDelta[58]、Adam[59]、AMSGrad[60]、等级优化算法[61]以及基于熵的随机梯度下降法[62]等。从某种意义上讲，深度学习开启了非凸优化的大门，给拥有几百年历史的优化领域注入了新的活力。我们相信将来会有更多、更好的优化算法被提出，从而更快、更优地对复杂的非凸优化问题进行求解。

2.6　机器学习理论

前面介绍了机器学习的基本概念和常用模型，本节讨论与机器学习有关的理论问题。特别地，我们将主要关注机器学习算法的泛化能力，因为这个指标反映出机器学习是否能够抓住问题的本质，获得可以处理未知测试样本的能力。

2.6.1 机器学习算法的泛化误差

机器学习算法的最终目标是最小化期望损失风险[注]（也就是模型在任意未知测试样本上的表现）：

$$\min_{g \in \mathcal{G}} L(g) = \mathbb{E}_{x,y \sim P_{x,y}} l(g;x,y)$$

其中 $\mathcal{G}$ 是一个预先给定的函数族。

由于数据的真实分布 $P_{x,y}$ 通常是不知道的，我们的可用信息来自于训练数据 $S_n = \{(x_1, y_1), \cdots, (x_n, y_n)\}$。因此，我们的学习目标转化为最小化经验风险：

$$\min_{g \in \mathcal{G}} \hat{l}_n(g) = \frac{1}{n} \sum_{i=1}^{n} l(g;x_i,y_i)$$

当函数空间 $\mathcal{G}$ 受限时，比如我们只允许优化算法在那些范数小于 c 的函数子空间里进行搜索，亦即 $\mathcal{G}_c = \{g: g \in \mathcal{G}, \|g\|_{\mathcal{G}} \leq c\}$，我们称相应的学习问题为正则经验风险最小化。

优化算法对（正则化）经验风险最小化问题进行求解，并在算法结束的第 T 次迭代中输出模型 $\hat{g}_T$。我们希望所学习到的模型 $\hat{g}_T$ 的期望风险 $L(\hat{g}_T)$ 尽可能小，并将其定义为机器学习算法的泛化误差。

2.6.2 泛化误差的分解

机器学习中，我们希望学习算法的泛化误差 $L(\hat{g}_T)$ 尽可能小，尽可能接近最优模型的期望风险。也就是说，希望优化算法输出的模型 $\hat{g}_T$ 与最优模型 g^* 所对应的期望风险之差 $L(\hat{g}_T) - L(g^*)$ 尽可能小，这个差距通常也被称为泛化误差。为了更好地理解和分析泛化误差，我们对其进行如下分解：

$$L(\hat{g}_T) - L(g^*) = L(\hat{g}_T) - L(\hat{g}_n) + L(\hat{g}_n) - L(g_{\mathcal{G}}^*) + L(g_{\mathcal{G}}^*) - L(g^*)$$

[注] 常用的损失函数相对误差函数一般具有一致性或者是误差函数的上界，因而最小化期望损失可以当作机器学习算法的最终目标。

其中，$g_{\mathcal{G}}^{*} = \arg\min\limits_{g \in \mathcal{G}} L(g)$ 表示函数族 $\mathcal{G}$ 中使得期望风险最小的模型，$\hat{g}_{n} = \arg\min\limits_{g \in \mathcal{G}} \hat{l}_{n}(g)$ 表示函数族 $\mathcal{G}$ 中使得经验风险最小的模型。如上所示，泛化误差 $L(\hat{g}_{T}) - L(g^{*})$ 可以分解为以下三项：

- $L(\hat{g}_{T}) - L(\hat{g}_{n})$ 称为优化误差，衡量的是优化算法迭代 T 轮后输出的模型与精确最小化经验风险的模型的差别。这项误差是由于优化算法的局限性带来的，与选用的优化算法、数据量大小、迭代轮数以及函数空间有关。

- $L(\hat{g}_{n}) - L(g_{\mathcal{G}}^{*})$ 称为估计误差，衡量的是最小化经验风险的模型和最小化期望风险的模型所对应的期望风险的差别。这项误差主要是由训练数据集的局限性带来的，与数据量的大小和函数空间的复杂程度都有关系。

- $L(g_{\mathcal{G}}^{*}) - L(g^{*})$ 称为近似误差，衡量的是函数集合 $\mathcal{G}$ 中的最优期望风险与全局最优期望风险的差别。这项误差与函数空间的表达力有关。

定性地讲，当函数空间增大时，近似误差减小，估计误差增大；当数据量增大时，估计误差减小；当迭代轮数 T 增大时，优化误差减小。那么定量而言，数据量、函数空间和迭代轮数又是如何影响泛化误差的呢？在介绍完优化算法之后，我们将在第 10 章具体介绍以上因素如何定量地影响优化误差以及泛化误差。下一小节中，我们简单介绍估计误差如何受数据量和函数空间的影响。

2.6.3　基于容度的估计误差的上界

首先，我们对估计误差进一步分解：

$$
\begin{aligned}
L(\hat{g}_{n}) - L(g_{\mathcal{G}}^{*}) &\leqslant L(\hat{g}_{n}) - \hat{l}_{n}(\hat{g}_{n}) + \hat{l}_{n}(g_{\mathcal{G}}^{*}) - L(g_{\mathcal{G}}^{*}) \\
&\leqslant 2 \sup_{g \in \mathcal{G}} | \hat{l}_{n}(g) - L(g) |
\end{aligned}
$$

其中，第一个不等号成立是因为 $\hat{g}_{n} = \arg\min\limits_{g \in \mathcal{G}} \hat{l}_{n}(g)$。由此可见，估计误差可以被函数集合 $\mathcal{G}$ 中的所有函数的经验风险和期望风险的一致上界控制住，通常被简称为一致估计偏差。

然后，这个一致估计偏差能被函数集合 $\mathcal{G}$ 的容度控制住。直观上，容度描述了函数集合 $\mathcal{G}$ 在多个输入数据上所产生的输出的多样性。比如，VC 维告诉我们函数集合最多能打散多少个样本点。下面的定理提供了基于 VC 维的估计误差的上界[63]。

定理 2.1　对任意给定的 $\delta > 0$，以下事件以至少 $1 - \delta$ 的概率成立：

$$L(\hat{g}_n) - L(g_{\mathcal{G}}^*) \leqslant 4 \sqrt{2 \frac{h\log\frac{2en}{h} + \log\frac{2}{\delta}}{n}}$$

其中 h 为函数集合 $\mathcal{G}$ 的 VC 维。

除了 VC 维，估计误差还可以用拉德马赫平均（Rademacher Average）、覆盖数等容度控制住。详细内容请参见与机器学习理论有关的参考文献[64-66]。

2.7 总结

本章中我们对机器学习的基本概念、流程和各个关键的技术模块做了简要介绍。有了这些基础知识，读者就可以开始阅读接下来有关分布式机器学习的章节了。本章提到的优化算法和学习理论在分布式的情景里仍然扮演着重要的角色，但是分布式也会引入一些新的问题，比如如何进行数据和模型的划分，如何通信、如何聚合等。我们将会在后续章节中慢慢展开，带领大家一起畅游分布式机器学习的世界。

参考文献

[1] Cao Z, Qin T, Liu T Y, et al. Learning to Rank: From Pairwise Approach to Listwise Approach [C]//Proceedings of the 24th international conference on Machine learning. ACM, 2007: 129-136.

[2] Liu T Y. Learning to rank for information retrieval[J]. Foundations and Trends® in Information Retrieval, 2009, 3(3): 225-331.

[3] Kotsiantis S B, Zaharakis I, Pintelas P. Supervised Machine Learning: A Review of Classification Techniques[J]. Emerging Artificial Intelligence Applications in Computer Engineering, 2007, 160: 3-24.

[4] Chapelle O, Scholkopf B, Zien A. Semi-supervised Learning (chapelle, o. et al., eds.; 2006) [J]. IEEE Transactions on Neural Networks, 2009, 20(3): 542-542.

[5] He D, Xia Y, Qin T, et al. Dual learning for machine translation[C]//Advances in Neural Information Processing Systems. 2016: 820-828.

[6] Hastie T, Tibshirani R, Friedman J. Unsupervised Learning [M]//The Elements of Statistical Learning. New York: Springer, 2009: 485-585.

[7] Sutton R S, Barto A G. Reinforcement Learning: An Introduction [M]. Cambridge: MIT press, 1998.

[8] Seber G A F, Lee A J. Linear Regression Analysis[M]. John Wiley & Sons, 2012.

[9] Harrell F E. Ordinal Logistic Regression[M]//Regression modeling strategies. New York: Spring-

er, 2001：331-343.

［10］ Cortes C, Vapnik V. Support-Vector Networks［J］. Machine Learning, 1995, 20(3)：273-297.

［11］ Quinlan J R. Induction of Decision Trees［J］. Machine Learning, 1986, 1(1)：81-106.

［12］ McCulloch, Warren; Walter Pitts (1943). "A Logical Calculus of Ideas Immanent in Nervous Activity" ［EB］. *Bulletin of Mathematical Biophysics*. 5(4)：115-133.

［13］ LeCun Y, Jackel L D, Bottou L, et al. Learning Algorithms for Classification：A Comparison on Handwritten Digit Recognition［J］. Neural networks：The Statistical Mechanics Perspective, 1995, 261：276.

［14］ Elman J L. Finding structure in time［J］. Cognitive Science, 1990, 14(2)：179-211.

［15］ 周志华. 机器学习 ［M］. 北京：清华大学出版社, 2017.

［16］ Tom Mitchell. Machine Learning［M］. McGraw-Hill, 1997.

［17］ Nasrabadi N M. Pattern Recognition and Machine Learning［J］. Journal of Electronic Imaging, 2007, 16(4)：049901.

［18］ Voorhees E M. The TREC-8 Question Answering Track Report［C］//Trec. 1999, 99：77-82.

［19］ Wang Y, Wang L, Li Y, et al. A Theoretical Analysis of Ndcg Type Ranking Measures［C］//Conference on Learning Theory. 2013：25-54.

［20］ Devroye L, Györfi L, Lugosi G. A Probabilistic Theory of Pattern Recognition［M］. Springer Science & Business Media, 2013.

［21］ Breiman L, Friedman J, Olshen R A, et al. Classification and Regression Trees［J］. 1984.

［22］ Quinlan J R. C4. 5：Programs for Machine Learning［M］. Morgan Kaufmann, 1993.

［23］ Iba W, Langley P. Induction of One-level Decision Trees ［J］//Machine Learning Proceedings 1992. 1992：233-240.

［24］ Breiman L. Bagging predictors［J］. Machine Learning, 1996, 24(2)：123-140.

［25］ Schapire R E. The Strength of Weak Learnability［J］. Machine Learning, 1990, 5(2)：197-227.

［26］ Schapire R E, Freund Y, Bartlett P, et al. Boosting the Margin：A New Explanation for The Effectiveness of Voting Methods［J］. Annals of Statistics, 1998：1651-1686.

［27］ Friedman J H. Greedy Function Approximation：A Gradient Boosting Machine［J］. Annals of statistics, 2001：1189-1232.

［28］ Gybenko G. Approximation by Superposition of Sigmoidal Functions［J］. Mathematics of Control, Signals and Systems, 1989, 2(4)：303-314.

［29］ Csáji B C. Approximation with Artificial Neural Networks［J］. Faculty of Sciences, Etvs Lornd University, Hungary, 2001, 24：48.

［30］ Sun S, Chen W, Wang L, et al. On the Depth of Deep Neural Networks：A Theoretical View［C］//AAAI. 2016：2066-2072.

［31］ Kawaguchi K. Deep Learning Without Poor Local Minima ［C］//Advances in Neural Information Processing Systems. 2016：586-594.

［32］ Srivastava N, Hinton G, Krizhevsky A, et al. Dropout：A Simple Way to Prevent Neural Networks from Overfitting[J]. The Journal of Machine Learning Research, 2014, 15(1): 1929-1958.

[33] Tanner M A, Wong W H. The Calculation of Posterior Distributions by Data Augmentation[J]. Journal of the American statistical Association, 1987, 82(398): 528-540.

[34] Ioffe S, Szegedy C. Batch Normalization: Accelerating Deep Network Training by Reducing Internal Covariate Shift[C]//International Conference on Machine Learning. 2015: 448-456.

[35] Krogh A, Hertz J A. A Simple Weight Decay Can Improve Generalization[C]//Advances in neural information processing systems. 1992: 950-957.

[36] Prechelt L. Automatic Early Stopping Using Cross Validation: Quantifying the Criteria[J]. Neural Networks, 1998, 11(4): 761-767.

[37] Bengio Y, Simard P, Frasconi P. Learning Long-term Dependencies with Gradient Descent is Difficult[J]. IEEE Transactions on Neural Networks, 1994, 5(2): 157-166.

[38] Srivastava R K, Greff K, Schmidhuber J. Highway networks[J]. arXiv preprint arXiv:1505. 00387, 2015.

[39] Lin M, Chen Q, Yan S. Network in Network[J]. arXiv preprint arXiv:1312.4400, 2013.

[40] He K, Zhang X, Ren S, et al. Deep Residual Learning for Image Recognition[C]//Proceedings of the IEEE Conference on Computer Vision and Pattern Recognition. 2016: 770-778.

[41] He K, Zhang X, Ren S, et al. Identity Mappings in Deep Residual Networks[C]//European Conference on Computer Vision. Springer, 2016: 630-645.

[42] Huang G, Liu Z, Weinberger K Q, et al. Densely Connected Convolutional Networks[C]//Proceedings of the IEEE Conference on Computer Vision and Pattern Recognition. 2017, 1(2): 3.

[43] Hochreiter S, Schmidhuber J. Long Short-term Memory[J]. Neural Computation, 1997, 9(8): 1735-1780.

[44] Cho K, Van Merriënboer B, Gulcehre C, et al. Learning Phrase Representations Using RNN Encoder-decoder for Statistical Machine Translation[J]. arXiv preprint arXiv:1406.1078, 2014.

[45] Cauchy A. Méthode générale pour la résolution des systemes d'équations simultanées[J]. Comp. Rend. Sci. Paris, 1847, 25(1847): 536-538.

[46] Hestenes M R, Stiefel E. Methods of Conjugate Gradients for Solving Linear Systems[M]. Washington, DC: NBS, 1952.

[47] Wright S J. Coordinate Descent Algorithms[J]. Mathematical Programming, 2015, 151(1): 3-34.

[48] Polyak B T. Newton's Method and Its Use in Optimization[J]. European Journal of Operational Research, 2007, 181(3): 1086-1096.

[49] Dennis, Jr J E, Moré J J. Quasi-Newton Methods, Motivation and Theory[J]. SIAM Review, 1977, 19(1): 46-89.

[50] Frank M, Wolfe P. An Algorithm for Quadratic Programming[J]. Naval Research Logistics (NRL), 1956, 3(1-2): 95-110.

[51] Nesterov, Yurii. A method of solving a convex programming problem with convergence rate O (1/

k2)［J］. *Soviet Mathematics Doklady*, 1983, 27(2).

［52］ Karmarkar N. A New Polynomial-time Algorithm for Linear Programming［C］//Proceedings of the Sixteenth Annual ACM Symposium on Theory of Computing. ACM, 1984: 302-311.

［53］ Geoffrion A M. Duality in Nonlinear Programming: A Simplified Applications-oriented Development ［J］. SIAM Review, 1971, 13(1): 1-37.

［54］ Johnson R, Zhang T. Accelerating Stochastic Gradient Descent Using Predictive Variance Reduction［C］//Advances in Neural Information Processing Systems. 2013: 315-323.

［55］ Sutskever I, Martens J, Dahl G, et al. On the Importance of Initialization and Momentum in Deep Learning［C］//International Conference on Machine Learning. 2013: 1139-1147.

［56］ Duchi J, Hazan E, Singer Y. Adaptive Subgradient Methods for Online Learning and Stochastic Optimization［J］. Journal of Machine Learning Research, 2011, 12(7): 2121-2159.

［57］ Tieleman T, Hinton G. Lecture 6.5-rmsprop: Divide the Gradient By a Running Average of Its Recent Magnitude［J］. COURSERA: Neural networks for machine learning, 2012, 4(2): 26-31.

［58］ Zeiler M D. ADADELTA: An Adaptive Learning Rate Method［J］. arXiv preprint arXiv:1212. 5701, 2012.

［59］ Kingma D P, Ba J. Adam: A Method for Stochastic Optimization［J］. arXiv preprint arXiv:1412. 6980, 2014.

［60］ Reddi S, Kale S, Kumar S. On the Convergence of Adam and Beyond［C］// International Conference on Learning Representations, 2018.

［61］ Hazan E, Levy K Y, Shalev-Shwartz S. On Graduated Optimization for Stochastic Non-convex Problems［C］//International Conference on Machine Learning. 2016: 1833-1841.

［62］ Chaudhari P, Choromanska A, Soatto S, et al. Entropy-SGD: Biasing Gradient Descent Into Wide Valleys［C］// International Conference on Learning Representations, 2016.

［63］ Vapnik V N, Chervonenkis A Y. On the Uniform Convergence of Relative Frequencies of Events to Their Probabilities［J］. Theory of Probability and its Applications, 1971, 16(2): 264.

［64］ Vapnik V. The Nature of Statistical Learning Theory ［M］. Springer science & business media, 2013.

［65］ Peter L. Bartlett, Shahar Mendelson. Rademacher and Gaussian Complexities: Risk Bounds and Structural Results［J］. Journal of Machine Learning Research, 2002, 3(11): 463-482.

［66］ van der Vaart A W, Wellner J A. Weak Convergence and Empirical Processes with Applications to Statistics［J］. Journal of the Royal Statistical Society-Series A Statistics in Society, 1997, 160 (3): 596-608.

DISTRIBUTED MACHINE LEARNING
Theories, Algorithms, and Systems

分布式机器学习框架

近年来机器学习的作用越来越大，开始在各行各业中扮演重要的角色。然而，当机器学习算法走出实验室，真正和实际应用相结合时，将无法避免海量训练数据、问题复杂程度高等诸多挑战。最终，我们将不得不使用更复杂的机器学习模型来解决问题，并且还需要动用计算机集群来完成数据处理、模型训练等任务。分布式机器学习研究的正是如何使用计算机集群来训练大规模机器学习模型。本章将首先给大家展示一下实际应用问题中大数据和大模型的挑战，然后讨论分布式机器学习的基本框架，为后续各章的详细介绍打下基础。

3.1 大数据与大模型的挑战

随着互联网的飞速发展，我们进入了一个前所未有的大数据时代。在 2005 年到 2015 年这十年间，按照不完全统计，数据增长了至少五十倍。这个速率遥遥领先于我们所熟知的有关计算力增长的摩尔定律以及有关带宽增长的尼尔森定律。在大数据浪潮的推动下，有标签训练数据的规模也取得了飞速增长。现在人们通常会用到数百万甚至上千万张有标签图像来训练图像分类器（例如，ImageNet 数据集包含 1400 万幅图像，涵盖 2 万多个类别[1]），用成千上万小时的语音数据来训练语音识别模型（例如，百度的 Deep Speech 2 系统使用了 11940 小时的语音数据以及超过 200 万句表述来训练英语的语音识别模型[2]），用上千万的双语句对来训练机器翻译模型（例如，WMT 2014 的英法训练数据包含约 3600 万的双语句对[3]），用几千万棋局来训练围棋程序（例如，DeepMind 的 AlphaGo 系统用到了 3000 多万个残局来进行训练[4]）。如此庞大的训练数据在十几年前是完全无法想象的，也正是它们给人工智能技术的发展奠定了非常坚实的物质基础。而另一方面，它们也需要耗费大量的计算资源和训练时间，因而对计算机软硬件都提出了更高的要求。

大规模训练数据的出现为训练大模型提供了物质基础，因此近年来涌现出了很多大规模的机器学习模型。这些模型动辄可以拥有几百万甚至几十亿个参数。举几个典型的例子：2011 年谷歌训练出了拥有十亿个参数的超大神经网络模型[5]；2015 年微软研究院开发出拥有超过 200 亿个参数的 LightLDA 主题模型[6]；而进一步，当词表增大到成百上千万时，如果不做任何剪枝处理，无论是语言模型还是机器翻译模型都可能拥有上百亿甚至是几千亿个参数[7]。

一方面，这些大规模机器学习模型具备超强的表达能力，可以帮助人们解决很多难度非常大的学习问题。而另一方面，它们也有自己的弊端：非常容易过拟合（也就是在训练集上可以取得非常好的效果，然而在未知测试数据上则表现得无法令人满意）。因此倒逼训练数据的规模，结果无可避免地导致大数据和大模型的双重挑战，从而对计算能力和存储容量都提出新的要求。计算复杂度高，导致单机训练可能会消耗无法接受的时长，因而不得不使用并行度更高的处理器或者计算机集群来完成训练任务；存储容量大，导致单机无法满足需求，不得不使用分布式存储。在这个背景下，涌现出很多新的软硬件技术，包括图形处理器（GPU）的兴起和大规模计算机集群的广泛使用。

GPU 和 CPU 相比，有更强的并行度和计算能力，可以使复杂的训练过程变得更加高效。CPU 由专为顺序串行处理而优化的几个核心组成，而 GPU 则拥有一个由数以千计的更小、更高效的核心（专为同时处理多重任务而设计）组成的大规模并行计算架构。GPU 只有非常简单的控制逻辑并省去了缓存，适合把同样的指令流并行发送到众核上，进行海量数据的快速处理。事实证明，在浮点运算、并行计算等方面，GPU 可以提供数十倍乃至于上百倍于 CPU 的性能。通过使用 GPU，计算的并行度大大提升，很多计算任务都能得到大幅的加速（如图 3.1 所示），这也正好解决了大规模机器学习的痛点。因此，在大规模机器学习（尤其是深度学习）需求的催生下，GPU 产业得到了迅猛的发展，也使得以英伟达（NVIDIA）为代表的 GPU 厂商成为资本市场的宠儿。除了 GPU 以外，近年来 FPGA 和 ASIC 等片型也有了快速进展，对下一代人工智能任务的硬件支撑进行了有益的探索[8]。

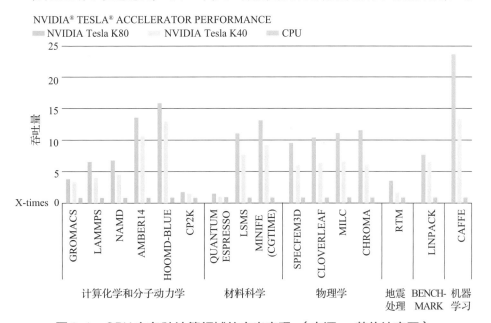

图 3.1　GPU 在各种计算领域的突出表现　（来源：英伟达官网）

GPU 的运算能力虽然很强，但是当训练数据更多、计算复杂度更高时，单块 GPU 还是会捉襟见肘。这时就需要利用分布式集群，尤其是 GPU 集群来完成训练任务。这使得亚马逊 AWS、微软 Azure、谷歌 Google Cloud 等云计算平台获得了巨大的发展机遇。之前，云计算服务的主要目的是解决企业的 IT 管理问题——将 IT 集中化、服务化；而近年来随着人工智能的飞速发展，大规模机器学习和科学计算越来越多地成为云计算上的典型任务。比如 AWS 推出的 P2 虚拟机，包含 1 ~ 16 个 GPU 的配置选择；而 Azure 上的 N 系列虚拟机，也提供了 1 ~ 4 块 GPU 的配置选项（详见表 3.1 和表 3.2）。人们开始利用它们来实现人工智能模型的训练。与此同时，很多大型公司和学术机构开始建立属于自己的私有 GPU 集群。在这些大规模计算资源的支持下，如今很多前沿的学术研究和高端人工智能产品背后，都在使用包含成百上千块卡的 GPU 集群进行运算。

表 3.1　AWS 上的 GPU 虚拟机

AWS 虚拟机	GPU	vCPU	内存（GB）	GPU 内存（GB）
p2. xlarge	1	4	61	12
p2. 8xlarge	8	32	488	96
p2. 16xlarge	16	64	732	192

表 3.2　Azure 上的 GPU 虚拟机

Azure 虚拟机	GPU	vCPU	内存（GB）	硬盘（GB）
NV6	1	6	56	340
NV12	2	12	112	680
NV24	4	24	224	1440

3.2　分布式机器学习的基本流程

大数据、大模型、GPU 集群为人工智能的飞速发展奠定了坚实的基础，然而想要在此基础上真正训练出出色的人工智能模型其实并非易事。近年来越来越多的学者开始深入研究并行化、分布式的机器学习技术。也就是如何划分训练数据、分配训练任务、调配计算资源、整合分布式的训练结果，以期达到训练速度和训练精度的完美平衡。回顾相关的学术研究和工业应用，最近有很多喜人的进展，当然也还存在着巨大的提升空间。这也正是本书成文的主要动因：向读者展示并行化、分布式机器学习的方方面面，为实践者提供指导原则，为学者提供进一步开展研究的入手点。

之所以需要使用分布式机器学习，大体有三种情形：一是计算量太大，二是训练数据太多，三是模型规模太大。对于计算量太大的情形，可以采取基于共享内存（或虚拟内存）的多线程或多机并行运算。对于训练数据太多的情形，需要将数据进行划分，并分配到多个工作节点上进行训练，这样每个工作节点的局部数据都在容限之内。每个工作节点会根据局部数据训练出一个子模型，并且会按照一定的规律和其他工作节点进行通信（通信的内容主要是子模型参数或者参数更新），以保证最终可以有效整合来自各个工作节点的训练结果并得到全局的机器学习模型。对于模型规模太大的情形，则需要对模型进行划分，并且分配到不同的工作节点上进行训练。与数据并行不同，在模型并行的框架下各个子模型之间的依赖关系非常强，因为某个子模型的输出可能是另外一个子模型的输入，如果不进行中间计算结果的通信，则无法完成整个模型训练。因此，一般而言，模型并行对通信的要求较高。读者请注意，以上三种分布式机器学习的情形在实际中通常是掺杂在一起发生的。比如，我们遇到的实际问题可能训练数据也多、模型也大、计算量也大。所以，有时候不太容易清楚地划分这些不同情形的边界。如果一定要区分它们的占比，到目前为止，数据并行还是最常见的情形，因为训练数据量过大导致训练速度慢仍是分布式机器学习领域的主要矛盾。因此，本书将用大部分篇幅来讲解数据并行时需要解决的一些问题，同时也会尽量覆盖与计算并行和模型并行有关的问题。

无论是上面提到的哪种情形，分布式机器学习都可以用图 3.2 加以描述。它包含以下几个主要模块：数据与模型划分模块、单机优化模块、通信模块以及数据与模型聚合模块。这些模块的具体实现和相互关系可能因不同算法和系统而异，但一些基本的原理是共通的。接下来我们会对这些模块加以简要综述。

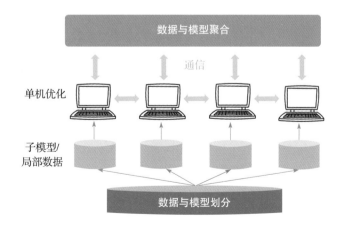

图 3.2　分布式机器学习系统框架

3.3 数据与模型划分模块

当我们拥有大量训练数据或者大规模机器学习模型，无法由单机完成存储和计算时，就需要将数据或模型进行划分并将其分配到各个工作节点上。

首先就数据划分而言，主要有两个操作的角度：一是对训练样本进行划分，二是对每个样本的特征维度进行划分[⊖]。

对训练样本进行划分也有两种常用的做法：

- 第一种是基于随机采样的方法。我们把原训练集作为采样的数据源，通过有放回的方式进行随机采样，然后按照每个工作节点的容量为其分配相应数目的训练样本。这样的做法可以保证每台机器上的局部训练数据与原训练数据是独立同分布的，因此在训练的效果上有理论保证。但这样做也有弊端，首先是因为训练数据量较大，全局采样的代价比较高；其次通过采样的方式会使低频的训练样本很难被选出来，导致某些辛苦标注的训练样本并没有得到充分的利用。

- 第二种是基于置乱切分的方法。该方法将训练数据进行乱序排列，然后按照工作节点的个数将打乱后的数据顺序划分成相应的小份，随后将这些小份数据分配到各个工作节点上。每个工作节点在进行模型训练的过程中，只利用分配给自己的局部数据，并且会定期地（如每完成一个完整的训练周期）将局部数据再打乱一次。到一定阶段，还可能需要再进行全局的数据打乱和重新分配。之所以要这样做，主要目的是让各个工作节点上的训练样本更加独立并具有更加一致的分布，以满足机器学习算法对训练数据独立同分布的假设。当然，即便真的定期进行了局部和全局的乱序操作，也不见得能完全满足独立同分布的条件。有些学者对此进行了研究[10]：他们发现数据打乱等价或者接近于无放回的随机采样，而独立同分布的假设则暗示着有放回的随机采样。

⊖ 也有些研究从另外的角度来考虑数据划分的问题[9]。不同的工作节点虽然处理的数据不同，但它们共享同样的机器学习模型。当不同的工作节点对共享模型进行更新的时候，可能会出现冲突，严重的冲突可能会影响到模型的全局收敛性。因此，如何避免冲突也是数据划分的目标之一。假设数据的表达本身是稀疏的（即每个数据样本只激活模型的局部），那么一个好的数据划分策略就是让来自不同工作节点的模型更新尽量少地发生冲突。为此，就要把激活同样或类似局部模型的数据放在同一个工作节点上，而这可以通过解一个聚类问题加以实现。

除了对训练样本进行划分，还可以考虑进行特征维度的划分。假设训练数据是以 d 维向量的方式给出的（每一维对应一种对输入样本进行刻画的特征），我们可以将这 d 维特征顺序切分成 K 份，然后把每份特征对应的子数据集分配到 K 个工作节点上。维度划分需要与特定的优化方法（如坐标下降法）配合使用，否则如果优化算法需要同时利用分配到不同工作节点的多个维度，就会带来很大的通信代价，可能得不偿失。

其次，就模型划分而言，常见的做法是将机器学习模型切分成若干子模型（一部分模型参数对应于一个子模型），然后把每个子模型放在一个工作节点上进行计算。很显然，不同的子模型之间会有一定的依赖关系，比如某个子模型的输出恰好是另外一个子模型的输入。子模型之间的依赖关系可以从机器学习模型对应的计算图上得到很好的反映。各个工作节点需要等待其输入所依赖的子模型计算完毕之后，才能开展自己的计算，而它的计算结果也将会供给依赖其输出的其他子模型进行消费。显然，不同的子模型划分方法会影响到各个工作节点之间的依赖关系和通信强度，好的划分可以降低通信强度，提高并行计算的加速比。

对模型进行划分时，往往需要考虑模型的结构特点。比如，对线性模型进行划分的时候，可以直接针对不同的特征维度进行划分，与基于维度的数据划分相互配合。对深层神经网络进行划分的时候，则可以考虑模型的层次结构，进行逐层的横向划分或者跨层的纵向划分。二者各有利弊。比如采用逐层的横向划分时，各子模型之间的接口清晰、实现简单，但是受到层数的限制，并行度可能不够高，并且在极端情况下，单层的模型参数可能已经超出了一个工作节点的容限。采用跨层的纵向划分，可以将模型切分成更多份，但是各子模型之间的依赖关系会更加复杂，实现起来难度更大，并且通信代价也较高。

除了横向和纵向这两种确定性的神经网络模型划分方式以外，也有学者尝试随机的模型划分。其基本思想是：人们发现神经网络具有一定的冗余性，给定一个神经网络，往往存在一个规模更小的网络可以达到与其类似的函数拟合效果。我们把这个小网络称为骨架网络。可以把骨架网络存储于每个工作节点，除此之外，各个工作节点互相通信的时候，还会随机传输一些属于非骨架网络的神经元参数，从而起到探索原网络全局拓扑结构的作用。骨架网络的选择可以是周期性更新的，对全局拓扑结构的探索也是动态、随机的。这样可以显著减小模型并行的通信代价，而且理论上对于模型并行的效果也有一定的保证。

3.4　单机优化模块

完成数据或模型划分之后，每个工作节点只需要根据分配给自己的局部训练数据和子模型来进行训练。从这个意义上讲，除去各工作节点之间相互的通信以外，在每个工作节点自身的视野里，其实基本就是一个传统的单机机器学习任务：根据属于自己的训练数据，计算经验风险（所有训练样本上的损失函数之和），然后利用某种优化算法（如随机梯度下降法）通过最小化经验风险来学习模型的参数。这部分并不是分布式机器学习所独有的模块，但是确实是"机器学习"真正发生的地方。为了更加深入地理解分布式机器学习，我们不仅要掌握主流的单机优化方法，还要了解在分布式的环境下这些单机算法的理论性质（如收敛性和泛化能力）会发生怎样的变化。

本书将在第 4 章和第 5 章中对目前机器学习领域的主流优化算法（包括确定性算法、随机优化算法以及针对深层神经网络提出的特定优化算法等）进行非常详尽的介绍，这里就不再赘述。这两章具有独立于本书的价值：假使读者并不从事分布式机器学习的专门研究，而只是对机器学习本身感兴趣，那么阅读这些章节也会有所收获。

3.5　通信模块

当单机优化模块利用局部数据求得了本地模型的更新以后，就会涉及多机、多线程协作的问题，因为只有信息共享，才能把各个工作节点有机地组合在一起，实现一加一大于二的效果。要实现多机协作，就离不开通信；而提到通信，就需要讨论通信的内容、拓扑结构、步调和频率等。我们将在本书中讨论并试图回答与此相关的问题。

3.5.1　通信的内容

在数据并行的框架下，每个工作节点会学到基于局部数据的子模型。那么为了实现全局的信息共享，就需要把这些子模型或子模型的更新（如梯度）作为通信的内容。这种方式是目前应用最为广泛的分布式机器学习模式，它比较直观，并行度可以通过调节本地学习的轮数来控制。

虽然在数据并行的框架下，把子模型（或其更新）作为通信内容最为自然，但它并不是唯一的选择。例如，也可以基于数据交互进行分布式机器学习。在每个工作节点进行自身的训练过程中，会发现一些对于学习而言非常重要的样本（比如，当使用支持向量机作为单机学习算法时，支持向量就是重要的样本）。我们可以将这些重要样本作为通信的内容，这样就能够在多个工作节点的协作下，迅速发现全局的重要样本，加速整个训练进程。

在模型并行的框架下，各个工作节点之间有着很强的相互依存关系。某个子模型的输出可能是另外一个子模型的输入[⊖]。因此，在这种情况下把计算的中间结果作为通信的内容就再自然不过了。这时通信链路是比较容易设计的，因为绝大部分的机器学习模型都可以用计算图或数据流的方式加以表示。那么，我们只需按照机器学习模型对应的数据流，把每个子模型完成自身计算所需要的数据通过网络传输过去即可。此类方法在算法逻辑上等价于把多个工作节点虚拟化为一个巨大的工作节点，模型划分越细，跨节点交互也越多，通信的代价越高。因此，在实战中可能需要考虑对传输的信息进行压缩。

3.5.2 通信的拓扑结构

在确定了通信内容以后，还需要关心通信的拓扑结构，也就是哪些工作节点之间需要进行通信。在分布式机器学习的历史上，有如下几种主流的通信拓扑结构。

1. 基于迭代式 MapReduce/AllReduce 的通信拓扑

迭代式 MapReduce[11] 源于大数据处理的 MapReduce 方法：Map 操作完成数据分发和并行处理，Reduce 操作完成数据的全局同步和聚合。有了 MapReduce 这个抽象的范式，人们只需要使用简单的原语就可以完成大规模数据的并行处理。但是当把 MapReduce 逻辑直接应用于分布式机器学习时，会遇到以下问题：①完全依赖硬盘 I/O 的数据交互方法对于迭代式的机器学习效率太低；②在 MapReduce 范式下，计算过程的中间状态不能得到维持，使得反复迭代的机器学习过程无法高效衔接。迭代式 MapReduce 方法的提出正是为了解决以上问题，它是完全基于内存的实现，大大缩减了计算过程中的 I/O 代价；同时，考虑到机器学习任务中数据常常需要经历多次迭代，它引入了永久性存储

⊖ 前面提到过，在模型并行的框架下，如果使用的是随机划分，则各个子模型之间的耦合关系没有确定性划分那么强。这个时候的通信模型更接近于数据并行的框架。

（persistent store）。另一方面，迭代式 MapReduce 仍然保留了经典 MapReduce 的拓扑结构和编程模式，从而让我们可以利用现有的系统简单高效地完成分布式机器学习任务。但是，事物总有它的两面性，迭代式 MapReduce 的抽象表达虽然简单，但不够灵活。首先，它的运算节点和模型存储节点没有很好的逻辑隔离，因此只能支持同步的通信模式：按照 MapReduce 的逻辑，只有当所有的 Mapper 都完成了任务以后，才能进入 Reduce 过程，反之亦然。其次，人们可能需要将已有的单机优化算法进行较大的改动，才能完全符合 Map 和 Reduce 的编程接口。目前应用比较广泛的迭代式 MapReduce 系统包括：Spark MLlib[12]、Vowpal Wabbit（VW）[13]、Cloudera[14]等。

2. 基于参数服务器的通信拓扑

参数服务器（parameter server）的构架把工作节点和模型存储节点在逻辑上区分开来，因此可以更加灵活地支持各种不同的通信模式。各个工作节点负责处理本地的训练数据，通过参数服务器的客户端 API 与参数服务器通信，从而从参数服务器获取最新的模型参数，或者将本地训练产生的模型更新发送到参数服务器上。这样做有如下好处。

1）参数服务器将各个工作节点之间的交互过程隔离开来，取而代之的是工作节点与参数服务器之间的交互。因此，各个工作节点之间就不一定需要时刻保持同步，换言之，计算比较快的节点可以不用等待计算比较慢的节点，从而取得更高的加速比。

2）可以采用多个参数服务器来共同维护较大的模型。这时，模型参数会被划分到多个参数服务器上进行存储，工作节点对全局参数的访问会被拆分开来，分别提交到不同的参数服务器上。这样，一方面可以平衡负载、提高通信的效率，另一方面当工作节点在训练过程中只需要访问一部分参数时（比如稀疏的模型访问），还可以在某种意义上实现模型并行的效果。

目前影响力比较大的几个参数服务器系统包括 CMU 的 Parameter Server[16] 和 Petuum[17]，谷歌的 DistBelief[5]，以及微软的 Multiverso[18]。

3. 基于数据流的通信拓扑

当我们进行基于模型并行的分布式机器学习时，需要把不同子模型的更新放置在不同的工作节点上。为了更好地支持这种分布式计算，人们开始研究基于数据流的通信拓扑。在数据流系统中，计算被描述成为一个有向无环图。图中的每个节点进行数据处理或者计算，图中的每条边代表数据的流动。当两个节点位于两台不同的机器上时，它们之间便会进行通信。

在典型的数据流系统中，每个节点通常有两个通信通道：控制消息流和计算数据流。其中，计算数据流主要负责接收模型训练时所需要的数据、模型参数等，再经过工作节点内部的计算单元，产生输出数据（这里的数据可以是中间计算结果，也可以是参数更新），按需提供给下游的工作节点。控制信息流决定了工作节点应该接收什么数据，接收的数据是否已经完整，自己所要做的计算是否完成，是否可以让下游节点继续计算等。在工作节点定义时，需要指定工作节点的状态转换流程，从而在需要的时候生成一些信息，通过控制消息流通知后续节点准备进入消息接收和计算的状态。

目前影响力比较大的基于数据流的系统是来自谷歌的 TensorFlow[19]。

3.5.3　通信的步调

前面已经提到了通信的内容以及通信的拓扑结构，那么该以怎样的步调进行通信呢？我们可能面临以下问题：

- 我们是应该选择同步的通信方式（即每个工作节点要等待收齐来自其他所有工作节点的模型更新之后，才继续自己的本地模型训练），还是异步的通信方式（即各个工作节点不相互等待，而是通过一定的机制把本地模型训练和与其他节点的通信隔离开来）？

- 在异步的通信方式下，如何保持模型更新的一致性（即来自不同工作节点的模型更新可能并非同一版本，有新有旧，如何对它们进行充分而合理的利用）？

在早期的分布式机器学习实践中，同步的通信方式被大量使用。同步通信方式的盛行背后有很多原因：首先是受早期的迭代式 MapReduce 的影响；其次是同步的方式在逻辑上清晰明了、理论上有所保障；再次，早期的分布式机器学习一般规模并不大，鲜有成千上万个节点同时工作的情形，因此同步带来的等待时间并不是不可接受的。基于同步通信的算法有很多，包括基于 BSP 的随机梯度下降法（BSP-SGD）[20]、模型平均法[21]、ADMM[22] 以及弹性平均随机梯度下降法（EA-SGD）[23] 等。

但是，随着近年来机器学习问题的规模不断增大，需要调配的计算资源越来越多，同步通信方式的局限性就逐渐浮出水面。第一，当各个工作节点的计算性能显著不同时，全局的计算速度会被那些比较慢的节点所拖累。第二，当有些工作节点不能正常工作时（如系统死机），整个集群的计算将无法完成，会导致最终分布式学习任务的失败。为了更好地适应更大规模的分布式机器学习需求，近年来人们开始关注异步的通信方式，并且配合参数服务器发明了大量的异步算法。

所谓异步通信就是每个工作节点在完成一定量的本地模型训练之后不需要等待其他节点，而是直接将自己的阶段性训练结果（例如本地模型或模型更新）推送到参数服务器上，随即继续进行本地的模型训练（在需要的时候，会从参数服务器上拿回最新的全局模型，作为本地训练的起点）。参数服务器在逻辑上隔离了各个工作节点，使得即便个别工作节点速度慢或者出现故障也不会对整体的学习过程产生太大影响。

异步的通信又分为有锁和无锁两种。所谓有锁的异步通信是指虽然各个工作节点可以异步地进行本地学习，但是当它们把局部信息写入全局模型时，会通过加锁来保证数据写入的完整性，但这样可能会限制系统在参数更新方面的吞吐量。所谓无锁的异步通信是指在工作节点将局部信息写入全局模型时，不保证数据的完整性，以换取更高的吞吐量。二者各有利弊。目前比较常用的基于异步通信的算法包括异步随机梯度下降法（ASGD）[5]、HogWild![24]、Cyclades[9]等。

异步通信虽然可以避免某些无必要的等待，但是因为各个工作节点没有同步，它们的步调可能会相差很大，这就有可能引发一个严重的"延迟"问题。举个例子，某个节点速度很快，它已经在全局模型的基础上往前训练了100轮；而另外一个工作节点速度慢，它才在同一个全局模型的基础上往前训练了1轮。那么，当后者把一个很陈旧的本地模型（或其更新）写入全局模型的时候，可能会严重影响全局模型的收敛速度。为了解决这个问题，人们提出了一些对于延迟不太敏感的异步通信方法，如 AdaptiveRevision[25] 和 AdaDelay[26]，还提出了一些从本质上补偿延迟的异步通信方法，例如带有延迟补偿的异步随机梯度下降法（DC-ASGD）[27]。

综上所述，同步和异步的通信方式各有利弊，也各有适用的场景。为了综合二者的好处、规避各自的问题，人们还提出了半同步的方法（如 SSP[28]）以及混合同步的方法。SSP 的基本思想是当最快的工作节点和最慢的工作节点的时钟周期相差（延迟）不太大的时候，不去限制大家的自由发挥，工作节点各自异步地进行训练；而当系统检测到延迟过大的时候，会要求最快的工作节点停下手边的工作等待比较慢的节点，直到延迟小于某个阈值之后，才允许最快的节点继续工作。而混合同步方法则是将工作节点按照某种准则进行分组，组内的节点之间采用同步通信的模式，而组间则采用异步的通信模式。这样可以扬长避短，取得更好的分布式训练效果。

3.5.4　通信的频率

除了通信内容和通信步调以外，还有一个问题会关乎通信的代价，那就是通信的频率。直观来讲，通信越频繁，各个工作节点相互协调越好，训练效果应该越有保障；然而另外一面，这也意味着通信的代价会更高，可能拖累整体训练的速度。那么应该如何选择合适的通信频率呢？是应该在处理完每一个样本或每一个小批量（mini batch）之后就马上进行通信，还是在把所有本地训练数据都处理完之后再进行通信？通信的收、发频率是否需要一致？不同的频率对于模型的收敛性是否有影响？近年来人们对这些问题进行了一定程度的研究，其目的是根据分布式计算集群的配置（每个工作节点的计算速度、机器之间互联的网络带宽等）以及机器学习问题自身的特点（数据大小、模型大小等）计算出一个最优的通信频率，从而取得计算代价和通信代价的最优匹配，实现最高的学习效率。

既然降低通信频率的目的是减小通信带宽需求，那么还有没有其他手段可以在不降低通信频率的情况下有效减小通信带宽需求呢？这就是所谓通信滤波要讨论的问题。其实，可以将降低通信频率看作时域滤波。与此对称的是所谓空域滤波，也就是从要通信的内容出发，看看能不能在当前的参数空间下尽量减少要发送的数据量。为了实现这个目的，我们有几种选择。首先是模型压缩，比如对模型矩阵作低秩分解[29]，这样就可以减小要传输的模型大小。其次是模型量化，比如对模型参数进行低精度量化（如一比特量化[30]），或者对模型参数进行随机丢弃（weighted dropout）[31]。与此有关的更详细讨论参见本书的第 7 章。

3.6 数据与模型聚合模块

无论是采用哪种通信的拓扑结构，总会涉及如何将来自不同工作节点的数据、模型（或其更新）进行聚合的问题。这里我们以模型聚合为例进行介绍，更多的内容请参见第 8 章。

下面我们以基于参数服务器的分布式机器学习为例进行讨论。当参数服务器收到来自不同工作节点的本地模型时，既可以选择对模型参数进行简单平均来获得全局模型，也可以通过解一个一致性优化问题来获得全局模型（如 ADMM[22]、BMUF[32]），还可以通过模型集成（ensemble）来获得全局模型[33]。不同的做法有各自的利弊。模型平均和 ADMM 等方法操作起来很简单，并且在学习目标是凸函数的条件下有相应的理论保证——平均模型的精度不会比本地模型的平均精度差。可是当我们面临像深度学习这样的非凸问题时，模型平均及其变种就不再具有理论保证了，尤其是如果不同的本地模型处在不同的凸子域，则平均模型的性能可能比任何一个本地模型都要差。这个时候，模型集成的优势就体现出来，它可以保证模型聚合时精度不会损失。但是，模型集成会增大模型的规模，K 个模型的集成将会包含 K 倍的参数个数。这对于不断迭代的机器学习流程而言是不能接受的，否则将会出现所谓的"模型爆炸"现象。为了解决这个问题，在模型集成之后可能需要对模型的大小进行压缩，以保证最终聚合出来的模型的规模不会越变越大[33]。

另外一个问题也需要在模型聚合的时候进行讨论：是否所有的子模型都需要被聚合。首先，从全局模型的精度出发，如果某些本地模型（或其更新）有明显的延迟，那么把这样的模型聚合起来可能会影响全局模型的最终质量。其次，从分布式机器学习的效率出发，如果某些工作节点速度比较慢，等待它们的子模型可能会拖垮整个学习过程，不如跳过它们而只对那些响应速度较快的工作节点的子模型进行聚合。这些方法已经在很多的实际系统中被使用，例如带有备份工作节点的同步随机梯度下降法[34]以及异步 ADMM[35]。

反过来，当参数服务器将聚合出来的全局模型推送回每个工作节点时，这些工作节点也可以选择无条件信任全局模型（并在其基础上利用本地数据继续迭代下去），或者只是部分地信任全局模型（只在一定概率上利用全局模型来更新本地模型）。后者代表性的算法为弹性平均随机梯度下降法（EA-SGD）[23]。这些不同的选择会对分布式机器学习的效果以及训练速度产生不同的影响，还需要进行更加深入的研究。

当不同的数据/模型划分方式、不同的单机优化算法、不同的通信机制以及不同的数据/模型聚合方法组合在一起时，就会产生多种多样的分布式机器学习算法。我们将在第 9 章中选取若干典型算法进行重点介绍和相互比较。

3.7　分布式机器学习理论

前面描述了分布式机器学习框架的基本模块。其实每个模块的具体设计都会影响到分布式机器学习的整体性能。比如：

- 基于置乱切分的数据划分方法可能无法保证工作节点上的数据与原始训练数据是独立同分布的，那么这是否会影响到学习过程的收敛性以及训练所得模型的性能？

- 同步的通信方式是否会影响优化过程的收敛速度？如果有，那么这个影响与哪些因素有关？异步的通信方法受延迟的影响有多大？当延迟为 τ 的时候，优化算法的收敛速度是否会打折扣，这个折扣和 τ 的关系如何？

对这些问题的回答，一方面需要在实践中不断摸索，另一方面也需要在理论上进行界定。我们会开辟单独的一章（第 10 章）来总结人们在分布式机器学习理论方面的成果。在第 10 章里，将从如下几个方面开展讨论：

1）收敛性：具体指各种不同的分布式机器学习方法对应怎样的收敛速率，分布式机器学习的各个模块将会对收敛速率产生怎样的影响。对于大部分分布式机器学习算法而言，都有比较成熟的收敛性分析。我们会按照优化目标的性质、本地优化算法的类别、并行模式、通信和聚合方式这些维度进行归纳总结，讨论分布式机器学习各个组成部分对收敛速率的影响。

2）加速比：具体指在收敛性的基础上，分布式算法相比单机优化算法，可以实现怎样的加速比。加速比除了与算法的收敛速率有关，还受通信与计算的时间占比影响。不过想要分布式机器学习算法具有收敛性质，需要算法满足最小的通信量。目前，通信量下界的研究还局限在比较简单的分布式学习算法，我们希望通过介绍现有的工作启发读者理解或者研究更复杂算法的通信量下界。

3）泛化性：具体指分布式优化算法对应的泛化性能。与算法相关的泛化性能分析对非凸任务（比如深度学习）尤为重要，因为此时优化误差和估计误差不能分开考虑：不同优化算法在模型空间中的优化路径不同，停留的局部凸区域也不同，会起到某种正则化的作用。

请读者注意，第 10 章讨论的理论内容可能有些晦涩难懂，如果大家主要关心算法和应用，也可以跳过该章，不会影响阅读本书的连贯性。

3.8 分布式机器学习系统

当读者通读本书的核心章节，对分布式机器学习成竹于胸，想要跃跃欲试的时候，就需要对于目前产业界一些成型的分布式机器学习系统有所了解，站在前人的肩膀上，不用一切从零开始。

在本书的第 11 章，我们将会介绍三个典型的分布式机器学习系统：

- 基于迭代式 MapReduce 的机器学习系统——Spark MLlib

- 基于参数服务器的机器学习系统——Multiverso
- 基于数据流的机器学习系统——TensorFlow

除了对于各个系统的基本介绍以外，我们还会针对分布式逻辑回归这个典型任务，对以上系统进行实战对比，向读者展示不同的分布式机器学习系统如何使用以及各自的优缺点：

1）从灵活性角度，MapReduce 的灵活度最低，需要遵从系统的特殊执行流程，即 Map + Reduce 的步骤；参数服务器灵活度最高，因为它只是提供了全局存储的服务器和访问全局存储的 API，对分布式程序自身执行的流程以及具体的运算都没有作要求；而数据流系统的灵活度居中，任务需要描述成 DAG 的形式，但是 DAG 的模式相对于 MapReduce 还是要灵活很多。

2）从运行效率角度，通常在机器数比较大并且集群状态比较复杂的情况下，基于同步逻辑的 MapReduce 系统的效率较低；基于参数服务器或者数据流的系统情况会好一些，因为它们默认都可以支持异步的通信逻辑。但是在真实情况下，决定系统效率的方面还包括系统的实现方式、编程语言、网络通信库和架构等。

3）从处理的任务角度，Spark MLlib 支持的机器学习方法一般都采用比较浅层的模型，比如逻辑回归、LDA、矩阵分解等；TensorFlow 提供了很多矩阵运算的算子和优化器，可以让用户自由搭建深度学习这类比较复杂的计算模型；Multiverso 系统对于单机学习过程没有限制，所以可以支持所有类型的学习任务，当然需要用户自己实现机器学习算法。

4）从用户使用角度，几个不同的系统都有很多现成可用的算法提供给大家。Spark MLlib 和 TensorFlow 更加完善一些，与之配套的上下游工具比较丰富，比如数据 IO、执行引擎、数据预测等。Multiverso 系统通过 Python 绑定，对不同算法也有较好的支持，不过由于生态系统相对薄弱，需要用户自己建立其他配套的功能。

希望通过阅读该章节，大家可以对于分布式机器学习系统有一定的了解，为以后进行分布式机器学习的研究打下实践的基础，从理论家变身成为一个真正的实战家。

3.9   总结

本章综述了分布式机器学习的基本框架，后续的若干章节将针对该框架中的具体模块进行详细的讨论。希望读者在阅读本章及后续章节以后，可以对分布式机器学习既有宏观的把握，又有微观的了解。为了辅助大家阅读，我们把后续各章和本章的关系用图 3.3 加以表示。

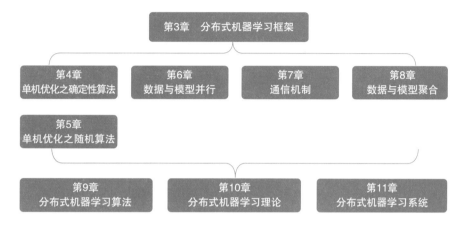

图 3.3　本章与后续章节关系图

参考文献

［1］ Deng J, Dong W, Socher R, et al. ImageNet：A Large-scale Hierarchical Image Database［C］// Computer Vision and Pattern Recognition, 2009. CVPR 2009. IEEE Conference on. IEEE, 2009： 248-255.

［2］ Amodei D, Ananthanarayanan S, Anubhai R, et al. Deep Speech 2：End-to-end Speech Recognition in English and Mandarin［C］//International Conference on Machine Learning. 2016：173-182.

［3］ Bahdanau D, Cho K, Bengio Y. Neural Machine Translation by Jointly Learning to Align and Translate［J］. arXiv preprint arXiv：1409.0473, 2014.

［4］ Silver D, Huang A, Maddison C J, et al. Mastering the Game of Go with Deep Neural Networks and Tree Search［J］. Nature, 2016, 529（7587）：484-489.

［5］ Dean J, Corrado G, Monga R, et al. Large Scale Distributed Deep Networks［C］//Advances in Neural Information Processing Systems. 2012：1223-1231.

［6］ Yuan J, Gao F, Ho Q, et al. Lightlda：Big Topic Models on Modest Computer Clusters［C］//Proceedings of the 24th International Conference on World Wide Web. International World Wide Web Conferences Steering Committee, 2015：1351-1361.

［7］ Chelba C, Mikolov T, Schuster M, et al. One Billion Word Benchmark for Measuring Progress in Statistical Language Modeling［C］//Fifteenth Annual Conference of the International Speech Communication Association. 2014.

［8］ Li B, Ruan Z, Xiao W, et al. KV-Direct：High-Performance In-Memory Key-Value Store with Programmable NIC［C］//Proceedings of the 26th Symposium on Operating Systems Principles.

ACM, 2017: 137-152.

[9]　Pan X, Lam M, Tu S, et al. Cyclades: Conflict-free Asynchronous Machine Learning[C]//Advances in Neural Information Processing Systems. 2016: 2568-2576.

[10]　Meng Q, Chen W, Wang Y, et al. Convergence Analysis of Distributed Stochastic Gradient Descent with Shuffling[J]. arXiv preprint arXiv:1709. 10432, 2017.

[11]　Dean J, Ghemawat S. MapReduce: Simplified Data Processing on Large Clusters[J]. Communications of the ACM, 2008, 51(1): 107-113.

[12]　Meng X, Bradley J, Yavuz B, et al. Mllib: Machine learning in Apache Spark[J]. The Journal of Machine Learning Research, 2016, 17(1): 1235-1241.

[13]　Langford J, Li L, Strehl A. Vowpal Wabbit Online Learning Project[J]. 2007.

[14]　Kornacker M, Erickson J. Cloudera Impala: Real Time Queries in Apache Hadoop, For Real[J]. 2012.

[15]　Smola A, Narayanamurthy S. An Architecture for Parallel Topic Models[J]. Proceedings of the VLDB Endowment, 2010, 3(1-2): 703-710.

[16]　Li M, Andersen D G, Park J W, et al. Scaling Distributed Machine Learning with the Parameter Server[C]//OSDI. 2014, 14: 583-598.

[17]　Xing E P, Ho Q, Dai W, et al. Petuum: A New Platform for Distributed Machine Learning on Big Data[J]. IEEE Transactions on Big Data, 2015, 1(2): 49-67.

[18]　Distributed Machine Learning Toolkit[OL]. http://www. dmtk. io/.

[19]　TensorFlow[OL]. https://www. tensorflow. org/.

[20]　Bradley J K, Kyrola A, Bickson D, et al. Parallel Coordinate Descent for L1-Regularized Loss Minimization[J]. arXiv preprint arXiv:1105. 5379, 2011.

[21]　Zinkevich M, Weimer M, Li L, et al. Parallelized Stochastic Gradient Descent[C]//Advances in Neural Information Processing Systems. 2010: 2595-2603.

[22]　Boyd S, Parikh N, Chu E, et al. Distributed Optimization and Statistical Learning Via the Alternating Direction Method of Multipliers[J]. Foundations and Trends® in Machine learning, 2011, 3(1): 1-122.

[23]　Zhang S, Choromanska A E, LeCun Y. Deep Learning with Elastic Averaging SGD[C]//Advances in Neural Information Processing Systems. 2015: 685-693.

[24]　Recht B, Re C, Wright S, et al. Hogwild: A Lock-free Approach to Parallelizing Stochastic Gradient Descent[C]//Advances in neural information processing systems. 2011: 693-701.

[25]　McMahan B, Streeter M. Delay-tolerant Algorithms for Asynchronous Distributed Online Learning [C]//Advances in Neural Information Processing Systems. 2014: 2915-2923.

[26]　Sra S, Yu A W, Li M, et al. Adadelay: Delay Adaptive Distributed Stochastic Convex Optimization[J]. arXiv preprint arXiv:1508. 05003, 2015.

[27]　Zheng S, Meng Q, Wang T, et al. Asynchronous Stochastic Gradient Descent with Delay Compensation[C]//International Conference on Machine Learning. 2017: 4120-4129.

［28］　Ho Q，Cipar J，Cui H，et al. More Effective Distributed Ml Via A Stale Synchronous Parallel Parameter Server［C］//Advances in neural information processing systems. 2013：1223-1231.

［29］　Quanming Y，Kwok J T，Wang T，et al. Large-Scale Low-Rank Matrix Learning with Nonconvex Regularizers［J］. arXiv preprint arXiv：1708. 00146，2017.

［30］　Seide F，Fu H，Droppo J，et al. 1-bit Stochastic Gradient Descent and Its Application to Data-parallel Distributed Training of Speech DNNs［C］//Fifteenth Annual Conference of the International Speech Communication Association. 2014.

［31］　Srivastava N，Hinton G，Krizhevsky A，et al. Dropout：A Simple Way to Prevent Neural Networks from Overfitting［J］. The Journal of Machine Learning Research，2014，15（1）：1929-1958.

［32］　Chen K，Huo Q. Scalable Training of Deep Learning Machines by Incremental Block Training with Intra-block Parallel Optimization and Blockwise Model-update Filtering［C］//Acoustics，Speech and Signal Processing（ICASSP），2016 IEEE International Conference on. IEEE，2016：5880-5884.

［33］　Sun S，Chen W，Bian J，et al. Ensemble-compression：A New Method for Parallel Training of Deep Neural Networks［C］//Joint European Conference on Machine Learning and Knowledge Discovery in Databases. Springer，Cham，2017：187-202.

［34］　Chen J，Pan X，Monga R，et al. Revisiting Distributed Synchronous SGD［J］. 2016.

［35］　Zhang R，Kwok J. Asynchronous distributed ADMM for consensus optimization［C］//International Conference on Machine Learning. 2014：1701-1709.

CHAPTER

4

第4章

DISTRIBUTED MACHINE LEARNING
Theories, Algorithms, and Systems

单机优化之确定性算法

本章以及接下来的第 5 章，我们将介绍分布式机器学习框架中的单机优化模块。这部分内容并非分布式机器学习所独有，但却是"机器学习"真正发生的地方。本章我们将介绍确定性优化算法，下一章讨论随机优化算法。在开展关于优化算法的详细讨论之前，我们首先介绍一下机器学习的优化框架，以及优化算法的发展历史和分类方法。

4.1　基本概述

4.1.1　机器学习的优化框架

第 2 章中，我们已经简要地介绍了机器学习的目标、组成部分和评价方法。本小节将对机器学习训练过程中的优化框架做进一步介绍。

1. 正则化经验风险最小化

我们考虑以下有监督的机器学习问题。假设输入输出数据 $S_n = \{(x_i, y_i); i = 1, \cdots, n\}$ 是依据输入输出空间 $\mathcal{X} \times \mathcal{Y}$ 上的真实分布 $P_{x,y}$ 独立同分布地随机生成的。学习的目标是找到输入输出之间的函数映射关系，即预测模型 $g(\cdot; w)$，其中 w 是模型 g 的参数。下文中，为叙述方便，我们有时会把参数 w 所对应的预测模型简称为模型 w。对于新的输入 x，我们希望所习得的模型 g 能够给出足够接近真实输出 y 的预测结果 $g(x; w)$。预测的好坏用损失函数 $l(w; x, y)$ 来衡量。

由于真实分布 $P_{x,y}$ 未知，我们依据训练数据 S_n 来学习预测模型 g。在本章的讨论中，假设训练过程遵循正则化经验风险最小化原则。也就是，我们希望预测模型 g 在训练数据上的平均损失函数值（即经验风险）尽可能小；同时，我们对模型 g 的复杂度进行惩罚，以防止过拟合。正则化经验风险最小化（R-ERM）问题的目标函数可以表达如下：

$$\hat{l}_n(w) = \frac{1}{n}\sum_{i=1}^{n} l(w; x_i, y_i) + \lambda R(w)$$

其中，$R(\cdot)$ 是对于模型 w 的正则项（比如 L_2 正则 $R(w) = \|w\|_2^2$）。

由于在优化算法的运行过程中，训练数据已经生成并且保持固定，为了讨论方便且在不影响严格性的情形下，我们将上述 R-ERM 目标函数关于训练数据的符号进行简化，如下：

$$f(w) = \frac{1}{n}\sum_{i=1}^{n} f_i(w)$$

其中 $f_i(w) = l(w; x_i, y_i) + \lambda R(w)$ 是模型 w 在第 i 个训练样本 (x_i, y_i) 上的正则损失函数。不同的优化算法采用不同的方法对上述目标函数进行优化，以寻找最优的预测模型。看似殊途同归，但实践中的性能和效果可能有很大的差别。其中，最主要的是优化算法的收敛性和收敛速率。

2. 优化算法的收敛速率

假设优化算法在其结束时的第 T 步迭代中输出的模型是 w_T，R-ERM 问题的最优模型为 $w^* = \arg\min_w f(w)$。一个有效的优化算法会随着迭代的进行使输出的模型 w_T 越来越接近于最优模型 w^*。二者的接近程度通常用它们在参数空间中的距离或者它们对应的正则化经验风险的差值来衡量，即

$$\mathbb{E}\|w_T - w^*\|^2 \leqslant \varepsilon(T) \quad \text{或者} \quad \mathbb{E}f(w_T) - f(w^*) \leqslant \varepsilon(T)$$

如果 $\varepsilon(T) \to 0$，那么优化算法是收敛的。对于收敛的优化算法，它们的收敛速率可能并不相同。通常，用 $\log \varepsilon(T)$ 的衰减速率来定义优化算法的收敛速率：

1）如果 $\log \varepsilon(T)$ 与 $-T$ 同阶，称该算法具有线性收敛速率；

2）如果 $\log \varepsilon(T)$ 比 $-T$ 衰减速度慢，称该算法具有次线性收敛速率；

3）如果 $\log \varepsilon(T)$ 比 $-T$ 衰减速度快，称该算法具有超线性收敛速率，进一步地，如果 $\log\log \varepsilon(T)$ 与 $-T$ 同阶，称该算法具有二阶收敛速率。

本章后续部分将介绍各种不同类型的优化算法和这些算法的收敛速率。然而，正则化风险最小化的优化算法并不一定总是收敛的，需要目标函数具有相对良好的性质，为此我们需要引入一些基本的假设条件。

3. 假设条件

目前大多数关于优化算法的收敛性质都需要依赖目标函数具有某些良好的数学属性，比如凸性和光滑性。近年来，受到深度学习成功的驱动，人们也开始关注非凸优化问题。我们将在下一章对非凸优化进行讨论，本章则主要建立在凸优化的假设之上。

凸性刻画的是函数的一种几何性质：直观上，凸性要求函数在自变量的任何取值处的切线都在函数曲面下方。其严格定义如下：

定义 4.1（凸函数）　考虑实值函数 $f: R^d \to R$，如果对任意自变量 $w, v \in R^d$ 都有下面不等式成立：

$$f(w) - f(v) \geqslant \nabla f(v)^T (w - v)$$

则称函数 f 是凸的。

凸性会给优化带来很大的方便。原因是，凸函数的任何一个局部极小点都是全局最优解。对于凸函数，我们还可以进一步区分凸性的强度，强凸性质的定义如下。

定义 4.2（强凸函数）　考虑实值函数 $f: R^d \to R$ 和 R^d 上的模 $\|\cdot\|$，如果对任意自变量 $w, v \in R^d$ 都有下面不等式成立：

$$f(w) - f(v) \geq \nabla f(w)^T (w - v) + \frac{\alpha}{2} \|w - v\|^2$$

则称函数 f 关于模 $\|\cdot\|$ 是 α-强凸的。

不难验证，函数 f 是 α-强凸的当且仅当 $f - \dfrac{\alpha}{2}\|\cdot\|^2$ 是凸的。图 4.1 给出了凸函数、强凸函数和非凸函数的直观形象。

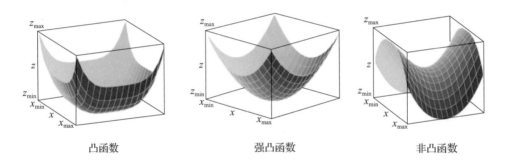

凸函数　　　　　　　　强凸函数　　　　　　　　非凸函数

图 4.1　函数的凸性示意图

光滑性刻画了函数变化的缓急程度。直观上，如果自变量的微小变化只会引起函数值的微小变化，我们说这个函数是光滑的。对于可导和不可导函数，这个直观性质有不同的数学定义。

对于不可导函数，通常用 Lipschitz 性质来描述光滑性。

定义 4.3（Lipschitz 连续）　考虑实值函数 $f: R^d \to R$ 和 R^d 上的模 $\|\cdot\|$，如果存在常数 $L > 0$，对任意自变量 $w, v \in R^d$ 都有下面不等式成立：

$$|f(w) - f(v)| \leq L\|w - v\|$$

则称函数 f 关于模 $\|\cdot\|$ 是 L-Lipschitz 连续的。

对于可导函数，光滑性质依赖函数的导数，定义如下。

定义 4.4（光滑函数）　考虑实值函数 $f: R^d \to R$ 和 R^d 上的模 $\| \cdot \|$，如果存在常数 $\beta > 0$，对任意自变量 w，$v \in R^d$ 都有下面不等式成立：

$$f(w) - f(v) \leq \nabla f(v)^T (w - v) + \frac{\beta}{2} \| w - v \|^2$$

则称函数 f 关于模 $\| \cdot \|$ 是 β-光滑的。

图 4.2 是 Lipschitz 连续函数和光滑函数的直观形象。不难验证，凸函数 f 是 β- 光滑的充分必要条件为其导数 ∇f 是 β-Lipschitz 连续的。所以，β- 光滑的函数的光滑性质比 Lipschitz 连续的函数的光滑性质要更好。

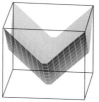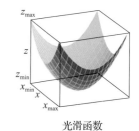

Lipschitz函数　　　　光滑函数

图 4.2　Lipschitz 函数和光滑函数

4.1.2　优化算法的分类和发展历史

在过去的 200 年间，人们发明了很多优化算法（见图 4.3）。这些优化算法都可以用来求解机器学习中的正则化经验风险最小化问题。

早在 1847 年，Cauchy 就提出了梯度下降法[1]。之后共轭梯度法[2]、坐标下降法[3]、牛顿法[4]和拟牛顿法[5]、Frank- Wolfe 方法[6]、Nesterov 加速法[7]、内点法[8]、对偶方法[9]等也被陆续提出。这些算法都是确定性的，也就是说只要初始值给定，这些算法的优化结果就是确定性的。

近年来，随着机器学习问题中数据的规模不断增大、优化问题的复杂度不断增高，越来越多的优化算法发展出了随机版本和并行化版本。例如，随机梯度下降法以及它的并行版本对处理海量数据有很大优势。总的说来，优化算法的研究虽然已经有百年历史，但是一直保持着旺盛的生命力，不断有新的算法被提出，用以解决新应用带来的新挑战。

为了更好地对众多优化算法进行分析，我们对其进行了如下分类：

- 依据是否对数据或者变量的维度进行了随机采样，把优化算法分为确定性算法和随机算法；
- 依据算法在优化过程中所利用的是一阶导数信息还是二阶导数信息，把优化算法分为一阶方法和二阶方法；
- 依据优化算法是在原问题空间还是在对偶空间进行优化，把优化算法分为原始方法和对偶方法。

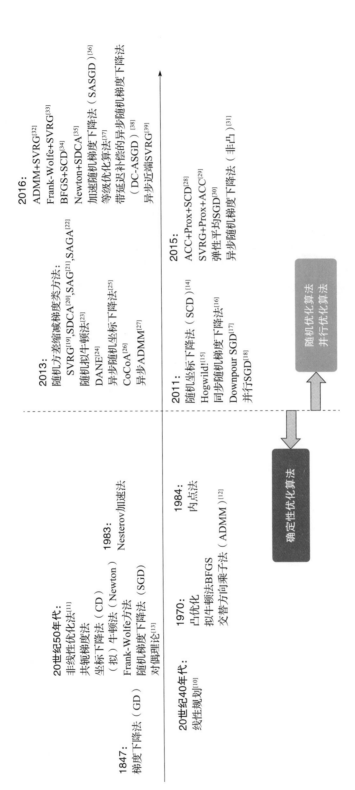

图 4.3 优化算法的发展历史

以上分类可以用图 4.4 加以总结。

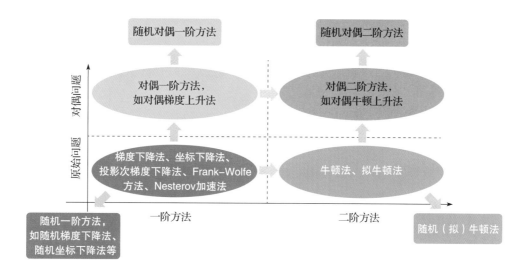

图 4.4 优化算法的分类

本章我们将主要围绕一阶和二阶的确定性算法以及对偶方法展开。下一章会讨论随机优化算法。

4.2 一阶确定性算法

一阶确定性算法是最基础的优化方法，种类最繁多，而且历史最悠久。本节选取几种有代表性的算法进行介绍，并简要介绍它们的收敛速率。

4.2.1 梯度下降法

梯度下降法[1]是最古老的一阶方法，由 Cauchy 在 1847 年提出。

梯度下降法的基本思想是：最小化目标函数在当前状态的一阶泰勒展开，从而近似地优化目标函数本身。具体地，对函数 f，将其在当前状态 w_t 处求解下述问题：

$$\min_w f(w) \approx \min_w f(w_t) + \nabla f(w_t)^T (w - w_t)$$

上式右端关于自变量 w 是线性的，并且使得 $\nabla f(w_t)^T w$ 最小的方向与梯度 $\nabla f(w_t)$ 的方向相反。于是，梯度下降法的更新规则如下（参见算法 4.1）：

$$w_{t+1} = w_t - \eta \, \nabla f(w_t)$$

其中 $\eta > 0$ 是步长，也常被称作学习率。

算法 4.1　梯度下降法

Initialize：w_0

　　Iterate：for $t = 0, 1, \cdots, T-1$

　　　　1. 计算梯度 $\nabla f(w_t)$

　　　　2. 更新参数 $w_{t+1} = w_t - \eta \nabla f(w_t)$

　　end

针对不同性质的目标函数，梯度下降法具有不同的收敛速率。由于梯度下降法只适用于梯度存在的目标函数，这里只需要考虑梯度下降法对于光滑凸函数和光滑强凸函数的收敛速率。

定理 4.1　假设目标函数 f 是 R^d 上的凸函数，并且 β-光滑，当步长 $\eta = \dfrac{1}{\beta}$ 时，梯度下降法具有如下次线性收敛速率：

$$f(w_T) - f(w^*) \leqslant \frac{2\beta \|w_0 - w^*\|^2}{T}$$

定理 4.2　假设目标函数 f 是 R^d 上的 α-强凸函数，并且 β-光滑，当步长 $\eta = \dfrac{1}{\beta}$ 时，梯度下降法具有如下线性收敛速率：

$$f(w_T) - f(w^*) \leqslant \frac{\beta}{2} e^{-\frac{T}{Q}} \|w_0 - w^*\|^2$$

其中 $Q = \dfrac{\beta}{\alpha}$，一般被称为条件数。

通过以上两个定理，我们对梯度下降法的收敛性质有以下讨论：

1）当目标函数是强凸函数时，梯度下降法的收敛速率是线性的；当目标函数是凸函数时，其收敛速率是次线性的。也就是说，强凸性质会大大提高梯度下降法的收敛速率。进一步地，强凸性质越好（即 α 越大），条件数 Q 越小，收敛越快。

2）光滑性质在凸和强凸两种情形下都会加快梯度下降法的收敛速率，即 β 越小（强凸情形下，条件数 Q 越小），收敛越快。

由此可见，强凸情形中的条件数和凸情形中的光滑系数在一定程度上刻画了优化问题的难易程度。

4.2.2　投影次梯度下降法

梯度下降法有两个局限：一是只适用于无约束优化问题，二是只适用于梯度存在的目标函数。投影次梯度下降法[40]可以解决梯度下降法的这两个局限性。

具体地，投影次梯度下降法的迭代公式如下：

$$v_{t+1} = v_t - \eta g_t, g_t \in \partial f(w_t)$$

$$w_{t+1} = \Pi_{\mathcal{W}}(v_{t+1}), \Pi_{\mathcal{W}}(x) = \arg\min_{v \in \mathcal{W}} \|x - v\|$$

其中，$\partial f(w_t)$ 为状态 w_t 处目标函数的次梯度所构成的集合，$\Pi_{\mathcal{W}}(w)$ 为变量 w 到约束域 $\mathcal{W}$ 的投影。

算法 4.2　投影次梯度下降法

Initialize：w_0，凸集合 $\mathcal{W}$

　　Iterate：for $t = 0, 1, \cdots, T-1$

　　1. 随机选取一个次梯度 $g_t \in \partial f(w_t)$

　　2. 更新参数 $v_{t+1} = v_t - \eta g_t$

　　3. 将参数投影回集合 $\mathcal{W}$：$w_{t+1} = \Pi_{\mathcal{W}}(v_{t+1})$

　　end

可见，相比梯度下降法，投影次梯度下降法有两点不同（如图 4.5 所示）：

1）如果当前状态 w_t 只存在多个次梯度，不存在梯度，算法任选一个次梯度进行梯度下降更新，得到 v_{t+1}；

2）确定 v_{t+1} 是否属于约束域 $\mathcal{W}$，如果不属于，寻找 v_{t+1} 到约束域 $\mathcal{W}$ 的投影，也就是寻找 $\mathcal{W}$ 中离 v_{t+1} 最近的点。

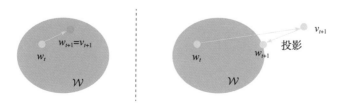

图 4.5　投影次梯度下降法示意图

在一定的步长选取规则下，投影次梯度下降法是收敛的，并且收敛速率也依赖于目标函数的凸性和光滑性，如表 4.1 所示。

表 4.1 投影次梯度下降法的收敛速率

	凸		强凸	
	步长	收敛速率	步长	收敛速率
β-光滑	$\eta = \dfrac{1}{\beta}$	$O\left(\dfrac{1}{T}\right)$	$\eta = \dfrac{1}{\beta}$	$O\left(\mathrm{e}^{-\frac{T}{Q}}\right)$
Lipschitz 连续	$\eta = O\left(\dfrac{1}{\sqrt{t}}\right)$	$O\left(\dfrac{1}{\sqrt{T}}\right)$	$\eta = O\left(\dfrac{1}{t}\right)$	$O\left(\dfrac{1}{T}\right)$

表 4.1 中，T 为迭代次数，β 为光滑系数，Q 为条件数。

对于光滑函数，在凸和强凸两种情形下，投影次梯度下降法的收敛速率与梯度下降法相同。由于投影次梯度下降法适用于有次梯度存在的目标函数，因而不仅适用于光滑函数的优化，也适用于 Lipschitz 连续函数的优化。对于 Lipschitz 连续函数，投影次梯度下降法收敛，并且收敛速率在凸和强凸两种情形相比于光滑函数显著降低，都是次线性的。

4.2.3 近端梯度下降法

近端梯度下降法[41]是投影次梯度下降法的一种推广，适用于不可微的凸目标函数的优化问题。

关于凸函数 R 的近端映射 $\mathrm{prox}_R(w)$：$R^d \rightarrow R^d$ 定义为：

$$\mathrm{prox}_R(w) = \arg\min_v \left(R(v) + \frac{1}{2} \| w - v \|^2 \right)$$

特别地，如果 $R(w) = 0$，$\mathrm{prox}_0(w) = w$；如果 $R(w) = aI_C(w)$（其中 $C \subseteq R^d$，$\frac{1}{2}\| w - v \|^2 \leqslant a$），其近端映射 $\mathrm{prox}_{\infty I_C}(w) = \arg\min_{v \in C} \| w - v \|^2$ 退化为投影映射。近端映射有以下性质：

$$p = \mathrm{prox}_R(w) \Leftrightarrow w - p \in \partial R(p)$$

也就是说：w 关于函数 R 的近端映射的方向与 w 沿着函数 R 的某个次梯度方向更新一步

是一样的。于是，近端映射可以作为次梯度更新的替代。

近端梯度下降法通常用来解决如下的凸优化问题（包括正则化经验风险）：

$$\min_{w \in \mathcal{W}} f(w) = l(w) + R(w)$$

其中 $l(w)$ 是可微的凸函数，$R(w)$ 是不可微的凸函数（例如 L_1 正则项）。算法的基本思想是，先按照可微的 l 函数的梯度方向进行一步梯度下降更新，然后计算新的状态关于 R 函数的近端映射值，作为这一迭代的更新状态。具体地，近端梯度下降法的更新公式如下（参见算法 4.3）：

$$w_{t+1} = \mathrm{prox}_{\eta_t R}(w_t - \eta_t \nabla l(w_t))$$

算法 4.3　近端梯度下降法

Initialize：w_0，凸集合 $\mathcal{W}$

　　Iterate：for $t = 0, 1, \cdots, T-1$

　　　　1. 计算梯度 $\nabla l(w_t)$

　　　　2. 更新参数 $v_{t+1} = w_t - \eta_t \nabla l(w_t)$

　　　　3. 做近端映射：$w_{t+1} = \mathrm{prox}_{\eta_t R}(v_{t+1})$

　　end

如以下定理所示，近端梯度下降法可以达到线性收敛速率。

定理 4.3　假设目标函数中的 l 函数是 R^d 上的 α-强凸函数，并且 β-光滑，R 函数是 R^d 上的凸函数，当步长 $\eta = \dfrac{1}{\beta}$ 时，近端梯度下降法具有如下线性收敛速率：

$$f(w_T) - f(w^*) \leqslant \frac{\beta}{2} \mathrm{e}^{-\frac{T}{Q}} \| w_0 - w^* \|^2$$

其中 $Q = \dfrac{\beta}{\alpha}$ 为 l 函数的条件数。

4.2.4　Frank-Wolfe 算法

Frank-Wolfe 算法[6] 是投影次梯度下降法的另一个替代算法。投影次梯度下降法虽然适用于有约束优化问题，但是如果投影的计算很复杂，投影次梯度下降的效率将会成为瓶颈。为了解决这个问题，不同于投影次梯度下降法中先进行梯度下降再对约束域进行投影的做法，Frank-Wolfe 算法在最小化目标函数的泰勒展开时就将约束条件考虑进去，直接得到满足约束的近似最小点，即

$$v_t = \arg\min_{v \in \mathcal{W}} f(w_t) + \nabla f(w_t)^T(v - w_t) = \arg\min_{v \in \mathcal{W}} \nabla f(w_t)^T v$$

为了使算法的解更稳定，Frank-Wolfe 算法将求解上述子问题得到的 v_t 与当前状态 w_t 做线性加权（如图 4.6 和算法 4.4 所示）：

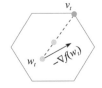

$$w_{t+1} = (1 - \gamma_t)w_t + \gamma_t v_t$$

图 4.6　Frank-Wolfe 算法示意图

算法 4.4　Frank-Wolfe 算法
Initialize：w_0，凸集合 $\mathcal{W}$
Iterate：for $t = 0, 1, \cdots, T-1$
1. 计算梯度 $\nabla f(w_t)$
2. 计算 $v_t = \arg\min_{v \in \mathcal{W}} \nabla f(w_t)^T v$
3. 更新参数：$w_{t+1} = (1 - \gamma_t)w_t + \gamma_t v_t$
end

下面定理给出了 Frank-Wolfe 算法的收敛性质。

定理 4.4　假设目标函数 f 是凸函数，并且 β-光滑，当加权系数 $\gamma_t = \dfrac{2}{t+1}$ 时，Frank-Wolfe 算法具有以下次线性收敛速率：

$$f(w_T) - f(w^*) \leqslant \frac{2\beta D^2}{T}$$

其中 $D = \sup\limits_{w,v \in \mathcal{W}} \|w - v\|$。

由于 Frank-Wolfe 算法的收敛速率和投影次梯度下降法的相同，可以依据要解决的问题中的投影计算是否困难，在两种算法中选择一种使用。

4.2.5　Nesterov 加速法

前面我们先后介绍了梯度下降法、投影次梯度下降法、近端梯度下降法和 Frank-

Wolfe 算法。这些方法或者需要计算梯度，或者涉及求解线性问题，因此属于一阶方法。投影次梯度下降法的应用范围比梯度下降法的更广泛，相同应用场景下，两个算法的收敛速率相同。Frank-Wolfe 算法和投影次梯度法都可以用于求解有约束的优化问题，收敛速率相同。而近端梯度下降法在一定条件下可以取得线性的收敛速率。

面对这么多算法，值得思考的问题是：这些算法的收敛速率够好吗？我们能否设计出收敛速率更快的一阶方法呢？为了回答这个问题，我们来考察一下一阶算法收敛速率的下界（见表 4.2）。

表 4.2 一阶优化方法的收敛速率下界

	凸	强凸
β-光滑	$O\left(\dfrac{1}{T^2}\right)$	$O\left(\left(\dfrac{\sqrt{Q}-1}{\sqrt{Q}+1}\right)^T\right) \sim O(\mathrm{e}^{-\frac{T}{\sqrt{Q}}})$
Lipschitz 连续	$O\left(\dfrac{1}{\sqrt{T}}\right)$	$O\left(\dfrac{1}{T}\right)$

表 4.2 中，T 为迭代次数，Q 为条件数。

依照表 4.2，我们可以发现：在 Lipschitz 连续的条件下，一阶算法的收敛速率的下界与梯度下降法的收敛速率相同，说明梯度下降法已经达到了可能的最快收敛速率，没有改进的空间了。然而，对光滑函数，一阶方法的收敛速率的下界小于梯度下降法的收敛速率（见表 4.3）。这说明，我们可以针对光滑函数设计收敛速率更快的一阶方法。

表 4.3 对于光滑函数梯度下降法没有达到最快收敛速率

光滑情形	凸	强凸
梯度下降法的收敛速率	$O\left(\dfrac{1}{T}\right)$	$O(\mathrm{e}^{-\frac{T}{Q}})$
一阶方法收敛速率的下界	$O\left(\dfrac{1}{T^2}\right)$	$O(\mathrm{e}^{-\frac{T}{\sqrt{Q}}})$

表 4.3 中，T 为迭代次数，Q 为条件数。

Nesterov 在 1983 年对光滑的目标函数提出了一种加快一阶优化算法收敛的方法[7]。本小节以梯度下降法为例，介绍 Nesterov 加速法的具体实现。

Nesterov 加速法的基本原理如图 4.7 所示。

在任意时刻 t，对当前状态 w_t 计算梯度方向，

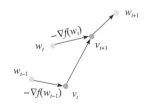

图 4.7 Nesterov 加速法示意图

按照一定步长计算辅助变量 v_{t+1}。然后将新计算的辅助变量和上一时刻计算的辅助变量做线性加权，作为时刻 $t+1$ 的状态 w_{t+1}。对于强凸和凸的目标函数，线性加权系数有所不同。

具体地，对于强凸的目标函数，更新规则如下：

$$v_{t+1} = w_t - \eta_t \nabla f(w_t)$$
$$w_{t+1} = (1 + \gamma_t) v_{t+1} - \gamma_t v_t$$

其中 $\gamma_t = \dfrac{1 - \sqrt{Q}}{1 + \sqrt{Q}}$，$Q$ 为条件数。

对于凸的目标函数，更新规则如下：

$$v_{t+1} = w_t - \eta_t \nabla f(w_t)$$
$$w_{t+1} = (1 - \gamma_t) v_{t+1} + \gamma_t v_t$$

其中 $\lambda_0 = 0$，$\lambda_t = \dfrac{1 + \sqrt{1 + 4\lambda_{t-1}^2}}{2}$，$\gamma_t = \dfrac{1 - \lambda_t}{\lambda_{t+1}}$。算法细节如算法 4.5 所示。

算法 4.5　Nesterov 加速法

Initialize：w_0

　Iterate：for $t = 0, 1, \cdots, T-1$

　　1. 计算梯度 $\nabla f(w_t)$

　　2. 更新变量 $v_{t+1} = w_t - \eta_t \nabla f(w_t)$

　　3. 做加权（强凸）：$w_{t+1} = (1 + \gamma_t) v_{t+1} - \gamma_t v_t$

　　　 做加权（凸）：$w_{t+1} = (1 - \gamma_t) v_{t+1} + \gamma_t v_t$

　end

Nesterov 证明了用以上方法加速之后的梯度下降法的收敛速率可以达到针对光滑目标函数的一阶方法的收敛速率下界（见如下定理）。

定理 4.5　假设目标函数 f 是凸函数，并且 β-光滑，当步长 $\eta = \dfrac{1}{\beta}$ 时，Nesterov 加速法具有如下收敛速率：

$$f(w_T) - f(w^*) \leqslant \frac{2\beta \| w_0 - w^* \|^2}{T^2}$$

进一步地，如果目标函数 f 是 α-强凸的，Nesterov 加速法具有如下收敛速率：

$$f(w_T) - f(w^*) \leqslant \frac{\alpha + \beta}{2} e^{-\frac{T}{\sqrt{Q}}} \| w_0 - w^* \|^2$$

其中 $Q = \dfrac{\beta}{\alpha}$ 为条件数。

4.2.6　坐标下降法

坐标下降法[3]是另外一种常用的最小化实值函数的方法。其基本思想是，在迭代的每一步，算法选择一个维度，并更新这一维度，其他维度的参数保持不变，或者将维度分为多个块，每次只更新某块中的维度，其他维度保持不变。坐标下降法的更新公式如下：

$$w_{t+1,j} = \arg \min_{z \in \mathcal{W}_j} f(w_{t,1}, \cdots, w_{t,j-1}, z, w_{t,j+1}, \cdots, w_{t,d})$$

其中，$\mathcal{W}_j$ 为第 j 个维度块的约束域。

对于维度的选择，坐标下降法一般遵循以下本征循环选择规则（Essential Cyclic Rule）：存在一个常数 $r \geqslant d$，使得对任意的 s，对于每一个维度 j，在第 s 轮和第 $s+r-1$ 轮之间都至少选择一次。最常用的方法是循环选择规则，即对于任意 $j = 1, \cdots, d$，分别在第 j，$d+j$，$2d+j$，$\cdots$ 次算法迭代中选择维度 j。具体算法描述如下所示。

算法 4.6　循环坐标下降法

Initialize：w_0

　Iterate：for $t = 0, 1, \cdots, T-1$

　　1. 令 $s = t \bmod d$

　　2. 更新参数 $w_{t+1,s} = w_{t,s} - \eta \dfrac{\partial f(w_t)}{\partial w_{t,s}}$

　　　$w_{t+1,j} = w_{t,j}$，对于 $j \neq s$

　end

可以证明对强凸并且光滑的目标函数，循环坐标下降法具有线性的收敛速率[3]。

4.3　二阶确定性算法

一阶算法只用到了目标函数在每一个状态的一阶导数信息。一个自然的想法是：二阶导数信息能否帮助我们设计更快的优化算法呢？答案是肯定的。本节我们将介绍牛顿法[4]、拟牛顿法[5]等二阶优化算法，并讨论它们如何实现更快的收敛速率。

4.3.1 牛顿法

牛顿法[4]的基本思想是将目标函数在当前状态进行二阶泰勒展开，然后最小化这个近似目标函数，即

$$\min_{w \in \mathcal{W}} f(w) \approx \min_{w \in \mathcal{W}} f(w_t) + \nabla f(w_t)^T (w - w_t) + \frac{1}{2}(w - w_t)^T \nabla^2 f(w_t)(w - w_t)$$

如果目标函数在当前状态 w_t 处的海森矩阵$\nabla^2 f(w_t)$ 是正定的，上述优化问题的最优值在 $w_t - [\nabla^2 f(w_t)]^{-1}\nabla f(w_t)$ 处取到。牛顿法将其作为下一时刻的状态，即

$$w_{t+1} = w_t - [\nabla^2 f(w_t)]^{-1} \nabla f(w_t)$$

图 4.8 给出了一个简单示例，具体算法细节请参见算法 4.7。

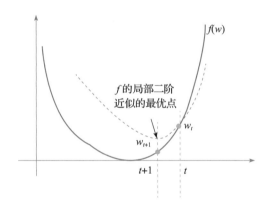

图 4.8 牛顿法示意图

算法 4.7 牛顿法

Initialize：w_0

  Iterate：for $t = 0, 1, \cdots, T-1$

    1. 计算梯度$\nabla f(w_t)$

    2. 计算海森矩阵$\nabla^2 f(w_t)$，并求逆矩阵$[\nabla^2 f(w_t)]^{-1}$

    3. 更新参数 $w_{t+1} = w_t - [\nabla^2 f(w_t)]^{-1}\nabla f(w_t)$

  end

可见，相比一阶方法中的梯度下降法，二阶的牛顿法提供了更为精细的步长调节，即利用当前状态海森矩阵的逆矩阵。因为步长更为精细，牛顿法的收敛速率比梯度下降法的收敛速率显著加快，具有二次收敛速率。

定理 4.6　假设目标函数 f 的导数 $\nabla f(w)$ 是光滑的，存在二阶导数，并且在其最优点处的导数为零，那么牛顿法具有如下二阶收敛速率：

$$\| w_T - w^* \| \leq O(\mathrm{e}^{-2^T})$$

然而，事物总有其两面性，相比一阶方法，虽然牛顿法的收敛速率更快，但是存在下面两个问题：① 在每个时刻都需要计算当前状态的海森逆矩阵，计算量和存储量都显著增大；② 海森矩阵不一定是正定的。为了解决这两个问题，人们提出了拟牛顿法。

4.3.2　拟牛顿法

既然海森矩阵不一定正定，那就构造一个与海森矩阵相差不太远的正定矩阵作为其替代品，这正是拟牛顿法[5] 的主要思想。此外，拟牛顿法可以迭代更新海森逆矩阵，而不是在每一时刻都重新进行逆矩阵的计算。

记 $B_t = \nabla^2 f(w_t)$，$H_t = [\nabla^2 f(w_t)]^{-1}$。在时刻 $t+1$，对 t 时刻的海森矩阵 B_t 加上一个或者两个秩为 1 的矩阵作为对 $t+1$ 时刻海森矩阵 B_{t+1} 的估计，例如：

$$B_{t+1} \approx B_t + a\, a^T + b\, b^T$$

当然，海森矩阵的更新需要满足一定的条件，比如下面推导的拟牛顿条件。

对二阶泰勒展开的左右两边计算梯度，可得

$$\nabla f(w) \approx \nabla f(w_t) + B_t(w - w_t)$$

于是，

$$B_t^{-1} \delta_t' \approx \delta_t$$

其中，$\delta_t' = \nabla f(w_{t+1}) - \nabla f(w_t)$ 为目标函数导数的更新量，$\delta_t = w_{t+1} - w_t$ 为模型的更新量。

在拟牛顿条件下，更新规则为

$$B_0 = I$$

$$B_{t+1} = B_t + \frac{\delta'_t \ (\delta'_t)^T}{(\delta'_t)^T \delta_t} - \frac{B_t \delta_t \ (B_t \delta_t)^T}{(\delta_t)^T B_t \delta_t}$$

$$H_{t+1} = \left(I - \frac{\delta_t \ (\delta'_t)^T}{(\delta'_t)^T \delta_t} \right) H_t \left(I - \frac{\delta'_t \ (\delta_t)^T}{(\delta'_t)^T \delta_t} \right) + \frac{\delta_t \ (\delta_t)^T}{(\delta'_t)^T \delta_t}$$

此时，所对应的算法被称作 BFGS 算法（参见算法 4.8）。

算法4.8　BFGS 算法

Initialize：w_0，$B_0 = I$

1. $\nabla f(w_0)$
2. $H_0 = \nabla^2 f(w_0)^{-1}$

Iterate：for $t = 0, 1, \cdots, T-1$

3. 计算 $w_{t+1} = w_t - \eta H_t \nabla f(w_t)$
4. 计算导数和模型的更新量：$\delta'_t = \nabla f(w_{t+1}) - \nabla f(w_t)$，$\delta_t = w_{t+1} - w_t$
5. 利用更新量 δ'_t 和 δ_t，多次迭代更新海森矩阵和海森逆矩阵：

$$B_{t+1} = B_t + \frac{\delta'_t \ (\delta'_t)^T}{(\delta'_t)^T \delta_t} - \frac{B_t \delta_t \ (B_t \delta_t)^T}{(\delta_t)^T B_t \delta_t}$$

$$H_{t+1} = \left(I - \frac{\delta_t \ (\delta'_t)^T}{(\delta'_t)^T \delta_t} \right) H_t \left(I - \frac{\delta'_t \ (\delta_t)^T}{(\delta'_t)^T \delta_t} \right) + \frac{\delta_t \ (\delta_t)^T}{(\delta'_t)^T \delta_t}$$

end

当使用其他的海森矩阵近似方式和约束条件时，我们还可以设计出其他拟牛顿算法，比如 DFP[42-43]、Broyden[44]、SR1[45] 等。可以证明，当初始点离最优点足够近时，拟牛顿法和牛顿法同样具有二次收敛速率。

4.4　对偶方法

前面提到的各种优化算法都是直接求解原始优化问题。某些时候，如果把原始优化问题转化成对偶优化问题，会更容易求解。比如，当原始问题的变量维度很高，但是约束条件个数不太多时，对偶问题的复杂度（对偶变量的维度对应于约束条件的个数）会远小于原始问题的复杂度，因而更容易求解（这也是支持向量机方法高效的主要原因）。本节中，我们将介绍与此相关的对偶理论以及常见的对偶优化算法[9]。

考虑下述原始优化问题 P_0:

$$\min_w f(w)$$

$$\text{s. t.} \quad g_i(w) \leqslant 0, \quad i = 1, \cdots, m_1$$

$$h_j(w) = 0, \quad j = 1, \cdots, m_2$$

包含 m_1 个不等式约束和 m_2 个等式约束。假设问题 P_0 的最优值为 p^*。

首先,我们构造 P_0 问题的拉格朗日函数,将约束条件转化到目标函数中。考虑原始问题 P_0 中带有的约束条件,例如,当 $g_1(w_0) \geqslant 0$ 时,w_0 就不是一个可行解,这时我们把对应的目标函数值补充定义为正无穷。于是,带约束条件的原始目标函数优化问题可以转化为如下无约束优化问题:

$$\min_w f(w) + \infty \sum_{i=1}^{m_1} I_{[g_i(w) > 0]} + \infty \sum_{j=1}^{m_2} I_{[h_j(w) \neq 0]}$$

进一步地,用线性函数 $\lambda w (\lambda > 0)$ 和 νw 来近似指示函数 $I_{[w > 0]}$ 和 $I_{[w \neq 0]}$,得到原始问题 P_0 所对应的拉格朗日函数:

$$L(w, \lambda, \nu) \triangleq f(w) + \sum_{i=1}^{m_1} \lambda_i g_i(w) + \sum_{j=1}^{m_2} \nu_j h_j(w)$$

其中,$\lambda_i \geqslant 0$,$\nu_j \in R$ 称为拉格朗日乘子。

接下来,我们讨论拉格朗日函数和原目标函数取值的大小关系,引出拉格朗日对偶函数的定义。如果假设 w_0 满足所有约束条件,那么拉格朗日函数中的第二项小于等于零,第三项等于零,即

$$L(w, \lambda, \nu) \leqslant f(w), \quad \text{对任意可行解 } w$$

在可行解区域 $\mathcal{W}$ 内对上述不等式取最小值,得到

$$\inf_{w \in \mathcal{W}} L(w, \lambda, \nu) \leqslant \min_{w \in \mathcal{W}} f(w) = p^*$$

上式左端通常被称为拉格朗日对偶函数,简记为

$$h(\lambda, \nu) \triangleq \inf_{w \in \mathcal{W}} L(w, \lambda, \nu) \leqslant p^*, \quad \text{其中 } \lambda_i \geqslant 0, \nu_j \in R$$

由于拉格朗日函数关于拉格朗日乘子 λ,ν 是线性的(因而是凹的),而且 inf 函数是保

凹的。所以，即使原始问题 P_0 不是凸的，拉格朗日对偶函数 $h(\lambda,\nu)$ 也是凹的。

接下来，我们定义对偶优化问题，并讨论对偶问题和原始问题的关系。既然拉格朗日对偶函数的取值是原始问题最优值的下界，在拉格朗日乘子 λ,ν 的取值空间对函数 $h(\lambda,\nu)$ 取最大值，将会得到原始问题最优解的最大下界。这个问题通常被定义为原始问题 P_0 的对偶问题，记为 D_0，具体如下：

$$\max_{\lambda,\nu} h(\lambda,\nu)$$
$$\text{s. t.} \quad \lambda_i \geqslant 0, \quad i = 1, \cdots, m$$

对偶问题是一个对凹函数在可行域内求解最大值的问题，记最优值为 d^*。通过上面的讨论，$d^* \leqslant p^*$ 恒成立，这个关系被称为弱对偶条件；如果 $d^* = p^*$，则称强对偶条件成立。很多研究工作讨论了强对偶条件成立的前提，比如 Slater 条件是强对偶的充分条件，KKT 条件是强对偶的必要条件。

最后，可以通过求解对偶问题来得到原始问题的解。在求解对偶问题的过程中，我们可以使用前面的各种一阶或二阶优化方法。假设对偶问题求得的解为 (λ^*,ν^*)，将其代入拉格朗日函数中，对原始变量求解拉格朗日函数的最小值，即

$$\min_w L(w,\lambda^*,\nu^*)$$

如果所求得的解是原始问题的一个可行解，那么它就是原始问题的最优解。

如果一个优化问题需要通过求解其对偶问题来解决，我们可以首先推导出它所对应的对偶问题，并用各种一阶或者二阶方法来最大化对偶目标函数。比如，对偶坐标上升法使用梯度上升法最大化对偶目标函数，详见算法 4.9。

算法 4.9　对偶坐标上升法

Initialize：$\lambda_0 \geqslant 0, v_0$

Iterate：for $t = 0, 1, \cdots, T-1$

1. 计算 w_t，使得 $w_t = \arg\min_w L(w, \lambda_{t-1}, v_{t-1})$
2. 更新 $\lambda_{t,i} = \max\{\lambda_{t-1,i} + \eta_t g_i(w_t), 0\}$，$i = 1, \cdots, m_1$
3. 更新 $v_{t,j} = v_{t-1,j} + \eta_t h_j(w_t)$，$j = 1, \cdots, m_2$

end

对于带有线性约束的凸优化问题，对偶坐标上升法被证明至少具有线性收敛速率[46]。

4.5 总结

本章中，我们介绍了求解优化问题的一阶、二阶确定性算法及其对偶方法。作为本章的总结，我们来对比一下这些算法的性能。

给定一个算法，对于不同凸性和光滑性质的目标函数，其收敛速率有所不同。通常来讲，更好的凸性或者更好的光滑性质会加速算法的收敛。对于相同性质的目标函数，不同算法的收敛速率也不相同。例如，对于强凸并且光滑的目标函数，我们有如下结论：

- 一阶方法具有线性收敛速率，二阶方法具有二次收敛速率；
- Nesterov 加速法将梯度下降法速率中关于条件数的阶数进一步改进；
- 投影次梯度法和 Frank-Wolfe 方法都可以用于解决带有约束的优化问题，两种方法的收敛速率相同，具体可以依据投影操作的难易程度来选择；
- 一些拟牛顿法（比如 BFGS 算法）也可以和牛顿法一样达到二次收敛速率。

确定性算法是优化的基石。机器学习实践中更常见也更实用的随机优化算法就是建立在确定性算法之上的，我们将在下一章进行详细的介绍。

参考文献

［1］ Cauchy A. Méthode générale pour la résolution des systemes d'équations simultanées［J］. Comp. Rend. Sci. Paris, 1847, 25(1847)：536-538.

［2］ Hestenes M R, Stiefel E. Methods of Conjugate Gradients for Solving Linear Systems［M］. Washington, DC：NBS, 1952.

［3］ Wright S J. Coordinate Descent Algorithms［J］. Mathematical Programming, 2015, 151(1)：3-34.

［4］ Polyak B T. Newton's Method and Its Use in Optimization［J］. European Journal of Operational Research, 2007, 181(3)：1086-1096.

［5］ Dennis, Jr J E, Moré J J. Quasi-Newton Methods, Motivation and Theory［J］. SIAM Review, 1977, 19(1)：46-89.

［6］ Frank M, Wolfe P. An Algorithm for Quadratic Programming［J］. Naval Research Logistics (NRL), 1956, 3(1-2)：95-11.

［7］ Nesterov, Yurii. A Method of Solving A Convex Programming Problem with Convergence Rate O (1/k2)［J］. Soviet Mathematics Doklady, 1983, 27(2).

[8] Karmarkar N. A New Polynomial-time Algorithm for Linear Programming[C]//Proceedings of The Sixteenth Annual ACM Symposium on Theory of Computing. ACM, 1984: 302-311.

[9] Wright S, Nocedal J. Numerical Optimization[J]. Springer Science, 1999, 35(67-68): 7.

[10] Dantzig G. Linear Programming and Extensions[M]. Princeton University Press, 2016.

[11] Bertsekas D P. Nonlinear Programming[M]. Belmont: Athena Scientific, 1999.

[12] Gabay D, Mercier B. A Dual Algorithm for The Solution of Nonlinear Variational Problems via Finite Element Approximation[J]. Computers & Mathematics with Applications, 1976, 2(1): 17-40.

[13] Kuhn H W, Tucker A W. Nonlinear Programming[C]//The Second Berkeley Symposium on Math. Statistics and Probability, 1951.

[14] Nesterov Y. Efficiency of Coordinate Descent Methods on Huge-Scale Optimization Problems[J]. SIAM Journal on Optimization, 2012, 22(2): 341.

[15] Recht, Benjamin, et al. Hogwild: A Lock-free Approach to Parallelizing Stochastic Gradient Descent[J]. Advances in Neural Information Processing Systems, 2011.

[16] Dekel O, Gilad-Bachrach R, Shamir O, et al. Optimal Distributed Online Prediction Using Mini-Batches[J]. Journal of Machine Learning Research, 2012, 13(Jan): 165-202.

[17] Dean J, Corrado G, Monga R, et al. Large Scale Distributed Deep Networks[C]//Advances in Neural Information Processing Systems. 2012: 1223-1231.

[18] Zinkevich M, Weimer M, Li L, et al. Parallelized Stochastic Gradient Descent[C]//Advances in Neural Information Processing Systems. 2010: 2595-2603.

[19] Johnson R, Zhang T. Accelerating Stochastic Gradient Descent Using Predictive Variance Reduction[C]//Advances in Neural Information Processing Systems. 2013: 315-323.

[20] Shalev-Shwartz S, Zhang T. Stochastic Dual Coordinate Ascent Methods for Regularized Loss Minimization[J]. Journal of Machine Learning Research, 2013, 14(Feb): 567-599.

[21] Roux N L, Schmidt M, Bach F R. A Stochastic Gradient Method with An Exponential Convergence Rate for Finite Training Sets[C]//Advances in Neural Information Processing Systems. 2012: 2663-2671.

[22] Defazio A, Bach F, Lacoste-Julien S. SAGA: A Fast Incremental Gradient Method with Support for Non-strongly Convex Composite Objectives[C]//Advances in Neural Information Processing Systems. 2014: 1646-1654.

[23] Byrd R H, Hansen S L, Nocedal J, et al. A Stochastic Quasi-Newton Method for Large-scale Optimization[J]. SIAM Journal on Optimization, 2016, 26(2): 1008-1031.

[24] Shamir O, Srebro N, Zhang T. Communication-efficient Distributed Optimization Using An Approximate Newton-type Method[C]//International Conference on Machine Learning. 2014: 1000-1008.

［25］ Liu J, Wright S J, Ré C, et al. An Asynchronous Parallel Stochastic Coordinate Descent Algorithm ［J］. The Journal of Machine Learning Research, 2015, 16(1): 285-322.

［26］ Jaggi M, Smith V, Takác M, et al. Communication-efficient Distributed Dual Coordinate Ascent ［C］//Advances in Neural Information Processing Systems. 2014: 3068-3076.

［27］ Zhang R, Kwok J. Asynchronous Distributed ADMM for Consensus Optimization［C］//International Conference on Machine Learning. 2014: 1701-1709.

［28］ Lin Q, Lu Z, Xiao L. An Accelerated Proximal Coordinate Gradient Method［C］//Advances in Neural Information Processing Systems. 2014: 3059-3067.

［29］ Zhao T, Yu M, Wang Y, et al. Accelerated Mini-batch Randomized Block Coordinate Descent Method［C］//Advances in Neural Information Processing Systems. 2014: 3329-3337.

［30］ Zhang S, Choromanska A E, LeCun Y. Deep Learning with Elastic Averaging SGD［C］//Advances in Neural Information Processing Systems. 2015: 685-693.

［31］ Lian X, Huang Y, Li Y, et al. Asynchronous Parallel Stochastic Gradient for Nonconvex Optimization［C］//Advances in Neural Information Processing Systems. 2015: 2737-2745.

［32］ Zheng S, Kwok J T. Fast-and-Light Stochastic ADMM［C］//IJCAI. 2016: 2407-2613.

［33］ Reddi S J, Sra S, Póczos B, et al. Stochastic Frank-wolfe Methods for Nonconvex Optimization ［C］//Communication, Control, and Computing (Allerton), 2016 54th Annual Allerton Conference on. IEEE, 2016: 1244-1251.

［34］ Gower R, Goldfarb D, Richtárik P. Stochastic Block BFGS: Squeezing More Curvature Out of Data ［C］//International Conference on Machine Learning. 2016: 1869-1878.

［35］ Qu Z, Richtárik P, Takác M, et al. SDNA: Stochastic Dual Newton Ascent for Empirical Risk Minimization［C］//International Conference on Machine Learning. 2016: 1823-1832.

［36］ Meng Q, Chen W, Yu J, et al. Asynchronous Accelerated Stochastic Gradient Descent［C］//IJCAI. 2016: 1853-1859.

［37］ Gulcehre C, Moczulski M, Visin F, et al. Mollifying Networks［J］. arXiv preprint arXiv: 1608. 04980, 2016.

［38］ Zheng S, Meng Q, Wang T, et al. Asynchronous Stochastic Gradient Descent with Delay Compensation［C］//International Conference on Machine Learning. 2017: 4120-4129.

［39］ Meng Q, Chen W, Yu J, et al. Asynchronous Stochastic Proximal Optimization Algorithms with Variance Reduction［C］//AAAI. 2017: 2329-2335.

［40］ Levitin E S, Polyak B T. Constrained Minimization Methods［J］. USSR Computational Mathematics and Mathematical Physics, 1966, 6(5): 1-50.

［41］ Parikh N, Boyd S. Proximal Algorithms［J］. Foundations and Trends® in Optimization, 2014, 1(3): 127-239.

［42］ Davidon W C. Variable Metric Method for Minimization［J］. SIAM Journal on Optimization, 1991,

1（1）： 1-17.

[43] Fletcher R, Powell M J D. A Rapidly Convergent Descent Method for Minimization[J]. The Computer Journal, 1963, 6（2）： 163-168.

[44] Broyden C G. A Class of Methods for Solving Nonlinear Simultaneous Equations[J]. Mathematics of Computation, 1965, 19（92）： 577-593.

[45] Conn A R, Gould N I M, Toint P L. Convergence of Quasi-Newton Matrices Generated by the Symmetric Rank One Update[J]. Mathematical Programming, 1991, 50（1-3）： 177-195.

[46] Zhi-Quan Luo, Paul Tseng. Error Bounds and Convergence Analysis of Feasible Descent Methods： A General Approach[J]. Annals of Operations Research, 1993, 46（1）： 157-178.

DISTRIBUTED MACHINE LEARNING
Theories, Algorithms, and Systems

单机优化之随机算法

随着大数据的出现，确定性优化方法的效率逐渐成为瓶颈。为了对这个问题有深入的了解，让我们来看一个用梯度下降法求解线性回归的简单例子。

线性回归的目标函数如下：

$$f(w) = \frac{1}{n}\sum_{i=1}^{n}f_i(w) = \frac{1}{n}\sum_{i=1}^{n}(w^T x_i - y_i)^2$$

其中，$w \in R^d$ 为模型参数，$\{(x_i, y_i): i = 1, \cdots, n\}$ 是训练样本。

梯度下降法的更新规则为

$$w_{t+1} = w_t - \eta \nabla f(w_t) = w_t - \frac{2\eta}{n}\sum_{i=1}^{n}x_i((w_t)^T x_i - y_i)$$

可见，梯度下降法中每次更新模型所需要的计算量随着数据量 n 和数据维度 d 线性增长。

对于更复杂的模型（比如神经网络）和更复杂的优化方法（比如二阶方法），确定性优化方法的计算量会更大。那么如何解决这个问题呢？

幸运的是，统计方法能给我们很大帮助。直观上，虽然大数据的数据量和数据维度都很大，但是我们可以通过对样本和维度进行随机采样来得到对更新量的有效估计或者替代。相应地，从确定性优化算法出发，我们可以开发出各种随机优化方法，比如，随机梯度下降法[1]、随机坐标下降法[2]、随机方差缩减梯度法[3]、随机（拟）牛顿法[4]等。值得注意的是：对于随机优化算法而言，收敛性评价与确定性算法不同，要针对算法中的随机采样取期望。

本章中，我们将首先集中介绍基本的随机优化方法，并说明与确定性优化算法相比随机优化算法的优势，然后讨论对随机优化算法的改进方向，最后介绍针对非凸优化开发的新型随机优化算法。

5.1　基本随机优化算法

5.1.1　随机梯度下降法

随机梯度下降法（SGD）[1]对训练数据做随机采样，其更新公式如下：

$$w_{t+1} = w_t - \eta_t \nabla f_{i_t}(w_t)$$

其中，i_t 是第 t 轮随机采样的数据标号，$f_{i_t}(w_t) = l(w_t; x_{i_t}, y_{i_t}) + R(w_t)$ 是模型 w_t 关于

第 i_t 个训练数据的（正则化）损失函数取值。具体算法参见算法 5.1。

算法 5.1 随机梯度下降法

Initialize：w_0

Iterate：for $t = 0, 1, \cdots, T-1$

    1. 随机选取一个样本 $i_t \in \{1, \cdots, n\}$

    2. 计算梯度 $\nabla f_{i_t}(w_t)$

    3. 更新参数 $w_{t+1} = w_t - \eta_t \nabla f_{i_t}(w_t)$

    end

一方面，机器学习问题中的经验损失函数定义为所有样本数据对应的损失函数的平均值，用有放回随机采样获得的数据来计算梯度，是对用全部数据来计算梯度的一个无偏估计，即 $\mathbb{E}_{i_t} \nabla f_{i_t}(w_t) = \nabla f(w_t)$。另一方面，每次更新只随机抽取一个样本，随机梯度中的计算量大大减小。因而，随机梯度可以作为梯度的自然替代，从而大大提高学习效率。不过需要注意的是，算法的效率不仅与单次迭代的计算量有关，还与算法的收敛速率有关。

与梯度下降法类似，对不同性质的目标函数，随机梯度下降法具有不同的收敛速率。

定理 5.1 假设目标函数 f 是 R^d 上的凸函数，并且 L-Lipschitz 连续，$w^* = \arg\min_{\|w\| \leqslant D} f(w)$，当步长 $\eta_t = \sqrt{\dfrac{D^2}{L^2 t}}$ 时，随机梯度下降法具有如下次线性收敛速率：

$$\mathbb{E}\left[\frac{1}{T}\sum_{t=1}^{T} f(w_t) - f(w^*)\right] \leqslant \frac{LD}{\sqrt{T}}$$

定理 5.2 假设目标函数 f 是 R^d 上的 α-强凸函数，并且 β-光滑，如果随机梯度的二阶矩有上界，即 $\mathbb{E}_{i_t}\|\nabla f_{i_t}(w_t)\|^2 \leqslant G^2$，当步长 $\eta_t = \dfrac{1}{\alpha t}$ 时，随机梯度下降法具有如下线性收敛速率：

$$\mathbb{E}[f(w_T) - f(w^*)] \leqslant \frac{2\beta G^2}{\alpha^2 T}$$

通过与梯度下降法的收敛速率进行对比，我们可以发现随机梯度下降法的收敛速率要更慢。这主要是由于虽然随机梯度是全梯度的无偏估计，但这种估计存在一定的方差，会引入不确定性，导致最终算法的收敛速率下降。

虽然随机梯度下降法的收敛速率慢于梯度下降法，但是在每一轮计算梯度时，由于随机梯度下降法只需要计算一个样本的梯度，而梯度下降法要计算 n 个样本的梯度，所以当样本量很大时，随机梯度下降法比梯度下降法的总体计算复杂度要低。

随机梯度下降法的一个推广是小批量（mini-batch）随机梯度下降法（参见算法 5.2），该方法每次迭代时随机抽取多个样本来计算梯度。

算法 5.2   小批量随机梯度下降法

Initialize：w_0

    Iterate：for $t = 0, 1, \cdots, T-1$

        1. 随机选取一个小批量样本集合 $S_t \subset \{1, \cdots, n\}$

        2. 计算梯度 $\nabla f_{S_t}(w_t) = \dfrac{1}{|S_t|} \sum\limits_{i \in S_t} \nabla f_i(w_t)$

        3. 更新参数 $w_{t+1} = w_t - \eta_t \nabla f_{S_t}(w_t)$

    end

本章接下来介绍的各种随机优化方法，都有相应的小批量版本。小批量采样可以有效地减小方差，从而提高收敛速率。具体讨论见 5.2.1 节。

5.1.2　随机坐标下降法

除了对样本进行随机采样外，还可以对模型的维度进行采样，相应的算法称为随机坐标下降法[2]（参见算法 5.3），其更新公式如下：

$$w_{t+1, j_t} = w_{t, j_t} - \eta_t \nabla_{j_t} f(w_t)$$

其中 j_t 表示第 t 次迭代中随机抽取的维度标号，$\nabla_{j_t} f(w_t)$ 是损失函数对于模型 w_t 中的第 j_t 个维度的偏导数。

算法 5.3   随机坐标下降法

Initialize：w_0

    Iterate：for $t = 0, 1, \cdots, T-1$

        1. 随机选取一个维度 $j_t \in \{1, \cdots, d\}$

        2. 计算梯度 $\nabla_{j_t} f(w_t)$

        3. 更新参数：

$$w_{t+1, j_t} = w_{t, j_t} - \eta_t \nabla_{j_t} f(w_t)$$

    end

一方面，如果采样方法是有放回采样，那么可以得到 $\mathbb{E}_{j_t}\nabla_{j_t}f(w_t) = \dfrac{1}{d}\nabla f(w_t)$（为了不引入新的记号，此处 $\nabla_{j_t}f(w_t)$ 为 d 维向量，其中第 j_t 个维度是 $\nabla_{j_t}f(w_t)$，其他维度是 0）。也就是说，在期望意义上，随机坐标梯度与梯度方向是一致的。另一方面，对于线性模型，计算一个维度的梯度所需要的计算量只有计算整个梯度向量的 $1/d$，因此，随机坐标梯度可以作为原始梯度的高效替代品（尤其是在参数维度较高时）。

那么，随机坐标下降法的收敛速率如何呢？对不同性质的目标函数，随机坐标下降法具有不同的收敛速率。

由于模型每次只更新一个维度，为了对随机坐标下降法进行分析，我们首先来刻画偏导数的连续性质。

定义 5.1　如果对任意模型 $w \in R^d$，对于维度 j 存在常数 β_j，使得 $\forall \delta \in R$ 有下面不等式成立：

$$\left| \nabla_j f(w + \delta e_j) - \nabla_j f(w) \right| \leq \beta_j |\delta|$$

则称目标函数 f 对于维度 j 具有 β_j-Lipschitz 连续的偏导数。

如果 f 对于每个维度的偏导数都是 Lipschitz 连续的，我们记 $\beta_{\max} = \max\limits_{j=1,\cdots,d}\beta_j$。不难验证，如果目标函数是 β-光滑的，那么 $\beta_{\max} \leq \beta \leq \sqrt{d}\beta_j$，$\forall j = 1, 2, \cdots, d$。

定理 5.3　假设目标函数 f 是 R^d 上的凸函数，并且具有 β_j-Lipschitz 连续的偏导数，记 $w^* = \arg\min\limits_{\|w\|\leq D} f(w)$，当步长 $\eta = 1/\beta_{\max}$ 时，随机坐标下降法具有如下的次线性收敛速率：

$$\mathbb{E}f(w_T) - f(w^*) \leq \frac{2d\beta_{\max}D^2}{T}$$

定理 5.4　假设目标函数 f 是 R^d 上的 α-强凸函数，并且具有 β_j-Lipschitz 连续的偏导数，当步长 $\eta = 1/\beta_{\max}$ 时，随机坐标下降法具有如下的线性收敛速率：

$$\mathbb{E}f(w_T) - f(w^*) \leq \left(1 - \frac{\alpha}{d\beta_{\max}}\right)^T (f(w_0) - f(w^*))$$

对比梯度下降法的收敛速率，我们可以发现随机坐标下降法的收敛速率关于迭代次数 T 的阶数与梯度下降法的是一致的。从这个意义上讲，随机坐标下降法的理论性质优于随机梯度下降法。

显而易见，由于随机坐标下降法和梯度下降法的收敛速率相同，而随机坐标下降法每一轮的计算量比较小，因而随机坐标下降法的计算复杂度更小。那么随机坐标下降法与随机梯度下降法相比，运算复杂度又孰高孰低呢？下面再次以线性回归为例加以说明。

梯度下降法对于线性回归的更新公式为

$$w_{t+1} = w_t - \eta \, \nabla f(w_t) = w_t - \frac{2\eta}{n} \sum_{i=1}^{n} x_i ((w_t)^T x_i - y_i)$$

其每一轮的计算量主要来自于求 n 个内积 $\{(w_t)^T x_i; \; i = 1, \cdots, n\}$，而每个 $(w_t)^T x_i$ 的计算量是 $O(d)$。

随机坐标下降法对于线性回归的更新公式为

$$w_{t+1,j} = w_{t,j} - \eta_t \, \nabla_j f(w_t)$$
$$= w_{t,j} - \frac{2\,\eta_t}{n} \sum_{i=1}^{n} x_{i,j} ((w_t)^T x_i - y_i)$$

虽然随机坐标下降法依然需要计算 n 个内积 $\{(w_t)^T x_i; \; i = 1, \cdots, n\}$，但是对于每一个数据 (x_i, y_i)，可以引入辅助变量 $c_i^t = (w_t)^T x_i - y_i$ 来大大减少运算量。原因是，w_t 每次都只更新一维，所以 $c_i^{t+1} = c_i^t - x_{i,j} ((w_t)^T x_i - y_i)$，每次也只需要更新一维。这样 $O(d)$ 的计算量可以降为 $O(1)$。这种偏导数的计算量小于梯度的计算量的情形一般被称为"可分离"情形。可以证明，对于线性模型，常用损失函数都是可分离的。

随机坐标下降法的一个推广版本是随机块坐标下降法，也就是将参数维度分为几块，算法每次随机选取其中的一块，更新这一块中的所有维度。具体算法如下所示。

算法 5.4 随机块坐标下降法

Initialize：w_0

将 d 个维度均等切分为 J 块

Iterate：for $t = 0, 1, \cdots, T-1$

1. 随机选取一块 $J_t \in \{1, \cdots, J\}$

2. 计算梯度 $\nabla_{J_t} f(w_t)$

3. 更新参数 $w_{t+1,j} = w_{t,j} - \eta_t \, \nabla_{J_t} f(w_t)$，$j \in J_t$

end

随机块坐标下降法的收敛性结论与随机坐标下降法基本相同，只是其中的维度数目 d 会被块的个数 J 所替代。

5.1.3　随机拟牛顿法

随机拟牛顿法[4]的思想与一阶随机算法类似，用一个样本或者一个小批量样本来计算梯度，然后更新海森逆矩阵。小批量随机拟牛顿法的更新公式如下：

$$w_{t+1} = w_t - \eta_t H_t \left(\frac{1}{b} \sum_{i \in S_t} \nabla f_i(w_t) \right)$$

其中 S_t 是一个大小为 b 的小批量数据子集，H_t 为 S_t 上目标函数的海森逆矩阵。

类似于上一章介绍的拟牛顿法，虽然直接计算海森逆矩阵 H_t 的复杂度很高，但是利用历史信息多次迭代更新上一轮海森逆矩阵 H_{t-1} 可以得到对 H_t 的良好逼近，而且计算复杂度低很多。具体而言，首先，在算法运行过程中记录下表征模型变化量和梯度变化量的修正组合 (δ_s, δ_s')，也就是

$$\delta_s = w_s - w_{s-1}$$

$$\delta_s' = \frac{1}{b} \sum_{i \in S_t} \nabla^2 f_i(w_s)(w_s - w_{s-1})$$

然后依据时刻 t 之前的多个修正组合按照如下公式迭代更新海森逆矩阵：

$$H \leftarrow (I - \rho_s \delta_s (\delta_s')^T) H (I - \rho_s \delta_s' (\delta_s)^T) + \rho_s \delta_s (\delta_s)^T$$

其中 $\rho_s = \dfrac{1}{(\delta_s')^T \delta_s}$。

随机拟牛顿法及海森逆矩阵更新的具体算法如下所示。

算法 5.5　随机拟牛顿法

Initialize：w_0，正常数 M、L，步长 $\eta_t > 0$

　　设置 $s = -1$，$\overline{w}_s = 0$

Iterate：for $t = 0, 1, 2, \cdots, T-1$

　　1. 随机选取样本的一个子集 $S_t \subset \{1, \cdots, n\}$

　　2. 计算梯度 $\nabla f_{S_t}(w_t)$

　　3. $\overline{w}_s = \overline{w}_s + w_t$

if $s \le 2L$ **then**　　　　　// 用随机梯度下降法做冷启动

4. 更新参数 $w_{t+1} = w_t - \eta_t \nabla f_{S_t}(w_t)$

else

5. 更新参数 $w_{t+1} = w_t - \eta_t H_s \nabla f_{S_t}(w_t)$

end if

6. **if** $\mathrm{mod}(s, L) = 0$ **then**

$s = s + 1$

$\overline{w}_s = \overline{w}_s / L$

if $t > 0$ **then**

选择一个子集 $S_H \subset \{1, 2, \cdots, n\}$ 去计算 $\nabla^2 f_{S_H}(\overline{w}_s)$

计算 $\delta_s = (\overline{w}_s - \overline{w}_{s-1})$, $\delta'_s = \nabla^2 f_{S_H}(\overline{w}_s - \overline{w}_{s-1})$

end if

$\overline{w}_s = 0$

end if

算法 5.6　海森逆矩阵 H_t 的更新算法

Input：s, t, 内存参数 M, 修正组合序列

Output：H_s

1. 令 $H = \dfrac{(\delta_t)^T \delta'_t}{(\delta'_t)^T \delta'_t} I$

Iterate：for $j = s - \min\{t, M\} + 1, \cdots, s$

2. $\rho_j = \dfrac{1}{(\delta'_j)^T \delta_j}$

3. $H \leftarrow (I - \rho_j \delta_j (\delta'_j)^T) H (I - \rho_j \delta'_j (\delta_j)^T) + \rho_j \delta_j (\delta_j)^T$

end for

Return $H_s \leftarrow H$

在以下四条假设之下，我们可以证明随机拟牛顿法具有与随机梯度下降法相同的收敛速率（见定理5.5）：

1）目标函数 $f(w)$ 是二阶连续可微的；

2）存在 $\lambda_2 > \lambda_1 > 0$，使得对于任意 $w \in R^d$，$\lambda_1 I < \nabla^2 f(w) < \lambda_2 I$；

3）存在 $\mu_2 > \mu_1 > 0$，使得对于任意 $w \in R^d$，$\mu_1 I < (\nabla^2 f(w))^{-1} < \mu_2 I$；

4）存在 $G > 0$，使得对于任意 $w \in R^d$，$\mathbb{E}[\|\nabla f_i(w)\|^2] \le G^2$。

定理5.5　假设上述条件（1）~（4）成立，当步长 $\eta_t = a/t$ 并且 $a > \dfrac{1}{2\mu_1 \lambda_1}$ 时，随机

拟牛顿法具有如下次线性收敛速率：

$$\mathbb{E}f(w_T) - f(w^*) \leqslant \frac{Q(a)}{T}$$

其中 $Q(a) = \max\left\{\dfrac{\lambda_2\mu_2^2 a^2 G^2}{2(2\mu_1\lambda_1 a - 1)}, f(w_1) - f(w^*)\right\}$。

下面我们以逻辑回归为例对比一下随机拟牛顿法和随机梯度下降法的复杂度。随机拟牛顿法每一轮的计算量（浮点运算个数）是 $2bd + 4Md + \dfrac{3b_H d}{L}$，其中 b 是随机梯度下降法小批量数据子集的大小，b_H 是计算修正项的小批量数据子集的大小，M 是内存参数，L 是修正步骤的轮数。由此，可以得到随机拟牛顿法和随机梯度下降法每一轮计算复杂度之比为

$$1 + \frac{2M}{b} + \frac{3b_H}{2bL}$$

于是，我们可以通过设置合适的参数使得随机拟牛顿法的复杂度与随机梯度下降法同阶。

依据上面的讨论，二阶随机算法在收敛速率和复杂度上都与一阶随机算法差不多，不像确定性算法那样收敛速率有显著的提高。原因是，对于更加精细的二阶算法，随机采样的方差会影响收敛精度。如何提高二阶随机优化算法的效率，仍然是未解决的问题。

5.1.4 随机对偶坐标上升法

我们考虑线性模型，其对应的正则化经验风险最小化过程如下：

$$\min_{w \in R^d} f(w) = \frac{1}{n}\sum_{i=1}^{n} \phi_i(w^T x_i) + \frac{\lambda}{2}\|w\|^2$$

其中 $\phi_i(w^T x_i) = l(w; x_i, y_i)$ 为线性模型 $w \in R^d$ 在样本 (x_i, y_i) 上的损失函数。

上述目标函数的对偶形式为：

$$\max_{\alpha \in R^n} D(\alpha) = \frac{1}{n}\sum_{i=1}^{n} - \phi_i^*(-\alpha_i) - \frac{\lambda n}{2}\left\|\frac{1}{\lambda n}\sum_{i}^{n}\alpha_i x_i\right\|^2$$

其中 $\phi_i^*(u) = \max\limits_z(zu - \phi_i(z))$。

上述原始问题和对偶问题相比 4.4 节中的问题更加特殊，利用 Fenchel 对偶定理，如果定义 $w(\alpha) = \dfrac{1}{\lambda n}\sum\limits_{i=1}^{n}\alpha_i x_i$，并且原始目标函数及其对偶函数分别存在最优解 w^* 和 α^*，则二者之间有如下对应关系：

$$w(\alpha^*) = w^*, \quad f(w^*) = D(\alpha^*)$$

由于对偶问题是线性可分的，随机坐标上升法比确定性的梯度上升法能更有效地对其优化，我们称之为随机对偶坐标上升法（SDCA）[5]（参见算法 5.7）。其主要计算步骤为：

1）随机抽取一个样本 i，计算

$$\Delta\alpha_i = \arg\max_z\left\{-\phi_i^*(-\alpha_{t,i} + z) - \frac{\lambda n}{2}\left\|w_t + \frac{1}{\lambda n}zx_i\right\|^2\right\}$$

2）更新对偶变量，$\alpha_{t+1} = \alpha_t + \Delta\alpha_i e_i$。

3）更新原始变量，$w_{t+1} = w_t + \dfrac{1}{\lambda n}\Delta\alpha_i x_i$。

算法 5.7　随机对偶坐标上升法

Initialize：α_0，$w_0 = w(\alpha_0)$

Iterate：for $t = 0, 1, \cdots, T - 1$

 1. 随机抽取一个样本 $i_t \in \{1, \cdots, n\}$

 2. 求解子问题，找到

$$\Delta\alpha_{i_t} = \arg\max_z\left\{-\phi_{i_t}^*(-\alpha_{t,i} + z) - \frac{\lambda n}{2}\left\|w_t + \frac{1}{\lambda n}zx_{i_t}\right\|^2\right\}$$

 3. 更新参数 $\alpha_{t+1} = \alpha_t + \Delta\alpha_{i_t}e_{i_t}$，$\quad w_{t+1} = w_t + \dfrac{1}{\lambda n}\Delta\alpha_{i_t}x_{i_t}$

Output(i)：$\bar{\alpha} = \dfrac{1}{T - T_0}\sum\limits_{t=T_0+1}^{T}\alpha_t$；$\quad \bar{w} = w(\bar{\alpha}) = \dfrac{1}{T - T_0}\sum\limits_{t=T_0+1}^{T}\alpha_t x_{i_t}$

Output(ii)：随机选取一个 $t \in \{T_0 + 1, \cdots, T\}$，$\bar{\alpha} = \alpha_t$，$\bar{w} = w_t$

end

请注意，对于随机坐标上升法，损失函数的光滑性质对收敛速率有显著的影响，因为如果损失函数 $\phi_i(\alpha)$ 是 β-光滑的，那么其对偶函数 $\phi_i^*(u)$ 是 $\dfrac{1}{\beta}$-强凹的，于是对偶

问题的凹性得到了加强。

定理 5.6　假设损失函数是凸函数且 L-Lipschitz 连续，随机对偶坐标上升法具有次

线性收敛速率 $O\left(n + \dfrac{L^2}{\lambda \varepsilon}\right)$；如果损失函数进一步是 β-光滑的，随机对偶坐标上升法具有

线性收敛速率 $O\left(\left(n + \dfrac{\beta}{\lambda}\right)\log \dfrac{1}{\varepsilon}\right)$，其中 ε 是对偶问题与原问题之间的间隙，亦即

$f(w(\alpha)) - D(\alpha) \leqslant \varepsilon$。

随机对偶梯度上升法的确定性版本的收敛速率与上述定理中的相同，但是由于线性
模型的正则化损失函数是线性可分的，随机对偶坐标上升法中每次迭代的计算量从
$O(d)$ 减小为 $O(1)$，从而提高了算法效率。

5.1.5　小结

结束本节之前，我们对已介绍的几种随机优化算法的收敛速率、单位计算复杂度和
总计算复杂度加以总结（如表 5.1 所示）。

表 5.1　基本随机优化算法的收敛性比较

	目标函数	收敛速率	单位计算复杂度	总计算复杂度
梯度下降法	强凸、光滑	$O\left(\mathrm{e}^{-\frac{T}{Q}}\right)$	$O(nd)$	$O\left(ndQ\log\left(\dfrac{1}{\varepsilon}\right)\right)$
	凸、光滑	$O\left(\dfrac{\beta}{T}\right)$		$O\left(\dfrac{nd\beta}{\varepsilon}\right)$
随机梯度下降法	强凸、光滑	$O\left(\dfrac{1}{T}\right)$	$O(d)$	$O\left(\dfrac{d}{\varepsilon}\right)$
	凸、连续	$O\left(\dfrac{1}{\sqrt{T}}\right)$		$O\left(\dfrac{d}{\varepsilon^2}\right)$
随机坐标下降法	强凸、光滑	$O\left(\mathrm{e}^{-\frac{T}{dQ_{\max}}}\right)$	$O(n)$（可分离情形）	$O\left(ndQ_{\max}\log\left(\dfrac{1}{\varepsilon}\right)\right)$
	凸、光滑	$O\left(\dfrac{d\beta_{\max}}{T}\right)$		$O\left(\dfrac{nd\beta_{\max}}{\varepsilon}\right)$
随机拟牛顿法	强凸、光滑	$O\left(\dfrac{1}{T}\right)$	$O\left(bd + Md + \dfrac{b_H d}{L}\right)$	$O\left(\dfrac{bd + Md + \dfrac{b_H d}{L}}{\varepsilon}\right)$
随机对偶坐标上升法	凸、光滑	$O\left(\mathrm{e}^{-\frac{\lambda t}{\beta + \lambda n}}\right)$	$O(d)$	$O\left(\left(n + \dfrac{\beta}{\lambda}\right)\log \dfrac{1}{\varepsilon}\right)$
	凸、Lipschitz 连续	$O\left(\dfrac{L^2}{\lambda n} + \dfrac{L^2}{\lambda t}\right)$		$O\left(n + \dfrac{L^2}{\lambda \varepsilon}\right)$

表 5.1 中，T 为迭代次数，β 和 β_{max} 为光滑系数和各个维度对应的最大光滑系数，L 和 L_{max} 为 Lipschitz 系数和各个维度对应的最大 Lipschitz 系数，Q 为条件数，n 为数据量，d 为数据维度，b 和 b_H 为随机算法中求海森逆矩阵的小批量数据集的大小，λ 和 μ 为拉格朗日系数。

从表 5.1 中可以得出以下几点结论：

1）当数据量较大时，随机梯度下降法比梯度下降法更高效。

2）如果目标函数是可分离的，随机坐标下降法比梯度下降法更高效。

3）如果目标函数是可分离的，并且数据维度较高，随机坐标下降法比随机梯度下降法更高效。

4）随机拟牛顿法的效率与随机梯度下降法的效率相同。

5.2 随机优化算法的改进

由于随机优化算法在处理高维大数据时表现优异，近些年来被业界和学术界广泛应用和关注。在业界将随机优化算法应用到更多的人工智能场合的同时，研究人员也在从算法设计的角度进一步改进随机优化算法。主要有两个改进方向：一是通过缩减随机优化算法中的方差来提高对数据的利用率；二是在基本的随机优化算法的基础上与其他优化算法进行组合，从而得到更快的收敛速率。我们将在这一节中对这两方面分别进行介绍。

5.2.1 方差缩减方法

我们知道，随机梯度虽然是梯度的无偏估计，但是其方差会影响对梯度估计的有效性，进而降低随机优化算法的收敛速率。因此，如果我们能设计更为有效的随机采样方法，使得随机梯度的方差减小，那么随机优化算法的效率将会得到提高。这类对随机优化算法进行改进的方法一般被称为"方差缩减"方法。

本小节首先介绍针对最常用的随机梯度下降法的三种方差缩减改进算法，即随机方差缩减梯度法（SVRG）[3]、随机平均梯度法（SAG）[6] 和加速随机平均梯度法（SAGA）[7]，然后介绍几种可以缩减方差的通用的随机采样方法。

1. SVRG、 SAG 和 SAGA 算法

SVRG、SAG 和 SAGA 算法的基本想法相同：对随机梯度加入正则项，得到的正则

随机梯度的方差会小于原始随机梯度的方差。

具体地，SVRG、SAG 以及 SAGA 算法的迭代公式分别为

$$\text{SVRG：} \quad w_{t+1} = w_t - \eta \left(\nabla f_{i_t}(w_t) - \nabla f_{i_t}(\widetilde{w}) + \frac{1}{n} \sum_{i=1}^{n} \nabla f_i(\widetilde{w}) \right)$$

$$\text{SAG：} \quad w_{t+1} = w_t - \eta \left(\frac{\nabla f_{i_t}(w_t) - \nabla f_{i_t}(\phi_i^t)}{n} + \frac{1}{n} \sum_{i=1}^{n} \nabla f_i(\phi_i^t) \right)$$

$$\text{SAGA：} \quad w_{t+1} = w_t - \eta \left(\nabla f_{i_t}(w_t) - \nabla f_{i_t}(\phi_i^t) + \frac{1}{n} \sum_{i=1}^{n} \nabla f_i(\phi_i^t) \right)$$

其中，SVRG 周期性地计算当前模型在所有样本上的梯度（全梯度），$\widetilde{w}$ 表示距离时刻 t 最近的计算过全梯度的模型；SAG 和 SAGA 都维护一个大小为 n 的向量 $\phi^t = (\phi_1^t, \cdots, \phi_n^t)$，用于保存在 n 个样本上最近计算过梯度的模型（如果在第 $t+1$ 轮随机抽取的是样本 i，向量 ϕ^t 的第 i 个分量就更新为 w_t，从而得到 ϕ^{t+1}），于是对应的梯度向量 $(\nabla f_i(\phi_i^t))_{i=1}^{n}$ 也被相应地记录下来。三种算法的具体细节如下所示。

算法 5.8 SVRG 算法

Initialize：$\widetilde{w}_0$

Iterate：for $s = 0, 1, 2, \cdots, S-1$

  1. $\widetilde{w} = \widetilde{w}_{s-1}$

  2. 计算准确的梯度：$\widetilde{u} = \dfrac{1}{n} \sum_{i=1}^{n} \nabla f_i(\widetilde{w})$

  3. $w_0 = \widetilde{w}$

Iterate：for $t = 0, 1, \cdots, M-1$

  4. 随机选取一个样本 $i_t \in \{1, \cdots, n\}$

  5. 更新参数 $w_{t+1} = w_t - \eta(\nabla f_{i_t}(w_t) - \nabla f_{i_t}(\widetilde{w}) + \widetilde{u})$

end

Output（i）：$\widetilde{w}_S = w_M$

Output（ii）：随机选取一个 $t \in \{1, \cdots, M\}$，$\widetilde{w}_S = w_t$

end

算法 5.9 SAG 算法和 SAGA 算法

Initialize：w_0，创建一个表 ϕ^0 存储 $[\nabla f_1(w_0), \cdots, \nabla f_n(w_0)]$

  Iterate：for $t = 0, 1, 2, \cdots, T-1$

1. 随机选取一个样本 $i_t \in \{1, \cdots, n\}$
2. 令 $\phi_{i_t}^{t+1} = w_t$，计算 $\nabla f_{i_t}(\phi_{i_t}^{t+1})$ 并在表中存储
3. 更新参数

    SAG 算法：

    $$w_{t+1} = w_t - \eta \Big(\frac{1}{n} (\nabla f_{i_t}(\phi_{i_t}^{t+1}) - \nabla f_{i_t}(\phi_{i_t}^t)) + \frac{1}{n} \sum_{i=1}^{n} \nabla f_i(\phi_{i_t}^t) \Big)$$

    SAGA 算法：

    $$w_{t+1} = w_t - \eta \Big(\nabla f_{i_t}(\phi_{i_t}^{t+1}) - \nabla f_{i_t}(\phi_{i_t}^t) + \frac{1}{n} \sum_{i=1}^{n} \nabla f_i(\phi_{i_t}^t) \Big)$$

Output：w_T

end

以上这些方差缩减的随机算法以不同形式利用了全梯度的信息对随机梯度进行正则化，正则化之后的梯度的方差会随着算法的进行逐渐收敛到 0，而原始的随机梯度的方差则不具有这个性质。正是由于这一良好性质，方差缩减的随机梯度法的收敛速率可以从次线性提高到线性。

我们以 SVRG 算法为例来具体说明。SVRG 方法分为多个训练阶段，每个阶段的最开始要计算当前模型在所有样本上的梯度信息 $\widetilde{u}$，并在这个阶段的内循环中一直使用该信息来正则化随机梯度，即正则化梯度 $v_t = \nabla f_{i_t}(w_{t-1}) - \nabla f_{i_t}(\widetilde{w}) + \widetilde{u}$。如果目标函数是 β-光滑的，通过计算，可以得到

$$E_{i_t} \| v_t \|^2 \leq 4\beta(f(w_{t-1}) - f(w^*) + f(\widetilde{w}) - f(w^*))$$

因为随着优化过程的进行，参数会趋近于最优点，即 $w_t \to w^*$，$\widetilde{w} \to w^*$，所以 $E_{i_t} \| v_t^2 \| \to 0$。这说明正则化梯度 v_t 的二阶矩随着训练过程逐渐减小并收敛到 0。因此，相比于随机梯度下降法，随机方差缩减梯度法具有更快的收敛速率（参见定理 5.7）。

定理 5.7　如果目标函数是 α-强凸并且 β-光滑的，当步长 $\eta \leq \frac{1}{\beta}$ 时，SVRG 算法的收敛速率为：

$$\mathbb{E}[f(\widetilde{w}_s) - f(w^*)] \leq \Big(\frac{1}{\alpha\eta(1-2\beta\eta)M} + \frac{2\beta\eta}{1-2\beta\eta} \Big)^s \mathbb{E}[f(\widetilde{w}_0) - f(w^*)]$$

其中 M 为内循环轮数。

如果将定理 5.7 中的步长设置为 $\eta = \dfrac{1}{\beta}$，内循环轮数设置为 $M = O\left(\dfrac{\beta}{\alpha}\right)$，SVRG 算法

可以达到线性收敛速率，并且总复杂度为 $O\left(\left(n + \dfrac{\beta}{\alpha}\right)\log\dfrac{1}{\varepsilon}\right)$，其中 n 这一项是由每一个

阶段的开始计算全梯度带来的。

　　SAG 和 SAGA 对于强凸问题都可以达到线性收敛速率，SAGA 在常数项上略快于 SAG 和 SVRG。另外，SAGA 对于凸问题具有次线性的收敛速率。然而，相比于 SVRG 而言，SAG 和 SAGA 需要 $O(n)$ 的内存来存储辅助变量。因此，我们应该根据计算量和内存大小来合理地选择随机方差缩减算法。

2. 改进的采样方法

　　对于一般的随机优化算法，其随机性质来自于采样。因此我们可以考虑改变采样的数量和分布，从而控制梯度的方差，提高随机算法的收敛速率。下面介绍几种相关的方法。

　　（1）小批量采样方法

　　小批量采样方法每次抽取多个样本（多于单样本，少于全样本），在随机优化算法和确定性优化算法之间寻找某种折中。相比于确定性优化算法，小批量随机算法可以提高更新的速度，减小运算复杂度；相比于随机算法，小批量随机算法因为使用多个样本来计算梯度，可以降低随机梯度的方差，提高收敛速率。

　　如果目标函数是凸的并且是 Lipschitz 连续的，小批量随机梯度下降法的收敛速率为 $O\left(\dfrac{1}{\sqrt{bT}} + \dfrac{1}{T}\right)$[8]。可见，对于相同的迭代次数 T，小批量随机梯度下降法的精度好于随机梯度下降法。大部分随机优化算法都有小批量版本，并且收敛速率有所提高。例如，小批量 SVRG 算法的收敛速率提高为 $\left[\dfrac{b}{\alpha\eta(b - 2\beta\eta)M} + \dfrac{2\beta\eta}{b - 2\beta\eta}\right]^{s}$[9]。对于二阶随机算法，也有关于小批量大小对于算法收敛速率影响的研究。例如 Byrd、Chin、Nocedal 等人提出了自适应小批量大小的二阶算法[10]。

　　（2）带权重的采样方法

　　除了均匀的有放回采样以外，适当地改变采样的权重可以有效地提高收敛速率。Peilin Zhao 和 Tong Zhang 提出了基于重要性采样的随机梯度下降法[11]。采样所服从的概率是与各个样本所对应的损失函数的光滑系数 $\{\beta_i, i = 1, \cdots, n\}$ 成正比的：$p_i =$

$\beta_i \Big/ \sum\limits_{i=1}^{n} \beta_i$。按重要性采样虽然会带来偏差（即随机梯度不再是全梯度的一个无偏估计），但是可以降低随机梯度的方差。Peter Richtárik 和 Martin Takáč 研究了随机块坐标下降法的多种采样方法[12]（如均匀采样、双均匀采样、二项采样等）对算法的影响。Allen Zhu 及其同事提出了利用非均匀采样来改进坐标下降算法[13]，即抽取到第 j 个维度的概率与第 j 个维度的光滑系数 β_j 成正比：$p_j = \beta_j \Big/ \sum\limits_{j=1}^{d} \beta_j$。

5.2.2　算法组合方法

各种加速方法的组合是随机优化算法发展的另一个趋势。例如随机方差缩减梯度法、Nesterov 加速法以及随机坐标下降法的思想都可以与其他算法进行结合，以获得算法的进一步加速。通常情况下，Nesterov 加速法可以使收敛速率获得多项式阶的加速，随机方差缩减梯度法可以使算法由次线性收敛速率加速到线性收敛速率，随机坐标下降法可以在保持线性收敛速率的情况下使每一轮计算梯度的复杂度下降。

1. 与随机方差缩减梯度法进行组合

随机方差缩减梯度法（SVRG）的基本思想可以被应用于其他随机优化算法，以提高收敛速率。其具体的做法是：将随机算法改为多轮训练，并在计算随机梯度的地方用正则化梯度代替。

Hazan 和 Luo 于 2016 年提出了随机方差缩减的 Frank-Wolfe 算法（SVRF）[14]。该算法是 SVRG 与随机 Frank-Wolfe 算法的结合，将 Frank-Wolfe 算法中的随机梯度用正则化梯度代替。在目标函数为凸的情况下，算法的收敛速率由 $O\left(\dfrac{1}{\varepsilon^2}\right)$ 提高至 $O\left(\dfrac{1}{\varepsilon^{1.5}}\right)$；在强凸情况下，收敛速率由 $O\left(\dfrac{1}{\varepsilon}\right)$ 提高至 $O\left(\log\dfrac{1}{\varepsilon}\right)$。

Zheng 和 Kwok 于 2016 年提出了 SVRG-ADMM 算法[15]。该算法将原始随机 ADMM 算法中的随机梯度用正则化梯度代替。在强凸情况下，收敛速率由 $O\left(\dfrac{1}{\varepsilon}\right)$ 提高至 $O\left(\log\dfrac{1}{\varepsilon}\right)$。

Gower 及其合作者于 2016 年提出了结合方差缩减法的 BFGS 算法[16]，也用正则化梯度代替了随机梯度。理论分析表明该算法可以达到线性收敛速率。

其他与随机方差缩减梯度法相结合改进随机优化算法的工作还有很多，请参见文献[17-21]。

2. 与 Nesterov 加速法进行组合

Nesterov 加速法的思想也被广泛地应用于改进其他算法。

Lin、Lu 和 Xiao 于 2014 年提出了加速近端坐标梯度算法（APCG）[22]，该算法是近端随机坐标下降法与 Nesterov 加速法的结合。通过巧妙地设计辅助变量以及优化步长，在强凸情况下，收敛速率可以由 $O\Big((nd + nd \max_j Q_j) \log \frac{1}{\varepsilon} \Big)$ 提高至 $O\Big((nd + nd \sqrt{\max_j Q_j}) \log \frac{1}{\varepsilon} \Big)$。

小批量加速近端随机方差缩减梯度法[23]可以看作近端 SVRG 与 Nesterov 加速法的结合。在强凸情况下，该算法可以将近端 SVRG 的收敛速率由 $O\Big((n + Q) \log \frac{1}{\varepsilon} \Big)$ 提高至

$$O\Big(\Big(n + \frac{n}{n + \sqrt{Q}} Q \Big) \log \frac{1}{\varepsilon} \Big)。$$

其他与 Nesterov 加速法结合改进随机优化算法的工作还有很多，请参见文献 [24-28]。

3. 与随机坐标下降法进行组合

Zhao 及其合作者于 2014 年提出了随机小批量坐标下降法（MRBCD）[29]，该方法结合了近端随机坐标下降法以及随机方差缩减梯度法。在强凸情况下，MRBCD 算法将随机坐标下降法的收敛速率从 $O\Big(nd \frac{\max_j \beta_j}{\alpha} \log \frac{1}{\varepsilon} \Big)$ 提高至 $O\Big(nd + \frac{d \max_j \beta_j}{\alpha} \log \frac{1}{\varepsilon} \Big)$。

Wang 及其合作者于 2016 年提出了坐标 Frank-Wolfe 算法。在 Frank-Wolfe 算法的更新过程中用偏导数代替全梯度[30]。

Meng、Chen 及其合作者于 2016 年提出了随机加速梯度下降法[31]。该方法结合了随机梯度下降法、随机方差缩减梯度法、Nesterov 加速法和随机坐标下降法。每一种方法的加入都会使得随机梯度下降法的收敛速率有一定的提高。随机方差缩减梯度法使得随机梯度下降法的收敛速率从次线性提升为线性。Nesterov 加速法和随机坐标下降法使得线性收敛速率关于条件数的阶数进一步提高。

其他与随机坐标下降法结合改进随机优化算法的工作还有很多，请参见文献 [32-36]。

5.3 非凸随机优化算法

随着深度学习算法在人工智能中的成功应用，如何有效地解决非凸优化问题变得越来越重要。一般来说，非凸问题的全局优化是 NP-hard 问题。几十年前，研究者提出的模拟退火、贝叶斯优化等算法，可以有效解决低维度非凸优化问题。然而，深度学习中

大规模神经网络的参数数目巨大，优化问题的维度很高，传统的算法不再适用。

在此情况下，学者们进行了如下的有益尝试：

1）从已有的随机凸优化算法中，选取更适合神经网络的方法，比如 Ada 系列算法。

2）刻画凸优化算法在非凸问题中相对于局部最优模型的收敛性质，并研究神经网络模型的局部最优模型和全局最优模型的差异。

3）如果凸优化算法可能陷入鞍点，改进算法以逃离鞍点。

4）设计适用于神经网络的非凸优化算法，如等级优化算法。

接下来，我们就对这些尝试进行简要介绍。

5.3.1　Ada 系列算法

第 2 章中我们对神经网络模型和常用的交叉熵损失函数进行了介绍，了解到深度学习中优化神经网络模型的问题是高度非凸非线性的。而连续空间中基于梯度的优化算法绝大多数只适用于凸问题，比如前面章节介绍的一阶算法、二阶算法、对偶算法，收敛速率的保障都要求优化目标是凸的。所以，要得到全局最优的神经网络模型相比于线性逻辑回归、支持向量机等凸任务要困难很多。

在深度学习的实际应用中，人们通常用随机一阶方法来优化神经网络。有以下几个原因：① 深度学习中数据规模很大，随机算法能通过减少每次迭代的复杂度来减少总的复杂度；② 二阶算法对大规模神经网络计算海森矩阵的复杂度很高，而且在随机版本中，二阶算法相对一阶算法的优势并不明显；③ 神经网络是高度非线性的，描述其对偶问题比较困难。

随机一阶方法中，常用的是随机梯度下降法。因为神经网络模型中各个参数的梯度通过反向传播能够高效地一起计算出来（此时坐标法不再具有优势）。近年来，人们发现有一类比随机梯度下降法更为复杂的算法能更好地适用于训练神经网络。这类算法更新模型时，不只利用当前的梯度，还利用历史上所有的梯度信息，并且自适应地（Adaptively）调整步长，因而也被称为 Ada 系列算法，包括带冲量的随机梯度下降法[37]、AdaGrad[38]、RMSProp[39]、AdaDelta[40]、Adam[41]等算法。

带冲量的随机梯度下降法是最基本的 Ada 算法。它的基本思想是对所有历史梯度依据其远离当前时间的程度乘以指数递减的权重，一起决定下一步模型的更新方向。具体实现中，引入一个辅助变量 v_t 来记录历史信息，更新公式如下：

$$v_{t+1} = \mu v_t - \eta \, \nabla f(w_t)$$

$$w_{t+1} = w_t + v_{t+1}$$

带冲量的随机梯度下降法与 Nesterov 加速法的区别在于，前者利用在 w_t 处的梯度进行更新，后者利用在 $w_t + \mu v_t$ 处的梯度进行更新。因而带冲量的随机梯度下降法的实现更简单。

AdaGrad 算法[38]除了对历史信息（梯度值的平方）进行累加外，还根据历史梯度的大小逐维调整步长，使得梯度比较小的维度有更大的步长，其更新公式如下：

$$g_{t+1} = g_t + (\nabla f(w_t))^2$$

$$w_{t+1} = w_t - \frac{\eta \, \nabla f(w_t)}{\sqrt{g_{t+1}} + \varepsilon_0}, \quad \varepsilon_0 > 0$$

这样，算法会照顾到一些目前梯度较小但是对搜索路径具有重要贡献的维度，更适用于优化具有很多局部最优点和鞍点的神经网络模型。而且，AdaGrad 算法一个很大的优势在于不需要人工调整步长，实验证明 AdaGrad 能使随机梯度下降法变得更加稳定。AdaGrad 的缺点在于其更新公式中分母上的 $\sqrt{g_{t+1}}$：这一项随着训练的进行会逐渐增大，因此步长会逐渐趋于 0 并导致训练过程提前停止。

RMSProp 算法与 AdaGrad 类似，区别在于它还借鉴了带冲量的随机梯度下降法的思想对历史信息进行指数递减平均。其更新公式如下：

$$g_{t+1} = \gamma g_t + (1 - \gamma)(\nabla f(w_t))^2$$

$$w_{t+1} = w_t - \frac{\eta \, \nabla f(w_t)}{\sqrt{g_{t+1}} + \varepsilon_0}, \quad \varepsilon_0 > 0$$

RMSProp 算法对 g_t 和 $(\nabla f(w_t))^2$ 进行加权平均，使得历史信息所占的比重有所减小，从而更看重当前的梯度信息，可以避免步长随着训练过程单调递减的情况。

AdaDelta 算法在 RMSProp 的基础上进一步对累加的历史信息依据梯度大小进行了调整，更新公式如下：

$$g_{t+1} = \gamma g_t + (1 - \gamma)(\nabla f(w_t))^2$$

$$v_{t+1} = \gamma v_t + (1 - \gamma) u_t^2$$

$$u_{t+1} = -\frac{\sqrt{v_t + \varepsilon_0}\, \nabla f(w_t)}{\sqrt{g_{t+1}} + \varepsilon_0}$$

$$w_{t+1} = w_t + u_{t+1}$$

Adam 算法是另一种逐维进行自适应调整步长的算法。Adam 同时引入了以下两个辅助变量分别按照指数衰减形式来累加梯度与梯度的平方：

$$m_{t+1} = \gamma_1 m_t + (1 - \gamma_1)\, \nabla f(w_t)$$

$$g_{t+1} = \gamma_2 g_t + (1 - \gamma_2)\, (\nabla f(w_t))^2$$

之后对这两个辅助变量的量级进行重整，依照梯度平方累加值调整步长，依照梯度累加值更新模型：

$$\hat{m}_{t+1} = \frac{m_{t+1}}{1 - \gamma_1^{t+1}}, \quad \hat{g}_{t+1} = \frac{g_{t+1}}{1 - \gamma_2^{t+1}}$$

$$w_{t+1} = w_t - \frac{\eta\, \hat{m}_{t+1}}{\sqrt{\hat{g}_{t+1}} + \varepsilon_0}$$

Adam 结合了带冲量的随机梯度下降法、AdaGrad、RMSProp 和 AdaDelta 等算法中所有的因素：① 更新方向由历史梯度累计决定；② 对步长利用累加的梯度平方值进行修正；③ 信息累加按照指数形式衰减。因而，Adam 算法的效果最好，目前在神经网络的训练中应用最为广泛。

最后，值得一提的是 Ada 系列算法在凸问题中具有收敛性保证，具体的理论分析请参见文献［38-43］。

5.3.2　非凸理论分析

因为非凸问题中可能存在多个局部极小点，不容易找到全局最优，所以我们对非凸问题中的优化算法进行收敛性分析时，可以转而考虑算法能否收敛到梯度为 0 的临界点（而不是全局最优点）。相应地，在非凸优化问题的理论分析中，选用梯度的遍历距离作为度量：

$$\frac{1}{T} \sum_{t=1}^{T} \mathbb{E} \left\| \nabla f(w_t) \right\|^2 \quad \text{或者} \quad \min_{t=1,\cdots,T} \mathbb{E} \left\| \nabla f(w_t) \right\|^2$$

这个度量相较于凸优化中的度量是比较弱的，即使 $\frac{1}{T}\sum_{t=1}^{T}\mathbb{E}\|\nabla f(w_t)\|^2$ 收敛到 0，也不能确定目标函数是否收敛到最小值，因为除了全局最优点之外，局部极小值点和鞍点处的梯度也为 0。

下面针对目标函数光滑的情形，以随机梯度下降法为例展示一下证明非凸问题中优化算法收敛性的一般步骤。

首先，由光滑条件的定义，可以得到

$$f(w_{t+1}) - f(w_t) \leqslant \nabla f(w_t)(w_{t+1} - w_t) + \frac{\beta}{2}(\|w_{t+1} - w_t\|)^2$$

将随机梯度下降法的更新规则代入，并对两边取条件期望可以得到

$$\mathbb{E}f(w_{t+1}) - f(w_t) \leqslant -\eta_t\|\nabla f(w_t)\|^2 + \frac{\beta\eta_t^2}{2}\mathbb{E}\|\nabla f_i(w_t) - \nabla f(w_t)\|^2 + \frac{\beta\eta_t^2}{2}\|\nabla f(w_t)\|^2$$

其次，将梯度平方项合并、移项可得

$$\left(\eta_t - \frac{\beta\eta_t^2}{2}\right)\|\nabla f(w_t)\|^2 \leqslant f(w_t) - \mathbb{E}f(w_{t+1}) + \frac{\beta\eta_t^2}{2}\mathbb{E}\|\nabla f_i(w_t) - \nabla f(w_t)\|^2$$

最后，通过合理设置步长 η_t 并两边对 t 求和，可以得到 $\frac{1}{T}\sum_{t=1}^{T}\mathbb{E}\|\nabla f(w_t)\|^2$ 的上界。

近年来，有很多研究工作讨论了各种随机优化算法在非凸情形下的收敛性质。例如：

1）Ghadimi 和 Lan[44]证明了随机梯度下降法在非光滑条件下的计算复杂度为 $O\left(n\left(\frac{L}{\varepsilon} + \frac{L\sigma^2}{\varepsilon^2}\right)\right)$，与凸情形下的主阶相同。

2）Reddi 和 Sra 等人[45]证明了近端随机梯度下降法以及 Frank-Wolfe 算法在非凸条件下的收敛速率和凸情形下相同。

3）Li 和 Lin[46]分析了加速近端梯度法（APG）在非凸条件下的理论性质，证明了 APG 算法的收敛速率为 $O\left(\frac{1}{\sqrt{\varepsilon}}\right)$，与凸情形下一致，并且证明了 Nesterov 加速法在非凸条件下也能带来多项式阶的加速。

4）Reddi、Zhu、Hazan 等人[18,47]等人证明了 SVRG 的计算复杂度为 $O\left(n + n^{\frac{2}{3}}\left(\frac{L}{\varepsilon}\right)\right)$，

与凸情形下阶数相同。Zhu 和 Yuan[48]还针对非凸问题设计了 SVRG ++ 算法，该算法使得原始 SVRG 的内循环轮数递增，在非凸问题上取得了比 SVRG 更快的收敛速率。

5.3.3 逃离鞍点问题

为了方便讨论，我们首先引入临界点、局部极小值点和鞍点的定义。

定义 5.2

1）点 w^* 称为临界点，如果 $\nabla f(w^*) = 0$.

2）一个临界点 w^* 称为局部极小值点，如果存在 w^* 的一个邻域 $U \subseteq \mathcal{W}$，使得 $f(w^*) \leqslant f(w)$，$\forall w \in U$。

3）一个临界点 w^* 称为鞍点，如果对于 w^* 的所有邻域，都存在 w，$v \in \mathcal{W}$，使得 $f(w) \leqslant f(w^*) \leqslant f(v)$。临界点 w^* 被称作严格鞍点，如果矩阵 $\nabla^2 f(w^*)$ 的最小特征值严格小于 0。

例如图 5.1 中，图 a 中包含一个鞍点但不是严格鞍点，图 b 中包含一个严格鞍点，图 c 在某个方向的曲线和 a 类似，因而也不是严格鞍点。

在非凸优化问题的收敛性分析中，我们可以通过遍历距离 $\frac{1}{T} \sum_{t=1}^{T} \| \nabla f(w_t) \|^2$ 判断求得的解是否收敛到临界点，却无法确定算法最终会停留在局部极小值点还是鞍点上。然而，机器学习的优化目标是最小化损失函数，所以我们希望优化算法可以停留在局部极小值点上，并且其函数取值与全局最优函数值相近。

在某些非凸问题中，人们已经证明了

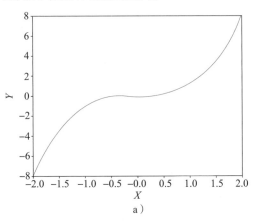

a)

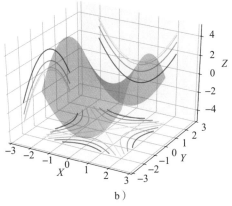

b)

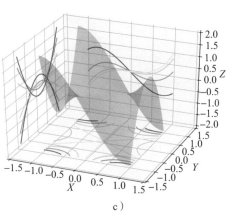

c)

图 5.1　鞍点示意图

局部极小值点即为全局最优点[49]，例如张量分解、矩阵补全、段落检索，以及具有特定结构的神经网络等。近期也有学者证明在某些条件满足的情况下，神经网络局部极小值点的损失函数取值几乎等于全局最小损失函数取值。比如，LeCun 等人说明在特定的假设条件下，如果神经网络的参数数目相对于训练样本数而言非常大，那么各个局部极小值的表现相似，并且与全局最优值非常接近。虽然这些研究中要满足的条件对于神经网络非常苛刻（实际中通常无法满足），但是其结论与某些前人的实验观察是比较吻合的[50]。

如果局部极小值点具有相对良好的性质，那么我们只需要引导优化过程逃出鞍点即可。这个方向已经成为近年来研究的热点问题。

Lee 等人[51]证明了随机梯度下降法在一定条件下可以依概率 1 收敛到局部极小值点，见如下定理。

定理 5.8　如果目标函数 f: $R^d \rightarrow R$ 是二阶连续可微的、具有下界的，并且满足严格鞍点性质，那么带有随机初始化和充分小的步长的梯度下降法可以依概率 1 收敛到局部极小值点。

Lee 的文章虽然证明了梯度下降法在一定条件下会收敛到局部极小值点，但是并没有提供收敛速率。Simon 及其同事[52]研究了梯度下降能否在多项式时间内逃离鞍点，而答案是否定的。作者在文章中构造了反例，用以说明梯度下降法逃离鞍点的时间至少需要 $e^{\Omega(d)}$ 步。那么是否有算法可以在多项式时间内逃离鞍点收敛到局部极小值点呢？Jin 研究了扰动梯度下降算法[53]，证明了在多项式时间内，算法可以收敛到局部极小值点。除了对一阶优化方法加入随机扰动行之有效外，使用二阶优化方法也可以有效地帮助我们逃离鞍点。Dauphin 等人提出了基于置信区间的逃离鞍点算法[54]，其中海森矩阵的计算以及特征值分解的计算代价较高，文中应用 Krylov 子空间算法来减小计算量。还有很多针对神经网络如何有效逃离鞍点的研究工作，感兴趣的读者请参见文献［55-58］。

5.3.4　等级优化算法

除了逃离鞍点外，如何减少陷入不良的局部极小值点也是一个实际中需要解决的问题。近年来，等级优化算法（Graduated Optimization）[59]被用来训练神经网络，可以降低陷入不良局部极小值点的概率。其主要思想是：

1）通过局部磨光算子将目标函数转变为一个光滑函数，对应粗粒度版本的目标函数。

2）用随机优化算法最小化这个光滑函数。

3）将算法的解作为下一轮优化的起始点，减小磨光力度，返回步骤1。

以下是一种常用的 δ-局部磨光算子。

定义5.3　对于 L-Lipschitz 函数 $f: R^d \to R$，定义它的 δ-局部磨光算子如下：

$$\hat{f}_\delta(w) = \mathbb{E}_{u \sim B(0,1)} [f(w + \delta u)]$$

其中 $B(0, 1)$ 是以 0 为中心、1 为半径的球。

在上述算子中，参数 δ 控制磨光程度。随着 δ 取值的减小，磨光程度降低，所得到的粗粒度目标函数的光滑性质变差，更接近目标函数。对于给定的磨光参数 δ，δ-局部磨光算子将产生一个光滑的目标函数 $\hat{f}_\delta(w)$。

图 5.2 是等级优化算法的示意图。从图中可以看出，随着 δ 的逐渐减小，优化曲面逐渐由光滑变粗糙，局部极小值点逐渐增加，最终逼近原来的目标函数曲面。

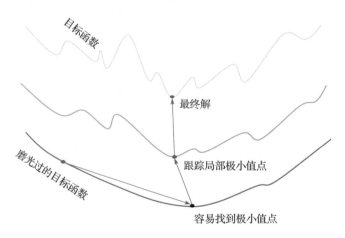

图5.2　等级优化算法示意图

如果目标函数具有良好的性质，等级优化算法甚至可以收敛到全局最优点。例如，文献［60］证明，如果目标函数的粗粒度光滑版本具有局部强凸性质，并且最优点附近总是存在性质优良的近似最优点，那么，基于 δ-局部磨光算子的等级优化算法以大概率收敛到全局最优。

Gulcehre 和 Moczulski 等人于 2016 年提出了利用等级优化的思想来对神经网络进行优化［59］。作者针对神经网络的粗粒度目标函数定义了噪声磨光算子：

$$(T_\sigma f)(w) = \mathbb{E}_{\xi_\sigma}[f(w, \xi_\sigma)]$$

其中 ξ_σ 为随机噪声，包括两方面的随机性：一是对激活函数的取值进行随机化，二是在前传过程中从当前隐含节点的激活函数值和前一层隐含节点的激活函数值中做随机选择。参数 σ 是随机噪声的方差，随着方差 σ 的增大，有两方面的线性程度改进：一方面，激活函数的随机性使得输入和输出层的期望映射越来越接近于单位映射，线性程度增加；另一方面，神经网络在期望意义上的层数越来越小，线性程度也增加。因而，噪声磨光算子作用后的神经网络的光滑性质会改进，有助于降低陷入不良局部极小值点的可能性。

5.4　总结

本章对随机优化算法进行了比较全面的介绍，包括基本的随机优化算法、可以有效改进随机优化算法性能的方差缩减方法和算法组合方法，以及针对神经网络等非凸问题提出的新型随机优化方法。

关于单机优化算法的介绍到此就告一段落了。单机优化是分布式机器学习的基础，掌握更多单机优化算法，能极大地增强对分布式机器学习算法的理解，帮助我们解决不同种类的机器学习任务。从下一章开始，我们将会讨论分布式机器学习独有的话题，包括模型与数据划分、通信、数据与模型聚合等。

参考文献

［ 1 ］ Robbins H, Monro S. A Stochastic Approximation Method[J]. The Annals of Mathematical Statistics, 1951: 400-407.

［ 2 ］ Nesterov Y. Efficiency of Coordinate Descent Methods on Huge-Scale Optimization Problems[J]. SIAM Journal on Optimization, 2012, 22(2): 341.

［ 3 ］ Johnson R, Zhang T. Accelerating Stochastic Gradient Descent Using Predictive Variance Reduction[C]//Advances in Neural Information Processing Systems. 2013: 315-323.

［ 4 ］ Byrd R H, Hansen S L, Nocedal J, et al. A Stochastic Quasi-Newton Method for Large-scale Optimization[J]. SIAM Journal on Optimization, 2016, 26(2): 1008-1031.

［ 5 ］ Shalev-Shwartz S, Zhang T. Stochastic Dual Coordinate Ascent Methods for Regularized Loss Minimization[J]. Journal of Machine Learning Research, 2013, 14(Feb): 567-599.

［ 6 ］ Roux N L, Schmidt M, Bach F R. A Stochastic Gradient Method with An Exponential Convergence rate for Finite Training Sets[C]//Advances in Neural Information Processing Systems. 2012:

2663-2671.

[7] Defazio A, Bach F, Lacoste-Julien S. SAGA: A Fast Incremental Gradient Method with Support for Non-strongly Convex Composite Objectives[C]//Advances in Neural Information Processing Systems. 2014: 1646-1654.

[8] Dekel O, Gilad-Bachrach R, Shamir O, et al. Optimal Distributed Online Prediction Using Mini-batches[J]. Journal of Machine Learning Research, 2012, 13(Jan): 165-202.

[9] Reddi S J, Hefny A, Sra S, et al. Stochastic Variance Reduction for Nonconvex Optimization [C]//International Conference on Machine Learning. 2016: 314-323.

[10] Byrd R H, Chin G M, Nocedal J, et al. Sample Size Selection in Optimization Methods for Machine Learning[J]. Mathematical Programming, 2012, 134(1): 127-155.

[11] Zhao P, Zhang T. Stochastic Optimization with Importance Sampling for Regularized Loss Minimization[C]//International Conference on Machine Learning. 2015: 1-9.

[12] Richtárik P, Takáč M. Parallel Coordinate Descent Methods for Big Data Optimization[J]. Mathematical Programming, 2016, 156(1-2): 433-484.

[13] Allen-Zhu Z, Qu Z, Richtárik P, et al. Even Faster Accelerated Coordinate Descent Using Non-uniform Sampling[C]//International Conference on Machine Learning. 2016: 1110-1119.

[14] Hazan E, Luo H. Variance-reduced and Projection-free Stochastic Optimization[C]//International Conference on Machine Learning. 2016: 1263-1271.

[15] Zheng S, Kwok J T. Fast-and-Light Stochastic ADMM[C]//IJCAI. 2016: 2407-2613.

[16] Gower R, Goldfarb D, Richtárik P. Stochastic Block BFGS: Squeezing More Curvature Out of Data [C]//International Conference on Machine Learning. 2016: 1869-1878.

[17] Xiao L, Zhang T. A Proximal Stochastic Gradient Method with Progressive Variance Reduction [J]. SIAM Journal on Optimization, 2014, 24(4): 2057-2075.

[18] Reddi S J, Hefny A, Sra S, et al. On Variance Reduction in Stochastic Gradient Descent and Its Asynchronous Variants[C]//Advances in Neural Information Processing Systems. 2015: 2647-2655.

[19] Wang C, Chen X, Smola A J, et al. Variance Reduction for Stochastic Gradient Optimization [C]//Advances in Neural Information Processing Systems. 2013: 181-189.

[20] Konečný J, Liu J, Richtárik P, et al. Mini-batch Semi-stochastic Gradient Descent in the Proximal Setting[J]. IEEE Journal of Selected Topics in Signal Processing, 2016, 10(2): 242-255.

[21] Wang J, Zhang T. Improved Optimization of Finite Sums with Minibatch Stochastic Variance Reduced Proximal Iterations[J]. arXiv preprint arXiv:1706. 07001, 2017.

[22] Lin Q, Lu Z, Xiao L. An Accelerated Proximal Coordinate Gradient Method[C]//Advances in Neural Information Processing Systems. 2014: 3059-3067.

[23] Nitanda A. Stochastic Proximal Gradient Descent with Acceleration Techniques[C]//Advances in Neural Information Processing Systems. 2014: 1574-1582.

[24] Shalev-Shwartz S, Zhang T. Accelerated Proximal Stochastic Dual Coordinate Ascent for Regularized Loss Minimization[C]//International Conference on Machine Learning. 2014: 64-72.

［25］　Shalev-Shwartz S，Zhang T．Accelerated Mini-batch Stochastic Dual Coordinate Ascent［C］//Advances in Neural Information Processing Systems．2013：378-385．

［26］　Ghadimi S，Lan G．Accelerated Gradient Methods for Nonconvex Nonlinear and Stochastic Programming［J］．Mathematical Programming，2016，156(1-2)：59-99．

［27］　Dozat T．Incorporating Nesterov Momentum into Adam［J］．2016．

［28］　Allen-Zhu Z．Katyusha：The First Direct Acceleration of Stochastic Gradient Methods［C］//Proceedings of the 49th Annual ACM SIGACT Symposium on Theory of Computing．ACM，2017：1200-1205．

［29］　Zhao T，Yu M，Wang Y，et al．Accelerated Mini-batch Randomized Block Coordinate Descent Method［C］//Advances in Neural Information Processing Systems．2014：3329-3337．

［30］　Wang Y X，Sadhanala V，Dai W，et al．Parallel and Distributed Block-coordinate Frank-Wolfe Algorithms［C］//International Conference on Machine Learning．2016：1548-1557．

［31］　Meng Q，Chen W，Yu J，et al．Asynchronous Accelerated Stochastic Gradient Descent［C］//IJCAI．2016：1853-1859．

［32］　Lacoste-Julien S，Jaggi M，Schmidt M，et al．Block-coordinate Frank-Wolfe Optimization for Structural SVMs［J］．arXiv preprint arXiv：1207.4747，2012．

［33］　Liu J，Wright S J，Ré C，et al．An Asynchronous Parallel Stochastic Coordinate Descent Algorithm［J］．The Journal of Machine Learning Research，2015，16(1)：285-322．

［34］　Bianchi P，Hachem W，Franck I．A Stochastic Coordinate Descent Primal-dual Algorithm and Applications［C］//Machine Learning for Signal Processing (MLSP)，2014 IEEE International Workshop on．IEEE，2014：1-6．

［35］　Konečný J，Qu Z，Richtárik P．Semi-stochastic Coordinate Descent［J］．Optimization Methods and Software，2017，32(5)：993-1005．

［36］　Mazumder R，Friedman J H，Hastie T．Sparsenet：Coordinate Descent with Nonconvex Penalties［J］．Journal of the American Statistical Association，2011，106(495)：1125-1138．

［37］　Sutskever I，Martens J，Dahl G，et al．On the Importance of Initialization and Momentum in Deep Learning［C］//International Conference on Machine Learning．2013：1139-1147．

［38］　Duchi J，Hazan E，Singer Y．Adaptive Subgradient Methods for Online Learning and Stochastic Optimization［J］．Journal of Machine Learning Research，2011，12(Jul)：2121-2159．

［39］　Tieleman T，Hinton G．Lecture 6.5-rmsprop：Divide the Gradient by A Running Average of Its Recent Magnitude［J］．COURSERA：Neural Networks for Machine Learning，2012，4(2)：26-31．

［40］　Zeiler M D．ADADELTA：An Adaptive Learning Rate Method［J］．arXiv preprint arXiv：1212.5701，2012．

［41］　Kingma D P，Ba J．Adam：A Method for Stochastic Optimization［J］．arXiv preprint arXiv：1412.6980，2014．

［42］　Dean J，Corrado G，Monga R，et al．Large Scale Distributed Deep Networks［C］//Advances in Neural Information Processing Systems．2012：1223-1231．

［43］ Reddi S J, Kale S, Kumar S. On the Convergence of Adam and Beyond［C］//International Conference on Learning Representations. 2018.

［44］ Ghadimi S, Lan G. Stochastic First-and Zeroth-order Methods for Nonconvex Stochastic Programming［J］. SIAM Journal on Optimization, 2013, 23（4）: 2341-2368.

［45］ Reddi S J, Sra S, Poczos B, et al. Proximal Stochastic Methods for Nonsmooth Nonconvex Finite-sum Optimization［C］//Advances in Neural Information Processing Systems. 2016: 1145-1153.

［46］ Li H, Lin Z. Accelerated Proximal Gradient Methods for Nonconvex Programming［C］//Advances in Neural Information Processing Systems. 2015: 379-387.

［47］ Allen-Zhu Z,Hazan E. Variance Reduction for Faster Non-convex Optimization［C］//International Conference on Machine Learning. 2016: 699-707.

［48］ Allen-Zhu Z, Yuan Y. Improved SVRG for Non-strongly-convex or Sum-of-non-convex Objectives ［C］//International Conference on Machine Learning. 2016: 1080-1089.

［49］ Kawaguchi K. Deep Learning Without Poor Local Minima［C］//Advances in Neural Information Processing Systems. 2016: 586-594.

［50］ Chaudhari P, Choromanska A, Soatto S, et al. Entropy-sgd: Biasing Gradient Descent into Wide Valleys［J］. arXiv preprint arXiv:1611.01838, 2016.

［51］ Lee J D,Simchowitz M, Jordan M I, et al. Gradient Descent Only Converges to Minimizers［C］// Conference on Learning Theory. 2016: 1246-1257.

［52］ Du, Simon S., et al. Gradient Descent Can Take Exponential Time to Escape Saddle Points［J］. Advances in Neural Information Processing Systems, 2017.

［53］ Jin C, Ge R,Netrapalli P, et al. How to Escape Saddle Points Efficiently［C］//International Conference on Machine Learning. 2017: 1724-1732.

［54］ Dauphin Y N,Pascanu R, Gulcehre C, et al. Identifying and Attacking the Saddle Point Problem in High-dimensional Non-convex Optimization［C］//Advances in Neural Information Processing Systems. 2014: 2933-2941.

［55］ Arrow K J,Hurwicz L. Reduction of Constrained Maxima to Saddle-point Problems［M］//Traces and Emergence of Nonlinear Programming. Birkhäuser, Basel, 2014: 61-80.

［56］ Dauphin Y, de Vries H, Bengio Y. Equilibrated Adaptive Learning Rates for Non-convex Optimization［C］//Advances in Neural Information Processing Systems. 2015: 1504-1512.

［57］ Ge R, Huang F, Jin C, et al. Escaping from Saddle Points—Online Stochastic Gradient for Tensor Decomposition［C］//Conference on Learning Theory. 2015: 797-842.

［58］ Anandkumar A, Ge R. Efficient Approaches for Escaping Higher Order Saddle Points in Non-convex Optimization［C］//Conference on Learning Theory. 2016: 81-102.

［59］ Gulcehre C, Moczulski M, Visin F, et al. Mollifying Networks［J］. arXiv preprint arXiv: 1608.04980, 2016.

［60］ Hazan E, Levy K Y, Shalev-Shwartz S. On Graduated Optimization for Stochastic Non-convex Problems［C］//International Conference on Machine Learning. 2016: 1833-1841.

6

第6章

数据与模型并行

DISTRIBUTED MACHINE LEARNING
Theories, Algorithms, and Systems

6.1 基本概述

利用计算机集群，使机器学习算法更好地从大数据中训练出性能优良的大模型是分布式机器学习的目标。为了实现这个目标，一般需要根据硬件资源与数据/模型规模的匹配情况，考虑对计算任务、训练数据和模型进行划分，分布式存储，分布式训练。这件事情说起来简单，实操起来有很多学问。其中，如何对数据/模型进行划分是分布式机器学习首先要解决的问题。相应地，依据数据和模型是否划分和如何划分，分布式机器学习可以分为计算并行模式、数据并行模式和模型并行模式。

1. 计算并行模式

如果所有的工作节点共享一块公共内存（例如单机多线程环境），并且数据和模型能全部存储于这块共享内存中，那么我们就不需要对数据和模型进行划分。这时，每个工作节点对数据有完全的访问权限，可以并行地执行相应的优化算法。我们称此种并行模式为"计算并行模式"[1]。

在这种并行模式下，当使用随机优化算法时，我们对数据的生成方式通常有两种不同的假定："在线数据生成"和"离线数据生成"。在线数据生成假定每个工作节点访问到的数据是按照真实分布即时生成出来的；离线数据生成则假定按照真实分布事先生成了一个离线数据集，之后每个工作节点再依据均匀分布从该离线数据集中重复采样得到训练所需的数据。一般来说，在线数据生成的假设对理解计算并行算法的理论性质有帮助，不过，实际中训练数据一般是事先离线生成的。

2. 数据并行模式

如果工作节点没有共享的公共内存，只有容量受限的本地内存，而训练数据的规模很大，无法存储于本地内存，我们就需要对数据集进行划分，分配到各个工作节点上，然后工作节点依据各自分配的局部数据对模型进行训练⊖。我们称此种并行模式为"数据并行模式"[2]。

如果训练数据的样本量比较大，需要对数据按照样本进行划分，我们称之为"数据样本划分"[3-4]。经典的数据样本划分方法有如下两种。

⊖ 请注意，在很多应用中，数据天然存储于工作节点，而且由于传输代价大或者基于隐私方面的考虑，不能将数据统一存储于公共内存。此时，也需要使用基于数据并行的分布式机器学习方法。

第一种是基于"随机采样"的方法[3]。我们把原始训练数据集作为采样的数据源，通过有放回的方式进行随机采样，然后按照每个工作节点的内存容量为其分配相应数目的训练样本。随机采样方法可以保证每台机器上的局部训练数据与原始训练数据是独立同分布的，因此在训练的效果上有理论保证。但随机采样也有它的弊端：首先，因为训练数据较大，实现全局采样的计算复杂度比较高；其次，如果随机采样的次数小于数据样本的数目，可能有些训练样本会一直未被选出，导致辛苦标注的训练样本并没有得到充分的利用。

第二种是基于"置乱切分"的方法[4]。该方法将训练数据进行随机置乱，然后按照工作节点的个数将打乱后的数据顺序划分成相应的小份，随后将这些小份数据分配到各个工作节点上。每个工作节点在进行模型训练的过程中，只利用分配给自己的局部数据，并且会定期地（如每完成一个训练周期之后）将局部数据再打乱一次。到一定阶段（如完成多个训练周期之后），还可能再重新进行全局的数据打乱和重新分配。这样做的主要的目的是，让各个工作节点上的训练样本更加独立并具有更加一致的分布，以满足机器学习算法中训练数据要独立同分布的假设。置乱切分方法相比于随机采样方法，虽然数据的分布与原始数据分布略有偏差，但是其计算复杂度比全局随机采样要小很多，而且置乱切分能保留每一个样本，直观上对样本的利用更充分。

如果训练数据的维度比较高，还可以对数据按照维度进行划分，我们称之为"数据维度划分"[5]。相比于数据样本划分，数据维度划分与模型性质和优化算法的耦合度较高。一般地，如果优化目标线性可分（比如逻辑回归[6]、支持向量机[7]、线性回归[8]等线性任务），且计算某个维度的偏导数可以通过较小的代价得到，则可以使用基于数据维度划分的数据并行，高效地对模型进行更新。

3. 模型并行模式

如果机器学习模型的规模比较大，无法存储于本地内存，则需要对模型进行划分。

对于线性模型，我们可以将对应于不同数据维度的模型参数划分到不同的工作节点上。由于模型是线性可分的，工作节点能够只依赖于某个全局变量和对应维度的数据信息，独立地更新自己所负责的参数，而不需要依赖于其他工作节点。因而，线性模型的模型并行比较容易实现，并且一般与按数据维度划分的数据并行配合使用。

对于高度非线性的神经网络，各个工作节点不能相对独立地完成对自己负责的参数的训练和更新，必须依赖与其他工作节点的协作。那么，如何利用神经网络的结构特点和优化过程，以尽量小的通信代价实现对神经网络的模型并行呢？常用的针对神经网络的模型并行方法有：横向按层划分、纵向跨层划分[9]和模型随机划分[10]。

当横向按层划分时，我们将神经网络每两层间的连边参数、激活函数值和误差传播值存储于一个工作节点。当前传过程需要前一层的激活函数值时，向对应的工作节点发出请求并接收相应的数据，然后再利用这些数据计算本层的前向激活函数值；当后传过程需要后一层的误差传播值时，同样，向对应的工作节点发出请求并接收相应的数据，然后利用这些数据计算本层的后向误差传播值。横向按层划分时，各子模型之间的接口清晰，实现简单。但是，横向按层划分方法受到层数的限制，并行度可能不够理想：如果单层的模型参数已经超出了一个工作节点的容限，这时横向按层划分将会由于并行度太低而变得无能为力；如果模型层数多于单层模型的参数个数，横向按层划分又会由于并行度太高而使得通信代价高昂。

当纵向跨层划分时，我们将每一层的参数均等地划分成若干份，每一个工作节点存储由所有层的一部分参数构成的子网络模型。在前传和后传过程中，如果需要子模型以外的激活函数值和误差传播值，则向对应的工作节点发出请求并接收相应的数据。采用跨层的纵向划分，可以将模型划分成多份（比如多到与每层节点数相同），从而实现较高的并行程度。但是，随着划分份数的增加，各子模型之间的依赖关系会更加复杂，实现起来难度更大，并且通信代价也相应地增加。

近几年，人们发现神经网络具有一定的冗余性，即给定一个神经网络，往往存在一个规模更小的网络可以达到与其类似的函数拟合效果。我们把这个小网络称为骨架网络。可以利用骨架网络实现对神经网络的更高效的模型并行。具体做法是，首先把骨架网络存储于每个工作节点，除此之外，各个工作节点互相通信的时候，还会随机传输一些属于非骨架网络的神经元参数，从而起到探索原网络全局拓扑结构的作用。骨架网络的选择可以是周期性更新的，对全局拓扑结构的探索也是动态、随机的。这样可以显著减小神经网络模型并行的通信代价，而且实验表明它有很好的训练效果[10]。我们称这种针对神经网络的模型并行方法为"模型随机划分"。

我们将以上介绍的各种并行模式整理在表 6.1 中。请注意，不同的数据并行和模型并行方法之间是可以互相组合的，以达到最优的并行效果。

表 6.1　并行模式总结

		数据划分		
		不划分	样本划分	
			随机采样	置乱切分
模型划分	不划分		计算并行	单纯的数据并行	
	线性模型	划分参数			
	神经网络	横向按层划分 纵向跨层划分 模型随机划分	单纯的模型划分	既有模型并行 又有数据并行	

　　在接下来的各节中，我们将详细介绍各种并行模式。需要注意的是，如前所述，每一个分布式机器学习框架包含并行模式、通信和模型聚合等多个组成部分，各个部分相互联系，缺一不可。因此，虽然本章侧重介绍并行模式，但是为了使我们的讨论顺利进行，将不得不涉及其他组成部分。为简单起见，我们仅围绕其他组成部分的某种常见的特例展开讨论，特别地，我们将以同步的随机梯度下降法和异步的随机坐标下降法为例对各种并行模式加以介绍。在后续章节中，当我们介绍通信和模型聚合的时候，也会对优化算法和并行模式进行类似的简单假设。

6.2　计算并行模式

　　假设系统中的工作节点拥有共享内存（比如单机多线程环境），可以存储下数据和模型，并且每个工作节点对数据有完全的访问权限，对模型有读写权限。那么，在此类系统中实现分布式机器学习算法，对数据和模型不需要特殊处理，只需要把注意力集中在如何并行地执行相应的优化算法上。我们称这种并行模式为计算并行模式。

　　如前所述，我们将会以同步的随机梯度下降法（SGD）为例对计算并行模式进行介绍。假设有 K 个工作节点，共同协作，运行随机梯度下降算法。不失一般性，如无特殊说明，本章及接下来各章都假定工作节点执行单样本随机算法。在每次迭代的开始，每个工作节点都从共享内存读取当前的模型参数和一个样本，然后在本工作节点上计算当前模型针对所读取到的样本的梯度，最后将计算好的梯度乘以步长加到当前模型上。等所有工作节点都完成这样一系列操作之后，下一次迭代开始。

　　由此可见，（同步）并行执行的随机梯度下降法每次依据 K 个（来自不同工作节点的）样本上的梯度来更新模型，其实等价于批量大小为 K 的小批量随机梯度下降法。如果每个节点本身已经在执行批量大小为 b 的小批量随机梯度下降法，则同步并行的效果

相当于批量大小为 bK 的小批量随机梯度下降法。

（同步）并行的随机梯度下降法的算法流程如算法 6.1 所示。

算法 6.1　（同步）并行随机梯度下降法（SSGD）

Initialize：初始点 w_0，局部工作节点数 K，迭代数 T

for $t = 0, 1, \cdots, T-1$ **do**

  for 局部工作节点 $k = 1, 2, \cdots, K$ **in parallel do**

    从共享内存读取当前模型 w_t

    从训练集中随机抽取或者在线获取样本 i_t^k

    计算这个样本上的随机梯度 $\nabla f_{i_t^k}(w_t)$

  end for

  更新全局参数 $w_{t+1} = w_t - \eta_t \cdot \dfrac{1}{K} \sum\limits_{k=1}^{K} \nabla f_{i_t^k}(w_t)$

end for

除了随机梯度下降法之外，工作节点也可以执行其他的随机算法，对应相应的并行版本。

有一个问题值得我们注意，这些工作节点是以什么样的方式获取数据的呢？共享数据又是怎么生成的呢？这对分析并行优化算法的收敛速率、理解数据在随机梯度下降法的并行实现中所起的作用非常有帮助。

通常，我们假定数据有两种生成方式：在线生成和离线生成。如果假定数据是在线生成的，那么工作节点读取的数据是即时地从真实的数据分布里生成的。数据的生成过程在优化算法结束的时候才停止。如果假定数据是离线生成的，那么共享内存中的训练数据是在算法开始执行前从真实的数据分布里生成的。当算法开始执行之后，不再生成新的数据，工作节点需要样本时，通过随机采样使用这些数据中的某一个。

在这两种数据生成方式下，并行随机梯度下降法收敛性的衡量准则是不同的。在线生成模式下，我们关注算法的后悔度（regret），其定义如下：

$$\sum_{t=1}^{T} \left(f(w_t, z_t) - f(w^*, z_t) \right)$$

其中 z_t 为 t 时刻生成的样本，$w^* = \arg\min_w E_z[f(w, z)]$ 为最优模型参数。

而在离线数据生成的方式下，我们则沿用第 4 章和第 5 章中使用的收敛性准则（为了与后悔度进行区分，我们称之为次优性准则）。

以下定理描述了在线数据生成和离线数据生成这两种情形下并行随机梯度下降法的收敛速率。

定理 6.1（在线并行随机梯度下降法的收敛速率）

假定并行系统中有 K 个工作节点，损失函数 $f(w)$ 是凸的、β-光滑的，并且其随机梯度的方差存在上界 σ^2，模型参数空间存在上界 D，那么步长 $\eta_t = \dfrac{1}{\beta + \left(\dfrac{\sigma}{D}\right)\sqrt{t}}$ 的在线并行随机梯度下降法在过 m 个数据后的后悔度有以下上界：

$$2D\sigma\sqrt{m} + KD^2\beta$$

定理 6.2（离线并行随机梯度下降法的收敛速率）

假定并行系统中有 K 个工作节点，损失函数 $f(w)$ 是 α-强凸、β-光滑的，具有条件数 Q，并且其随机梯度的方差存在上界 σ^2，则步长 $\eta_t = \dfrac{1}{\alpha t}$ 的离线并行随机梯度下降法在过 m 个数据后的次优性有以下上界：

$$\frac{Q^2 K^2 \sigma^2 \log m}{m^2} + \frac{\sigma^2}{m}$$

需要注意的是，如果算法在在线情形下具有后悔度上界，并且最终的输出模型为训练过程中所产生的所有模型的平均，则通过在线-离线转换技术[3]，可以得到如下离线情形的收敛速率：

$$\mathbb{E}f(\overline{w}_m) - f(w^*) \leq \frac{1}{m}\mathbb{E}[\,\mathrm{regret}\,]$$

于是，依据定理 6.1，我们可以导出并行随机梯度下降法在离线数据生成模式下关于凸目标函数的收敛速率。

6.3　数据并行模式

如果工作节点有本地内存，但容量不足以存放下所有数据，此时，需要对数据进行划分，然后分配到各个工作节点。之后，各个工作节点使用本地数据对模型按照某种优化方法进行更新。这一并行模式被称为数据并行。相比 6.2 节中数据不需要划分的计算并行模式，训练数据分布在不同的工作节点上，所以数据并行模式下的算法属于分布式算法。

数据样本划分和数据维度划分是两种常见的数据划分方法。其中，对于样本划分方法，又有随机采样和（全局/局部）置乱切分等方法。总体来说，进行数据划分时要考虑以下两个因素。

一是数据量和数据维度与本地内存的相对大小，以此判断数据按照样本划分和维度划分后能否合适地存储到本地内存。

二是优化方法的特点。通常，样本划分更适用于随机抽取样本的优化方法（比如随机梯度下降法），维度划分更适用于随机抽取维度的优化方法（比如随机坐标下降法）。

6.3.1　数据样本划分

对数据按照样本划分是非常自然的数据划分方式，也被人们广泛应用。

那么样本划分为什么是合理的呢？原因在于机器学习中的目标函数，也就是训练数据集上的经验风险函数，关于样本是可分的。因为经验风险函数是所有训练样本对应的损失函数取值的加和，所以如果将训练样本划分成多个数据子集，计算各个子集上的局部梯度值，再将局部梯度加和，仍然可以得到整个经验风险函数的梯度。

对样本进行划分既可以采用随机采样的方法，也可以采用全局或局部置乱切分的方法。具体地，假设训练数据集有 n 个样本，简记为 $[n] = [1, \cdots, n]$，每个样本由 d 维特征表示，并行环境中有 K 个工作节点。我们需要把这 n 个样本以某种形式分配到 K 个工作节点上。

在随机采样的方法中，我们独立同分布地从 n 个样本中有放回地随机采样，每抽取 $\frac{n}{K}$ 个样本，将其分配到一个工作节点上。例如，在第 t 次采样中，$P(i_t = j) = \frac{1}{n}$，$\forall j \in [n]$，其中 i_t 表示第 t 次抽取的样本的标号。容易发现，这个过程也等价于先随机抽取 n 个样本，然后均等划分成 K 份。

当完成 K 份数据的采样之后，工作节点基于各自存储的局部数据，执行与计算并行相同的一系列操作来更新全局模型。由于每个工作节点所得到的本地数据已经是随机采样产生的，所以随机优化算法一般按照顺序使用样本即可，无须进一步打乱顺序。

当采用基于随机采样的样本划分方法时，非凸情形下分布式随机梯度下降法的收敛性和收敛速率如定理 6.3 所示；凸情形下的收敛速率见文献 [3]。

定理 6.3　假定目标函数是光滑的，带有随机采样样本划分的并行随机梯度下降法有如下收敛速率：

$$O\left(\frac{1}{\sqrt{nS}} + \frac{bK}{nS}\right)$$

其中，n 为样本数，b 为小批量规模，S 为轮数。

带有随机采样的样本划分方法比较便于理论分析，但是基于实现难度的考虑，在实际工程实践中更多采用的是基于置乱切分的样本划分方法。换言之，n 个样本 $[n]$ 被随机置乱成 $\pi([n])$，然后基于置乱的结果把数据顺序均等地切分为 K 份，即

$$D_k = \left\{\pi\left([n]\right)_{\frac{(k-1)n}{K}+1}, \cdots, \pi\left([n]\right)_{\frac{kn}{K}}\right\}, k = 1, \cdots, K$$

再将其分配到 K 个工作节点上进行训练。

置乱切分相比于随机采样有以下好处：

首先，置乱切分的复杂度比较低。虽然一次置乱操作的调用无法实现对数据的完全随机打乱，但是可以证明调用若干次置乱操作后，其置乱的效果已经可以很好地逼近完全随机了。我们已知对长度为 n 的序列进行一次置乱操作的复杂度为 $O(\log n)$，而 n 次有放回抽样的复杂度为 $O(n)$。于是，有限次置乱操作的复杂度远低于 n 次有放回抽样。

其次，置乱切分的数据信息量比较大。置乱切分相当于无放回抽样，每个样本都会出现在某个工作节点上，每个工作节点的本地数据没有重复，因此用于训练的数据的信息量一般会更大。

当划分到本地的训练数据被优化算法依照顺序使用完一遍之后，有两种对数据进行再处理的方法：再次进行全局置乱切分和仅对本地数据进行局部置乱。为引用方便，我们分别称其为"全局置乱切分"和"局部置乱切分"。这两种方法所对应的收敛速率由如下定理所刻画[4]。

定理 6.4　假定目标函数是光滑的，带有全局置换数据划分的并行随机梯度下降法有如下收敛速率：

$$O\left(\frac{1}{\sqrt{nS}} + \frac{bK}{nS} + \frac{\log n}{n}\right)$$

带有局部置换数据划分的并行随机梯度下降法有如下收敛速率：

$$O\left(\frac{1}{\sqrt{nS}} + \frac{bK}{nS} + \frac{K\log n}{n}\right)$$

其中，n 为样本数，b 为小批量规模，S 为轮数。

由定理 6.3 和定理 6.4，我们可以发现：

1）带有置乱切分的随机梯度下降法相比带有随机采样的随机梯度下降法，收敛速率要慢一些。这是因为置乱切分后样本不再是独立的，影响了收敛速率。

2）带有局部置乱切分的随机梯度下降法的收敛速率比带有全局置换切分的随机梯度下降法的收敛速率慢。原因在于，局部置乱切分中，数据在第一次切分之后，将不再进行全局置乱，局部数据的差异性始终保持，相比全局置乱的情形对于数据独立同分布假设的违背更加严重。

虽然以上收敛速率的讨论是针对非凸问题的，但是对凸问题也有类似的结论，详细内容请参考文献 [4]。为了方便大家查阅，我们将基于数据样本划分的并行随机梯度下降法的算法细节总结于算法 6.2。

算法 6.2 带有样本划分的分布式随机梯度下降法

Initialize：初始模型 w_0^0，工作节点数 K，小批量规模 b，训练轮数 S，每轮迭代数 $T = n/bK$

Ensure：$w^S = \dfrac{1}{TS} \sum\limits_{s=1}^{S} \sum\limits_{t=1}^{T} w_t^s$

for $s = 0, 1, \cdots, S - 1$ **do**

$w_0^{s+1} = w_T^s$

    1. **Option 1**（随机采样）：在数据集中做 n 次有放回抽样，均分成 K 个局部数据集。

    2. **Option 2**（全局置换）：随机置换数据集，均分成 K 个局部数据集。

    3. **Option 3**（局部置换）：工作节点随机置换局部数据集。

for $t = 0, 1, \cdots, T - 1$ **do**

for 工作节点 $k = 1, \cdots, K$ **in parallel do**

    读取当前模型 w_t^s

    从局部数据集随机抽取小批量数据 $D_k^s(t)$

    计算 $D_k^s(t)$ 上的随机梯度 $\nabla f_{D_k^s(t)}(w_t^s) = \sum\limits_{i \in D_k^s(t)} \nabla f_i(w_t^s)$

end for

$$更新全局参数 \ w_{t+1}^s \ = \ w_t^s \ - \ \eta_t^s \cdot \frac{1}{bM} \sum_{k=1}^{K} \ \nabla f_{D_k^i(t)}(w_t^s)$$

end for

end for

值得一提的是，除了随机梯度下降法以外，大部分随机优化算法都可以在并行化执行过程中按照样本进行数据划分。不过，对这些算法在不同数据划分策略下的算法表现和收敛速率的对比分析还十分有限。

6.3.2　数据维度划分

按照维度对数据进行划分是另外一种非常自然的数据划分方法。

然而，一般情形下，损失函数关于维度并不是可分的，如果只给定某些维度的数值，并不能计算出损失函数关于这些维度的梯度。例如，在神经网络中，模型在各个维度的梯度是高度耦合的。那么维度划分有适用的机器学习任务吗？答案是肯定的。

第一类是决策树方法[11]。决策树算法中，对维度的处理相对独立可分，将数据按维度划分后，各个工作节点可以独立计算局部维度子集中具有最优信息增益的维度，然后进行交互汇总。所以维度划分方法在分布式决策树算法中应用相对广泛。

第二类是线性模型。对于线性模型而言，模型参数与数据维度是一一对应的，因此数据维度划分常常与模型并行相互结合。有关的技术细节，我们将在 6.4.1 节中进行详细讨论。

6.4　模型并行模式

如果机器学习任务中所涉及的模型规模很大，不能存储到工作节点的本地内存，就需要对模型进行划分，然后各个工作节点负责本地局部模型的参数更新。对具有变量可分性的线性模型和变量相关性很强的非线性模型（比如神经网络），模型并行的方式有所不同。

6.4.1　线性模型

在线性回归、逻辑回归等线性学习任务中，参数往往与数据维度一一对应。如果数据的维度很高，以至于单个工作节点不能存储下所有模型参数和数据维度，可以把模型和数据按维度均等划分，分配到不同的工作节点，在每个工作节点使用坐标下降法进行优化。

对于线性模型而言，目标函数针对各个变量是可分的，也就是说某个维度的参数更新/梯度只依赖于一些与目标函数值有关的全局变量，而不依赖于其他维度的参数取值。于是，为了实现本地参数的更新，我们只需要对这些全局变量进行通信，不需要对其他节点的模型参数进行通信。这是可分性模型进行模型并行的基本原理。

具体地，假设线性任务中优化目标是最小化如下正则经验损失函数[12]：

$$\min_{w \in R^d} f(w) := \frac{1}{n} \sum_{i=1}^{n} l(w; x_i, y_i) + R(w)$$

对于线性模型 $g(x) = w^T x$，常用的损失函数 l，比如平方损失、Logistic 损失、Hinge 损失等，都是凸的光滑函数。常用的正则项 R，比如 L_1 和 L_2 正则项，都是凸的并且可分的，即 $R(w) = \sum_{j=1}^{d} R_j(w_j)$，其中 w_j 为模型参数 w 的第 j 维分量。

假设总共有 K 个工作节点。首先，我们把模型参数和数据的特征维度均等地分为 K 份 $\{\mathcal{P}_1, \cdots, \mathcal{P}_K\}$，每一份包含 d/K 个维度，然后将第 k 份维度分配给第 k 个工作节点。

在优化算法的每次迭代中，每一个工作节点 k 从 $\mathcal{P}_k$ 中独立于其他工作节点随机抽取 c 个维度，记为 $\mathcal{J}_k$。也就是说，$\mathcal{J}_k \subseteq \mathcal{P}_k$，$|\mathcal{J}_k| = c$，每一个包含 c 个元素的 $\mathcal{P}_k$ 的子集被抽取的概率相等。于是，总体来看，每次迭代中，属于 $\mathcal{J} := \bigcup_{k=1}^{K} \mathcal{J}_k$ 的 $c * K$ 个维度将会被更新。需要注意的是，分布式抽取维度的过程并不是以均等的概率抽取 $\{1, \cdots, d\}$ 的包含 $c * K$ 个元素的维度子集，所以模型并行的随机坐标下降法并不等价于整个模型的随机坐标下降法。

线性模型的模型并行的具体算法如算法 6.3 所示，其中 X 表示 $d \times n$ 维的数据输入矩阵，$A = X^T X$。

算法 6.3　线性模型的模型并行

Initialize：初始点 w_0，工作节点数 K，维度划分 $\{\mathcal{P}_1, \cdots, \mathcal{P}_K\}$，$\beta > 0$，$c \in \mathbf{N}$，$t \leftarrow 0$
for $t = 0, 1, \cdots, T-1$ **do**

　$w_{t+1} \leftarrow w_t$

　　for 工作节点 $k \in \{1, \cdots, K\}$ **in parallel do**

随机抽取维度子集 $\mathcal{J}_k \subseteq \mathcal{P}_k$，$|\mathcal{J}_k| = c$

for $j \in \mathcal{J}_k$

$$\Delta w_j^t \leftarrow \arg\min_u \frac{\partial f(w_t)}{\partial w_j} u + \frac{A_{jj}\beta}{2} u^2 + R_j(w_j^t + u) \qquad (1)$$

更新：$w_{t+1,j} = w_{t,j} + \Delta w_j^t$

end for

end for

end for

算法中（1）式是更新参数的关键步骤，目的是寻找分量 j 的最优更新值来最小化正则经验风险。如前所述，由于线性学习任务中的损失函数是光滑的，并且正则项对维度可分，所以正则化经验风险存在（1）式中的二次替代函数。

通常（1）式中的最优化问题是有闭式解的。例如，如果 $R_j(w_j) = \lambda_j|w_j|$（加权 L_1 正则），那么 Δw_j^t 等于区间 $\left[\dfrac{-\lambda_j - \dfrac{\partial f(w_k)}{\partial w_{\cdot j}}}{A_{j,j}\beta}, \dfrac{\lambda_j - \dfrac{\partial f(w_k)}{\partial w_{\cdot j}}}{A_{j,j}\beta}\right]$ 中离 $-w_j^t$ 最近的点。如果 $R_j(w_j) = \dfrac{\lambda_j}{2} w_j^2$（加权 L_2 正则），那么 $\Delta w_j^t = -\dfrac{\dfrac{\partial f(w_k)}{\partial w_{\cdot j}}}{\lambda_j A_{j,j}\beta}$。

一般而言，当工作节点 k 计算经验损失函数 f 在当前模型参数 w_t 处关于维度集合 $\mathcal{J}_k$ 中维度的偏导数时，会依赖于整个模型参数向量。因而不得不向其他工作节点发出请求，引发高昂的通信代价。那么在线性模型这个特殊的学习任务中，人们是如何解决此问题的呢？

下面我们就针对常见的三种损失函数（平方损失（SL）、Logistic 损失（LL）和 Hinge 损失（HL））加以说明。

在第 t 次迭代中，模型参数 w 将会被更新为：

$$w_{t+1} = w_t + \sum_{k=1}^{K} \sum_{j \in J_k} \Delta w_j^t e_j$$

其中 e_j 为只有第 j 维为 1、其他维度为 0 的列向量。

引入计算梯度时的关键变量：

$$g_t := \begin{cases} Xw_t - y, & \text{对 SL} \\ -\text{Diag}(y)Xw_t, & \text{对 LL 和 HL} \end{cases}$$

联立以上两式，得到关于 g_t 的更新公式：

$$g_{t+1} = g_t + \sum_{k=1}^{K} \delta g_{t,k}$$

其中，

$$\delta g_{t,k} = \begin{cases} \sum_{i \in S_k} \Delta w_j^t X_{\cdot j}, & \text{对 SL} \\ \sum_{j \in S_k} - \Delta w_j^t \mathrm{Diag}(y) X_{\cdot j}, & \text{对 LL 和 HL} \end{cases}$$

请注意，$\delta g_{t,k}$ 的计算只依赖于 J_k 中维度的更新，可以在工作节点 k 上通过局部计算求得。自然地，每个工作节点 k 计算自己的 $\delta g_{t,k}$，然后通过简单加和可以得到全局的 g_{t+1}。有了 g_{t+1}，各个工作节点就可以按照以下公式比较独立地计算损失函数 f 的偏导数：

$$\frac{\partial f(w_{t+1})}{\partial w_{\cdot j}} = \begin{cases} X_{\cdot j}^T g_{t+1} = \sum_{i=1}^{n} X_{i,j} g_{t+1}^j, & \text{对 SL} \\ \sum_{i=1}^{n} y_i X_{i,j} \dfrac{\exp(g_{t+1}^j)}{1 + \exp(g_{t+1}^j)}, & \text{对 LL} \\ \sum_{i: g_{t+1}^j > -1} y_i X_{i,j}(1 + g_{t+1}^j), & \text{对 HL} \end{cases}$$

下面的定理描述了如果正则化经验风险是强凸的，上述关于线性模型的模型并行优化算法有线性收敛速率[13]。

定理6.5　假定正则化风险函数是 $\alpha_f + \alpha_R$ 强凸的。对于初始化模型参数 $w_0 \in R^d$，$0 < \rho < 1$，$0 < \varepsilon < L(w_0) - L^*$，存在 β 的设置方式，使得当

$$T \geq \frac{d}{cK} \times \frac{\beta + \alpha_R}{\alpha_f + \alpha_R} \times \log\left(\frac{L(w_0) - L^*}{\varepsilon\rho}\right)$$

时，线性模型的模型并行优化算法中，

$$P\{f(w_T) - f(w^*) \leq \varepsilon\} \geq 1 - \rho$$

以上介绍是围绕正则化经验风险的原始优化问题展开的。同样的方法也可以将对偶

问题中的对偶变量进行分布式存储和优化，也就是分布式随机对偶梯度上升算法[14]。限于篇幅，我们就不对其进行详细介绍了。

6.4.2 神经网络

近年来，随着深度学习的飞速发展，人们在实际中使用的神经网络模型的规模越来越大，甚至与训练数据规模可比，给模型的存储带来了很大的困难，也催生了很多关于神经网络模型并行的研究。

然而，神经网络由于具有很强的非线性，参数之间的依赖关系比线性模型严重得多，不能进行简单的划分，也无法使用类似线性模型那样的技巧通过一个全局中间变量实现高效的模型并行。但是事物总有两面性，神经网络的层次化结构也为模型并行带来了一定的便利性，比如我们可以横向按层划分、纵向跨层划分或者利用神经网络参数的冗余性进行随机划分。不同划分模式对应的通信内容和通信量是不相同的，下面会依次加以介绍。不失一般性，本小节仅考虑全连接多层神经网络。

1. 横向按层划分

如果神经网络很深，一个自然并且易于实现的模型并行方法是将整个神经网络横向划分为 K 个部分，每个工作节点承担一层或者几层的计算任务。如果计算所需要的信息本工作节点没有，则向相应的其他工作节点请求相关的信息。模型横向划分的时候，通常我们会结合各层的节点数目，尽可能使得各个工作节点的计算量平衡。

下面我们来看一个横向按层划分模型的简单例子（见图 6.1）。

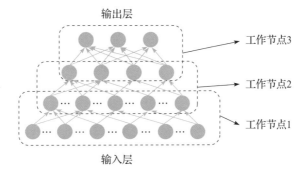

图 6.1　神经网络横向按层划分示意图

我们考虑一个四层神经网络，包含一个输入层、两个隐含层和一个输出层。系统中总共有三个工作节点并行存储按每层划分后的网络：

- 工作节点 1 存储输入层和第一个隐含层的相关信息并更新这两层之间连边上的模型参数。存储的信息包括输入层样本各维度的取值、两层之间连边的权重、第一个隐含层中各隐含节点的激活函数值和后向传播所需要的误差传播值。

- 工作节点 2 存储两个隐含层之间的相关信息并更新隐含层之间连边上的模型参数。存储的信息包括两层之间连边的权重、两个隐含层内隐含节点的激活函数值和误差传播值。

- 工作节点 3 存储第二个隐含层和输出层之间的相关信息并更新这两层之间连边上的模型参数。存储的信息包括第二个隐含层中隐含节点的激活函数值和误差传播值、两层之间的连边权重、输出层的 softmax 值和误差传播值。

在模型更新的前传和后传过程中，三个工作节点之间需要相互传输以下信息：

- 前传过程中，工作节点 2 要借用工作节点 1 更新过的第一个隐含层的激活函数值来更新第二个隐含层的激活函数值。此后，工作节点 3 要借用工作节点 2 更新过的第二个隐含层的激活函数值来更新输出层的 softmax 值。

- 后传过程中，工作节点 2 要借用工作节点 3 更新过的第二个隐含层的误差传播值来更新隐含层之间的连边权重和第一个隐含层的误差传播值。此后，工作节点 1 要借用工作节点 2 更新过的第一个隐含层的误差传播值来更新输入层和第一个隐含层之间的连边权重。

如果我们将上述例子用更加一般化的过程加以描述，则可得到如下的模型并行方式。

假设多层神经网络 G 按照从输入到输出方向的顺序存储在 K 个工作节点上，相邻两个工作节点需要同时存储划分层的隐含节点。记 K 个子模型的存储信息为 G_1, $\cdots$, G_K，其中 $G_k = (\mathrm{Err}_k,\ G_k^0,\ \mathrm{Act}_k)$，$\mathrm{Err}_k$ 为子模型 G_k 的最底层节点的误差传播值，Act_k 为子模型最顶层节点的激活函数值，G_k^0 为除去底层误差传播值和顶层激活函数值之外的剩余激活函数值、误差传播值和子模型内各层连边权重。

对于横向按层的模型划分方法，在前传过程和后传过程中，子模型之间都需要通信。

- 前传过程：对于所有工作节点 $k \neq 1$，需要在前传开始的时候，与存储 G_k 的下层邻接子模型 G_{k-1} 的工作节点 $k-1$ 通信请求其最顶层的激活函数值 Act_{k-1}。之后，工作节点前传激活函数值，直到计算得到子模型 G_k 的最顶层激活函数值 Act_k。

- 后传过程：对于所有工作节点 $k \neq K$，需要在后传开始的时候，与存储 G_k 的上层邻接子模型 G_{k+1} 的工作节点 $k+1$ 通信请求其最底层的误差传播值 Err_{k+1}。之后，工作节点后传误差传播值，直到计算得到子模型 G_k 的最底层误差传播值 Err_k。

为了方便大家参考，我们给出了基于神经网络横向按层划分的模型并行算法（参见算法 6.4）。

算法 6.4 神经网络的横向按层划分模型并行算法

Initialize：

初始点 w_0，工作节点数 K，神经网络 G，按层划分子网络 $\{G_1, \cdots, G_K\}$

for $t = 0, \cdots, T-1$

    for 工作节点 $k \in \{1, \cdots, K\}$ **in parallel do**

        等待，直到工作节点 $k-1$ 完成对 G_{k-1} 中参数的前传

        与工作节点 $k-1$ 通信获取底层节点的激活值 Act_{k-1}

      前传：

        前向更新 G_k 中各层节点的激活值

        等待，直到工作节点 $k+1$ 完成对 G_{k+1} 中参数的后传

        与工作节点 $k+1$ 通信获取顶层节点的误差传播值 Err_{k+1}

      后传：

        后向更新 G_m 中各层节点的误差传播值和参数 w_t

    $t = t+1$

    end for

end for

虽然横向按层划分的算法逻辑简单，实现方便，但是工作节点之间需要相互等待借用相邻工作节点的信息来完成前传和后传。为了提高工作效率，我们可以考虑让这些工作节点按照编号依次开始工作，形成流水线，那么每次迭代中的等待时间会减少。

2. 纵向跨层划分

神经网络除了深度还有宽度（而且通常情况下宽度会大于深度），因此除了上一小节介绍的横向按层划分外，自然地也可以纵向跨层划分网络，也就是将每一层的隐含节点分配给不同的工作节点。工作节点存储并更新这些纵向子网络。在前传和后传过程中，如果需要子模型以外的激活函数值和误差传播值，向对应的工作节点请求相关信息并进行通信。

下面是一个纵向跨层划分的简单例子（见图 6.2）。我们考虑一个包含两个隐含层

的全连接神经网络，输入维度为 4，输出维度为 1，每个隐含层有四个神经元。

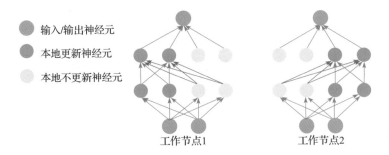

图 6.2　神经网络纵向跨层划分示意图

工作节点 1 存储输入层、两个隐含层左半边的两个神经元和输出层，工作节点 2 存储输入层、两个隐含层右半边的两个神经元和输出层。除了各个神经元的信息外，工作节点还要存储子网络在整个网络中所关联的连边信息，包含内部连边（实线）和对外连边（虚线）。

前传过程中，工作节点 1 由输入层前向更新隐含层的左半边两个神经元的激活函数值，然后向工作节点 2 请求借用其更新过的隐含层的右半边两个神经元的激活函数值，在此基础上更新下一层的激活函数值。工作节点 2 也做对等的操作。

后传过程中，工作节点 1 将输出层的误差值后向传播得到上隐含层中左半边两个神经元的误差传播值，更新输出层和隐含层之间的模型内和模型外连边，然后向工作节点 2 请求借用其更新过的上隐含层中右半边两个神经元的误差值，通过后向传播得到下隐含层中左半边两个神经元的误差值，更新上下隐含层之间的内部和对外连边。最后，反向更新输入层和下隐含层之间的连边。工作节点 2 也做对等的操作。

同样，我们可以得到如下的一般性描述。将 K 个工作节点上存储的信息记作 $G_1, \cdots, G_K$，包含隐含层神经元、输入输出层，及其在全网络中的所有连边。进一步地，记 $G_k = (G_k^0, E_k)$，其中 G_k^0 为子模型内部连边的权重以及激活函数值和误差传播值，E_k 为该子模型和其他子模型（为方便叙述，我们将这些子模型的信息记为 V_k）之间的连边权重。

在上例中，除输入输出层外，工作节点 1 的子模型 G_1 包含橙色隐含层神经元和子模型内部连边（蓝色连边），也就是 G_1^0，以及模型间连边（灰色连边），也就是 E_1，V_1 为右半边隐含层神经元的信息；工作节点 2 的子模型 G_2 包含橙色隐含节点和子模型内部连边（蓝色连边），也就是 G_2^0，以及模型间连边（灰色连边），也就是 E_2，V_2 为左半边隐含层神经元的信息。

工作节点在更新子模型的过程中，需要利用与本地子模型有连边的其他神经元的信息。具体地，对工作节点 k 而言，前传过程中，需要 V_k 中所有神经元的激活函数值；后传过程中，需要 V_k 中所有神经元的误差传播值。要得到这些信息，工作节点 k 要在需要的时候向其他工作节点请求通信。

纵向跨层划分的算法参见算法 6.5。

算法 6.5　神经网络的纵向跨层划分模型并行算法

Initialize：初始点 w_0，工作节点数 K，神经网络 G，纵向跨层划分子网络 $\{G_1, \cdots, G_M\}$

for $t = 0, 1, \cdots, T$

　　for 工作节点 $k \in \{1, \cdots, K\}$ **in parallel do**

　　　　前传：

　　　　　　按层从输入层开始前向更新 G_k 中各层神经元的激活函数值

　　　　　　沿 E_k 的信息要等待相邻工作节点完成最新更新

　　　　　　然后请求通信 V_k

　　　　后传：

　　　　　　按层从输出层开始后向更新 G_k 中各层神经元的误差传播值和连边参数

　　　　　　沿 E_k 的信息要等待相邻工作节点完成最新更新

　　　　　　然后请求通信 V_k

　　end for

end for

横向按层划分和纵向跨层划分这两种方法，在存储量和存储形式、传输量以及传输等待时间等方面都有不同。实际应用中，可以根据具体的网络结构来选取合适的方法。一般而言，如果每层的神经元数目不多而层数较多，可以考虑横向按层划分；反之，如果每层的神经元数目很多而层数较少，则应该考虑纵向跨层划分。如果学习任务中的神经网络层数和每层的神经元数目都很大，则可能需要把横向按层划分和纵向跨层划分结合起来使用[9]。如图 6.3 所示，4 个工作节点对整个网络同时进行了横向和纵向划分。横向和纵向边界处的信息需要和其他工作节点即时通信得到。

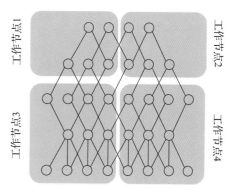

图 6.3　神经网络混合划分示意图

3. 模型随机并行

由于纵向和横向划分的通信代价都比较大，最近研究人员又提出了针对大规模神经网络的模型随机划分[10]。

其基本思想是：人们发现神经网络具有一定的冗余性，可以找到一个规模小很多的子网络（称为骨架网络），其效果与原网络差不多。于是，我们可以首先按照某种准则，在原网络中选出骨架网络，作为公用子网络存储于每个工作节点。除骨架网络之外，每个工作节点还会随机选取一些其他节点存储，以探索（exploration）骨架网络之外的信息。骨架网络周期性地依据新的网络重新选取，而用于探索的节点也会每次随机选取。

图 6.4 给出了一个随机模型划分的例子。在某次迭代中，橙色隐含层神经元按照某种重要程度指标被选为骨架网络。然后，每个工作节点存储骨架网络，并随机挑选一些骨架外的绿色神经元作为子模型。之后，进入内循环迭代，依据训练样本在前传和后传过程中更新子模型。最后，所有工作节点上更新后的子模型进行聚合操作，从而得到全模型的更新。

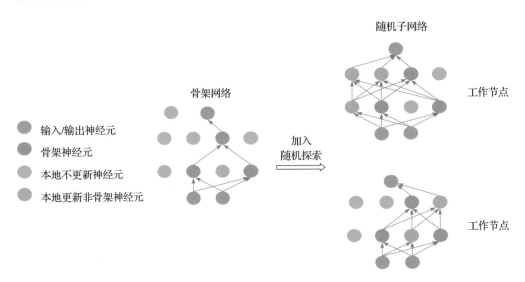

图 6.4 神经网络随机划分示意图

可以看出，随机模型划分的一个关键步骤是选取骨架网络。这个问题在模型压缩和删减领域已经做了很多研究。比如，在文献［15］中，连边的重要性被定义为当前的连边权重的绝对值加上连边梯度值的绝对值。类似地，我们可以将神经网络中神经元的重要性定义为它所连接的所有连边的重要性之和，然后可以利用贪心算法，依次选取当前网络中的重要节点构成骨架网络。

　　如果神经网络的冗余度比较高，骨架网络的规模会很小。如果当前网络训练还不充分（比如训练开始阶段），选取的骨架网络还不稳定，随机探索的比例可以比较大。等到训练后期，探索的价值逐渐减小，骨架网络则变得越来越稳定。

　　基于随机模型划分的模型并行算法如算法6.6所示。

算法6.6　神经网络的模型随机并行算法

Initialize：初始点 w_0，工作节点数 K，神经网络 G

for $t = 0, 1, \cdots, T$

　　按照当前参数选取当前网络 G 的骨架网络 $\widetilde{G}$

　　for 工作节点 $k \in \{1, \cdots, K\}$ **in parallel do**

　　　　随机选取 G 中骨架外的结构 R_k

　　　　for $t = 0, 1, \cdots, P$

　　　　　　按照当前参数更新子模型 $G_k = \widetilde{G} \cup R_k$

　　　　end for

　　end for

end for

　　文献［10］中测试了神经网络进行模型随机并行的效率，并且和纵向跨层划分进行了对比。实验表明：① 模型随机并行的速度比纵向跨层划分快，尤其对于复杂任务下的大模型更是如此；② 选取适当的骨架模型比例会使并行速度进一步提高。

6.5　总结

　　本章介绍了机器学习算法的三种并行模式——计算并行、数据并行和模型并行。数据并行中数据的分配方法会影响学习算法的收敛速率；对线性模型和神经网络，模型并行方法会采用不同的方法。

　　数据并行中，要特别注意工作节点上局部数据的统计属性的差异性，并以适当的方式（比如全局置乱）尽量消除这种差异。模型并行中，要根据具体问题和模型的具体结构，尽可能充分利用工作节点的局部信息，通过尽量少的通信，协同完成对全局模型的更新。

参考文献

［1］　Bertsekas D P, Tsitsiklis J N. Parallel and Distributed Computation：Numerical Methods［M］. Englewood Cliffs, NJ：Prentice hall, 1989.

［2］ Quinn M J. Parallel Programming[J]. TMH CSE, 2003, 526.

［3］ Dekel O, Gilad-Bachrach R, Shamir O, et al. Optimal Distributed Online Prediction Using Mini-batches[J]. Journal of Machine Learning Research, 2012, 13(Jan): 165-202.

［4］ Meng Q, Chen W, Wang Y, et al. Convergence Analysis of Distributed Stochastic Gradient Descent with Shuffling[J]. arXiv preprint arXiv:1709. 10432, 2017.

［5］ Jaggi M, Smith V, Takác M, et al. Communication-efficient Distributed Dual Coordinate Ascent [C]//Advances in Neural Information Processing Systems. 2014: 3068-3076.

［6］ Hosmer Jr D W, Lemeshow S, Sturdivant R X. Applied Logistic Regression[M]. John Wiley & Sons, 2013.

［7］ Cortes C,Vapnik V. Support-vector Networks[J]. Machine learning, 1995, 20(3): 273-297.

［8］ Neter J, Kutner M H, Nachtsheim C J, et al. Applied Linear Statistical Models[M]. Chicago: Irwin, 1996.

［9］ Dean J,Corrado G, Monga R, et al. Large Scale Distributed Deep Networks[C]//Advances in Neural Information Processing Systems. 2012: 1223-1231.

［10］ Shizhao Sun, Wei Chen, Jiang Bian, Tie-Yan Liu, Slim-DP: A Multi-Agent System for Communication-Efficient Distributed Deep Learning[C]. AAMAS 2018.

［11］ Quinlan J R. Induction of Decision Trees[J]. Machine Learning, 1986, 1(1): 81-106.

［12］ Richtárik P, TakácM. Distributed Coordinate Descent Method for Learning with Big Data[J]. The Journal of Machine Learning Research, 2016, 17(1): 2657-2681.

［13］ Zhou Y, Yu Y, Dai W, et al. On Convergence of Model Parallel Proximal Gradient Algorithm for Stale Synchronous Parallel System[C]//Artificial Intelligence and Statistics. 2016: 713-722.

［14］ Takáč M, Richtárik P, Srebro N. Distributed Mini-batch SDCA[J]. arXiv preprint arXiv:1507. 08322, 2015.

［15］ Han S, Pool J, Tran J, et al. Learning Both Weights and Connections for Efficient Neural Network [C]//Advances in Neural Information Processing Systems. 2015: 1135-1143.

DISTRIBUTED MACHINE LEARNING
Theories, Algorithms, and Systems

通信机制

7.1　基本概述

分布式机器学习与单机版机器学习最大的区别在于，它利用了多个工作节点同时训练、相互合作来加速学习过程。既然需要相互合作，那么通信就成为必不可少的环节。不过，分布式系统中的网络传输速度往往受限，导致通信常常成为分布式系统的瓶颈。举一个简单的例子：如果某个任务中计算与通信的时间占比为1:1，那么根据阿姆达尔定律（Amdahl's law），无论使用多少台机器做并行运算，其加速比都不会超过两倍。因此，分布式机器学习的关键是设计通信机制，从而降低通信与计算的时间比例，更加高效地训练出高精度的模型。

然而，与一般的分布式计算相比，设计分布式机器学习中的通信机制更具挑战性。首先，训练机器学习模型通常使用迭代式的优化算法，迭代次数可高达数百次甚至数万次。这就决定了分布式机器学习的通信频率很高。其次，分布式机器学习往往处理大数据，训练大模型。各个工作节点之间需要进行通信，以获取模型（或模型更新）信息，或者针对每个数据样本的中间计算结果。这就决定了分布式机器学习的通信数据量很大。因此，简单地采用传统的并行方法处理分布式机器学习任务，往往难以达到理想效果。不过，机器学习采用的数值优化算法具有较高的容错性，如果我们在设计通信机制的时候充分利用机器学习算法的这一特点，就有可能取得单纯使用系统优化方法难以取得的效果。

为了实现这个目的，我们在设计分布式机器学习的通信机制时，既需要有系统层面的考虑，也需要有算法层面的考虑。为了高效通信，分布式机器学习往往需要在算法和系统之间取得平衡。在本章中，我们将会向大家展示如何取得这种平衡，并着重讨论分布式机器学习中通信的内容、拓扑结构、步调和频率。

- 通信的内容，也就是在各个工作节点之间通信的是什么信息；
- 通信的拓扑结构，也就是通信过程中哪些工作节点之间需要进行通信；
- 通信的步调，也就是各个工作节点在通信时，如何处理节点之间的速度差异，从而使得众多节点能够一起协作；
- 通信的频率，也就是如何有效地在时间和空间上减少通信量，从而提高并行学习效率。

在接下来的各节中我们就来一一地为大家介绍。

7.2 通信的内容

通信的内容与并行方式有关。在前面的章节中我们曾经提到，无论是数据并行还是模型并行，都需要在各个工作节点之间进行相互通信（计算并行由于使用共享内存，各节点之间无须进行网络通信）。在数据并行中，各个工作节点利用本地的训练数据进行模型训练，为了达到全局的一致性，它们需要进行通信以获取模型的参数。在模型并行中，各个工作节点利用同一份数据对模型的不同部分进行训练，每个节点要依赖其他节点的中间计算结果，因此系统需要进行通信以获取计算的中间结果。这两种不同的并行机制会进一步衍生出具体的并行算法逻辑，不同的算法逻辑下通信的内容不尽相同，但总体而言，通信的内容可以分为参数（或参数的更新）和计算的中间结果两类。

7.2.1 参数或参数的更新

在基于数据并行的分布式机器学习中，工作节点各自完成本地的学习任务，然后互相交流各自对模型的修改，或者直接同步各自的模型。因此，在此情形下通信的内容是模型的参数或者参数的更新。在很多机器学习任务中，参数以及参数的更新是稀疏的；同时在训练过程中，随着模型趋于收敛，参数的更新也会越来越少，这都会使得通信量相对较少（或越变越少）。因此进行通信以获取参数和参数更新是一个比较高效的选择。

下面我们来看一个例子。图 7.1 中展示了 K 个工作节点针对一个全局神经网络模型进行数据并行的分布式训练过程。每个工作节点都有各自的输入数据，并且可以从不同的模型初始值出发，利用局部数据对本地模型参数进行更新。当本地参数完成一轮更新后，所有的节点会将本地参数（或参数更新）序列化（即图中的 $w^k = (w_1^k, \cdots, w_m^k)$ 等内容），并发往全局模型。全局模型基于所有工作节点的信息，完成参数的聚合，并生成新的全局模型参数。在此之后，通过网络通信将新的全局模型发送回各个工作节点，更新它们的本地模型。在这种模式下，通信的内容是各个局部模型的参数或者参数更新，以及全局模型的参数。

7.2.2 计算的中间结果

在基于模型并行的分布式机器学习中，通信内容往往是计算的中间结果。模型并行将一个完整的模型切分成若干小份，让每个工作节点负责其中一部分，共同协作来完成模型的训练。因为各个工作节点所负责的模型参数没有重叠，所以不需要进行通信以获取模型参数。然而，为了完成并行训练，不同的工作节点之间需要进行通信以获取相互依赖的中间计算结果。

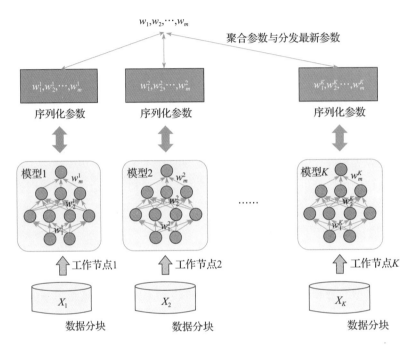

图 7.1　数据并行的分布式深度学习流程

图 6.3 给出了一个利用模型并行训练大规模深层神经网络的典型例子。图中描述了一个多层神经网络模型，通过把模型切分开，每个工作节点只负责保存和更新属于自己的那部分参数。从图中我们可以看到有很多跨在不同模型分块之间的连边。因此，为了能够让一个训练样本（x_i，y_i）完成训练，每个工作节点需要从与其相关的工作节点处获取一些中间的计算结果。具体而言，在前向传播时，数据从底层进入模型，沿着神经元之间的连边进行传播，从而产生中间层节点的激活函数值；在后向传播时，总体误差会从输出节点反向传播，从而产生中间层节点的误差信息和梯度更新值。这个过程中，存在一些边连接着两个属于不同工作节点的子模型，于是我们需要按照连接关系在对应的工作节点之间进行通信，以供其完成各自的计算。

7.2.3　讨论

本节简述了分布式机器学习中通信的内容。不同的并行模式下，通信的内容有所差别。但万变不离其宗，通信的目的是让工作节点互相交流它们各自的学习进展，不论是模型参数本身还是训练过程中的中间结果，本质上都是对于各个工作节点所获得的学习进展的表达方法。通过相互通信使总体的模型向正确的方向更新。

以上概括了最常见的通信内容。在实践中，还存在其他情况。例如，人们也在研究基于数据交互的数据并行机器学习。在这种方法中，各个工作节点找到本地数据中最重要的那一部分样本（比如支持向量机训练过程中的支持向量，Boosting 算法中权重最大的样本等），并且将这些重要的样本在各个节点之间进行通信，使得不同节点可以快速获得全局数据中的重要部分，促进每个局部模型协同地、快速地收敛到最优模型。

除了通信获取重要样本以外，还可以通信获取样本的预测值。这种情况通常与集成学习相互配合。当每个工作节点按照自己的本地模型对样本进行预测之后，多个节点可以通过集成学习得到对于样本更好的预测值，并且以此为参考，反过来更新各自的模型参数。我们会在第 8 章中详细讨论这类方法。

此外，通信的目的也可以变得更加多元。我们甚至不需要让各个工作节点完全一致，而是通过控制通信的程度在某种意义上保有各个工作节点的个性。如同六脉神剑，可以一个人修完，也可以众人各修一脉。通信的目的是不断突出各个工作节点在某些方面的判决能力，直到最终各个节点上的模型在各自擅长的问题或擅长处理的部分样本上达到比较高的精度，再综合所有工作节点的判决能力，则可以在整个样本空间更加出色地完成预测任务。目前这方面的具体研究工作还比较少，但却是一个非常值得深入探索的研究方向。

7.3　通信的拓扑结构

通信的拓扑结构指分布式机器学习系统中各个工作节点之间的连接方式。拓扑结构一般分为物理拓扑结构和逻辑拓扑结构两种，本节将主要讨论分布式机器学习中通信的逻辑拓扑结构。

通信拓扑结构的演化与分布式机器学习的发展历史有关。早期，当人们用于训练模型的数据量还不够大，预测模型还不够复杂时，分布式机器学习常常利用已有的分布式计算框架来实现通信，如消息通信接口（MPI）或者 MapReduce 计算框架。这类通用的计算框架，有利于快速实现分布式机器学习任务，但也有本身的局限性，例如，使用 MPI 的方式，各个节点之间仅支持同步计算。随着数据量增大，模型变得越来越复杂，人们设计了参数服务器这样的分布式机器学习系统。通过采用二部图的网络拓扑结构，参数服务器可以支持基于异步通信的并行训练。后来，随着深度学习的普及，机器学习系统将计算和通信统一抽象为一个数据图模型，通信可以在任意两个相连的图节点之间产生。

7.3.1　基于迭代式 MapReduce/AllReduce 的通信拓扑

一大类分布式机器学习方法植根于基于 MapReduce 的编程模型和支持 MapReduce 的大数据处理平台[1-3]（例如 Hadoop[4]）。MapReduce 将程序抽象为两个主要操作：Map 操作完成数据分发和并行处理，Reduce 操作完成数据的全局同步和归约。利用MapReduce，工程师只需要使用简单的原语就可以完成大规模数据的并行处理。当我们把 MapReduce 的概念应用到分布式机器学习中，Map 操作定义了数据分发以及在本地工作节点上的计算，而 Reduce 操作则定义了全局参数的聚合过程。利用迭代式 MapReduce（IMR）操作，可以实现典型的数据并行模式下的同步分布式机器学习算法。

图 7.2 是 IMR 系统的一个简单示例，由 MapReduce 系统驱动着整个计算流程：依照顺序重复执行 Map 操作、Shuffle 操作和 Reduce 操作。当我们采用 MapReduce 机制来实现分布式机器学习时，其通信拓扑由 MapReduce 系统本身决定，与具体的工程实现有关。目前流行的机器学习系统 Spark MLlib[5]、SystemML[6]、REEF[7] 等都是基于 IMR 的分布式机器学习框架。在后面的第 11 章中，我们会选择 Spark MLlib 系统进行更加详细的介绍。

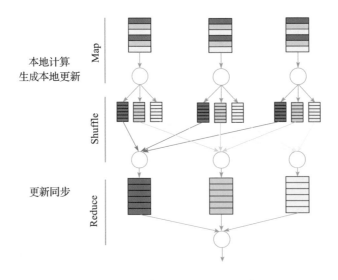

图 7.2　迭代式 MapReduce 示意图

实现分布式机器学习的另一种常用的分布式计算框架是消息通信接口（MPI）。程序设计人员主要使用其中的 AllReduce 接口来同步任何想要同步的信息，该接口支持所有符合 Reduce 规则的运算（比如求和、求平均、求最大值、求最小值等）。分布式机器学习中基本的模型聚合方法主要是加和与平均，所以正好适合用 AllReduce 逻辑来处理。AllReduce 定义了一个标准接口，可以有多种实现方式。这些实现方式对应于不同的通信拓扑结构，包括星形拓扑、树形拓扑、蝶形拓扑等。各种拓扑结构在传输次数和传输量方面不尽相同，请参见表 7.1。我们可以依据工作节点数和传输数据量选择合适的通信拓扑结构。其中 ReduceScatter 结合 AllGather 的算法在传输量和传输次数上都有一定的优势，图 7.3 展示了一种基于 ReduceScatter 和 AllGather 的 AllReduce 实现。

表 7.1　几种 AllReduce 拓扑结构的对比 （ n 是数据量，K 是节点个数）

实现逻辑	传输量	传输次数
星形	$2nK$	$2K$
树形	$2n\log_2 K$	$2\log_2 K$
蝶形	$n\log_2 K$	$\log_2 K$
ReduceScatter + AllGather	$\dfrac{2n(K-1)}{K}$	$2\log_2 K$

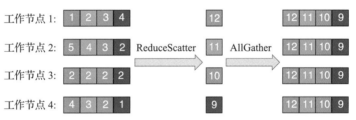

a）AllReduce逻辑完成求和逻辑

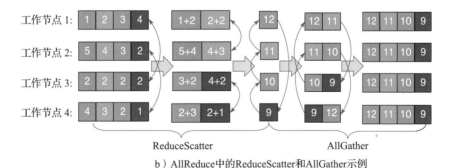

b）AllReduce中的ReduceScatter和AllGather示例

图 7.3　AllReduce 系统介绍

AllReduce 模式简单方便，对于使用同步算法的并行训练非常有利。现在很多深度学习系统依然借助它来完成分布式训练中的通信功能。比如 Caffe2 通过自研的 gloo 通信库实现了定制的 AllReduce 功能，百度的 DeepSpeech 系统采用了环状 AllReduce 实现，Nvidia 提供的集合通信库 NCCL 也支持多种集合通信原语（包括 AllReduce），方便使用 Nvidia GPU 的深度学习开发人员实现分布式多卡训练。

总体来说，不论是 IMR 还是 AllReduce 的模式都只能支持同步通信，并且从接口调用上可以看出，各个工作节点使用的逻辑都是统一的，同步时各个工作节点提供的信息都必须是针对同一组参数的。这也就暗示着要求每个工作节点能够处理完整的模型，这一点对于模型规模很大的问题不太适用。

7.3.2　基于参数服务器的通信拓扑

随着分布式机器学习的不断发展，系统需要处理越来越多的数据和越来越大的模型，这就带来了新的问题和挑战。首先，当系统中并行的工作节点越来越多，且计算性能不均衡时，采用 IMR 或 AllReduce 机制的分布式系统的训练速度往往取决于系统中最慢的节点；而更加严重的情况是，如果系统中有的工作节点不响应了（比如硬盘出现故障或者网卡出现问题），那么整个系统只能停下来，无法继续工作。其次，当机器学习任务中的模型参数非常多，已经超出了单个机器的内存容限时，IMR 或 AllReduce 架构也将无法胜任。最后，近些年来研究人员提出了很多异步算法，这些算法无法由同步计算的框架实现。为了解决这些挑战，一种新型的分布式机器学习框架应运而生，那就是基于参数服务器的框架。

在参数服务器框架（见图 7.4）中，系统中的所有节点被逻辑上分为工作节点（worker）和服务器节点（server）。各个工作节点主要负责处理本地的训练任务，并通过客户端接口与参数服务器通信，从参数服务器处获取最新的模型参数，抑或将本地训练产生的模型（或模型更新）发送到参数服务器。参数服务器框架中的灵魂是参数服务器（Parameter Server，PS）本身。PS 可以由单个服务器担任，也可以由一组服务器共同担任。可以看出，在逻辑上，参数服务器框架采用了二部图的通信拓扑结构。其中，工作节点和服务器节点之间彼此通信，而工作节点内部则无须通信。当服务器仅有一台时，便退化成为一个星形拓扑结构。

这种通信拓扑将各个工作节点之间的计算相互隔离，取而代之的是工作节点与参数服务器之间的交互。利用参数服务器提供的参数存取服务，各个工作节点可以独立于彼此工作。在基于参数服务器的分布式机器学习中，工作节点对全局参数的访问请求通常分为获取参数（PULL）和更新参数（PUSH）两类。服务器节点响应工作节点的请求，对参数进行存储和更新。有了参数服务器，机器学习的步调既可以是同步的，也可以是异步的，甚至是同步和异步混合的。

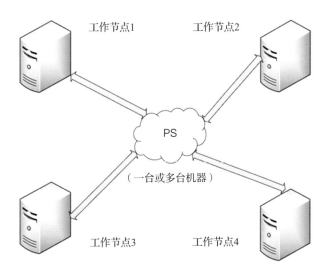

图 7.4 基于参数服务器框架的分布式机器学习系统

参数服务器框架可以灵活地设计全局参数更新的机制，比如异步更新逻辑、冲量加速算法等。参数服务器使研究人员可以更加清晰地聚焦在分布式算法的设计上，由此也产生了大量的分布式参数更新机制。也正是因此，参数服务器的框架近年来被产业界和学术界广泛使用。其中影响力比较大的几个参数服务器系统包括：来自 CMU 的 Parameter Server[8-9] 和 Petuum[10-11]，来自谷歌的 DistBelief[12]，来自微软的 DMTK/Multiverso[13]。后续章节中，我们会对一些有代表性的参数服务器系统做更加详细的介绍。

7.3.3 基于数据流的通信拓扑

在前面介绍的几种通信拓扑中，各个工作节点的运行逻辑是基本一致的，因此比较适合基于数据并行的分布式机器学习。当我们进行基于模型并行的分布式机器学习时，则需要把不同类型的计算（例如不同子模型的更新）放置在不同的工作节点上。近些年来，人们设计了基于数据流的分布式机器学习系统。在这种系统中，计算被描述为一个有向无环的数据流图。图中的每个节点进行数据处理或者计算，每条边代表数据的流动。当两个节点位于两台不同的机器上时，它们之间便会进行通信。

图 7.5 给出了一个工作节点逻辑的示例，每个节点实际上有两个通信通道：控制消息流和计算数据流。其中，计算数据流主要负责接收模型训练时所需要的数据、模型参

数等，再经过工作节点内部的计算单元，产生输出数据（这里的数据可以是中间计算结果，也可以是参数更新），按需提供给下游的工作节点。控制消息流决定了工作节点应该接收什么数据，接收的数据是否已经完整，自己所要做的计算是否完成，是否可以让下游节点继续计算等。在工作节点定义时，需要指定工作节点的状态转换流程，从而在需要的时候生成一些信息，通过控制消息流通知后续节点准备进入消息接收和计算的状态。

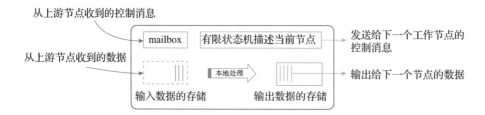

图 7.5　数据流模式下分布式节点的组成部分

其实数据流图是个很宽泛的概念，MapReduce 和参数服务器的流程也可以用数据流图来表达。图 7.6a 描述了如何将参数服务器纳入数据流图中。如图所示，参数服务器只是作为数据流模式中一个具有数据收集和整合能力的工作节点。图中设备 A、设备 B、设备 C 都是用来完成本地计算的工作节点，而参数设备就是参数服务器。另外，利用数据流图，可以定义一些更加复杂的分布式逻辑，比如，图 7.6b 就给出了另外一种数据流图，其中前半部分定义了基于参数服务器的数据并行逻辑，而后半部分则定义了将模型切割开来的模型并行逻辑。

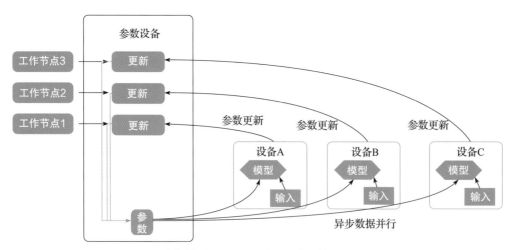

a）将参数服务器和模型更新节点作为数据流的组成部分

图 7.6　数据流通信模式实例

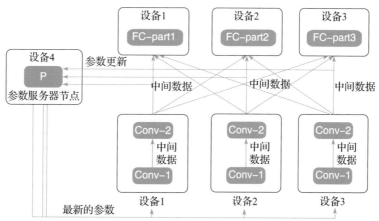

b）用数据流图来表达的混合分布式模式（同时包括模型并行和数据并行）

图 7.6　（续）

7.3.4　讨论

在不同的分布式机器学习系统背后有着不同的通信拓扑结构，这些结构是研究人员和工程技术人员多年经验的积累，并且在实践中被大量使用。比如 MapReduce/AllReduce 在 Hadoop/Spark/REEF 中被大量使用，参数服务器被现在众多的大规模分布式机器学习系统（如 MxNet、Paddle、DMTK、Petumm）使用，而数据流图则被分布式深度学习框架所使用（如 TensorFlow）。它们各自存在于特定的应用场景，但分布式的思想却可以相互借鉴，因此将长期共存和共同发展，并推动分布式机器学习算法的不断创新。

7.4　通信的步调

分布式机器学习中的各个工作节点，既相互独立地完成各自的训练子任务，又需要彼此通信协调合作。为了更好地进行协调，我们需要控制系统中各个工作节点的步调。一种方式是要求所有的工作节点以同样的步调进行训练，这种通信模式称为同步通信。采用同步通信的方式可以使多个工作节点上的模型完全一致，在许多情况下，同步的通信步调能够保证分布式算法与单机算法的等价性，从而利于算法的分析和调试。但这需要各个工作节点之间彼此等待，造成计算资源闲置。因而这种方式具有算法上的优势，但有系统上的劣势。而另一种方式则对所有工作节点的步调是否一致没有任何要求，称为异步通信。采用异步通信的方式时，各个机器可以按照自己的步调训练，无须彼此等待，从而最大化计算资源的利用率。但这种方式会使得各个工作节点之间的模型彼此不一致，存在延迟的问题。因而这种方式具有系统上的优势，但有算法上的劣势。在这两种极端的通信步调中间，还存在着一种折中的方式，以平衡同步和异步的优缺点。

7.4.1　同步通信

同步通信是指当集群中的一个工作节点完成本轮迭代后，需要等待集群中的其他工作节点都完成各自的任务，才能共同进行下一轮迭代。图 7.7 给出了基于整体同步并行（Bulk Synchronous Parallel，BSP）的逻辑示意图。在 BSP 中，本地计算处理单元完成一定量的训练任务后，需要通过通信逻辑完成与其他工作节点的交互与同步，然后各自再从统一的起跑线继续进行本地训练。为此，BSP 引入了一个全局的同步屏障（Barrier Synchronization），也就是说所有的工作节点会在这个位置被强制停下，直到所有的工作节点都完成了同步屏障之前的操作，整个系统才会进入下一步的计算任务。

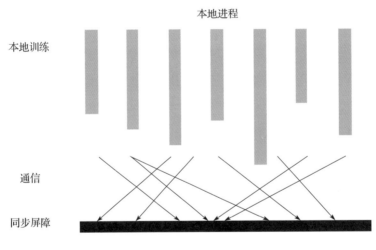

图 7.7　BSP 逻辑示意图

当使用 BSP 来实现基于数据并行的分布式机器学习时，需要与具体的优化方法相结合，并需要设计一种方案，把多个工作节点训练出来的局部模型进行聚合。不同的方案衍生出多种多样的基于同步通信的分布式机器学习方法，包括 BSP 随机梯度下降法（BSP-SGD）、模型平均（model average）算法等，我们会在第 9 章中做详细的介绍。

使用同步通信方式，可以确保各个工作节点模型的一致性。有些利用同步通信方式进行并行训练的分布式机器学习算法与其对应的单机优化算法等价。例如，使用 BSP-SGD 算法利用 K 台机器进行分布式训练，等价于使用小批量扩大 K 倍的单机 SGD 算法。这种等价性有利于算法的分析与调试。但另一方面，同步方式由于要求各个机器之间的步调完全一致，会遇到掉队者（straggler）的麻烦。整个系统的效率取决于集群中运行最慢的节点。当参与分布式学习的工作节点之间存在显著性能差异时，同步通信很容易导致比较快的工作节点等待其他节点的现象。这个问题随着机器数量的增加变得愈加严重。因此，为了缓解这个问题，人们转而研究异步通信。

7.4.2 异步通信

异步通信是指当集群中的一个工作节点完成本轮迭代后，无须等待集群中的其他工作节点，就可以继续进行后续训练，因此系统效率可以大大提高（如图 7.8 所示）。然而，它会使得来自不同工作节点的模型参数之间存在延迟的现象，给模型聚合带来一定的挑战。

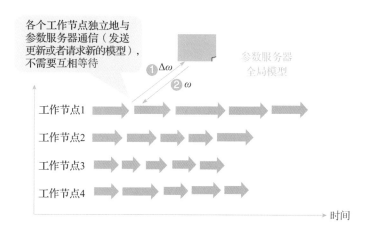

图 7.8　异步并行的分布式机器学习

1. 多机的异步通信

在多机异步通信系统中存在两种逻辑角色：本地工作节点（worker）和参数服务器节点（parameter server）。在学习的过程中，每个工作节点基于本地样本计算出参数更新（例如梯度），而参数服务器节点则负责保存和管理全局参数。在这样的框架中，各个工作节点之间是不需要相互通信的，因此它们可以完全按照自己的速度进行本地的模型训练，当完成一次本地的参数更新之后，直接通过参数服务器的 API，将更新推送到全局模型，随后就可以毫无顾忌地继续进行本地的下一轮参数更新。

有一个问题值得注意，异步通信虽然可以避免无必要的等待，但是却可能引发"延迟"问题。因为各个工作节点没有全局同步，它们的步调可能会相差很大。例如，某个工作节点速度很快，它已经在全局模型的基础上往前训练了 100 轮；而另外一个工作节点速度慢，它才在同一个全局模型的基础上往前训练了 1 轮。那么，当后者把一个很陈旧的局部模型（或其梯度）写入参数服务器时，很可能会减慢全局模型的收敛速率。因此，有很多研究人员试图发明新的算法来解决"延迟"问题，我们在后面的章节中会详细地介绍。

2. 多线程的异步通信

当数据规模不太大时，大家通常会选择利用单机的多线程并行处理能力，而不是借助计算机集群来实现分布式计算。由于内存访问的速度远超过网络传输的速度，因而在规模不大时，这样并行所需要的时间更少。

在这类单机多线程并行的学习过程中，有多个线程同时访问模型参数，原则上需要对参数加锁来控制多线程访问中的冲突问题。然而，由于参数的更新速度很快，锁的获取所花费的时间在此类机器学习任务中是非常可观的，这往往会导致多线程的并行学习得不到理想的加速比。为了解决这个问题，人们提出了 Hogwild！算法[14]。在 Hogwild！算法中，各个工作线程都直接无锁（lock-free）地读取和写入最新的模型及其更新。可以证明，在优化目标为凸函数且模型更新比较稀疏的情况下，异步无锁的写入不会对收敛性造成本质影响。因此，我们可以比较放心地使用多线程异步通信来实现快速的单机并行训练。在后续章节中我们还会专门介绍有关 Hogwild！算法的详细流程。

这类方法能够有效利用单个工作节点上的多核处理器和内存资源进行高性能的本地学习。但是随着训练数据的继续增加，单机的计算能力还是会逊色于多机集群，因此大多数并行框架是工作在多机集群环境下的。实践中，通常会结合单机共享内存的本地加速方法和多机同步或异步的分布式机制共同完成大规模的机器学习任务。

7.4.3 同步和异步的平衡

通过上面两小节的讨论可以看出，同步通信和异步通信各有优缺点。同步方法容易受到速度较慢的工作节点的拖累，而异步方法会带来"延迟"问题，从而导致训练过程的收敛性变差。为了解决这些问题，研究人员力求发扬各个算法的长处而减少其负面影响，提出介于同步和异步之间的新的通信方式。下面我们就来介绍其中一种比较经典的方法：延时同步并行（Stale Synchronous Parallel，SSP）[15]。

在极端情形下，异步通信可能存在非常大的延迟，从而导致学习过程收敛缓慢。但是实际系统中，我们通常遇到的情形又如何呢？答案是视集群的具体情况而论，也视实际的并行节点数目而论。

在实际的应用中，我们往往会采用一个相对同质化的集群（各个机器的计算性能和网络性能都趋于相同，并且相对稳定），并且不是所有时候都会有非常大量的节点参与运算。这时各个节点之间不存在非常明显的速度差异，偶尔有的机器快一点，有的机器慢一点，但是这种快慢变化大都是随机的，从相当长的一段时间来看，各个工作节点的平均速度应该趋于相同。在这种情况下，如果让各个工作节点异步执行，并且加上一定的控制逻辑，可能就不会出现之前那种令人担忧的情形了。SSP 正是针对这种场景设计出来的。它的核心思想是控制最快和最慢节点之间相差的迭代次数不超过预设的阈值。图 7.9 对 SSP 的流程给出了形象的描述。在图中，阈值设为 3，工作节点 1 是其中运算比较快的工作节点，而工作节点 2 是运算比较慢的工作节点。在工作节点 1 完成第 6 次更新的时候，工作节点 2 还在进行第 3 次更新。这时工作节点 1 已经领先太多，或者反过来说工作节点 2 所进行的更新的延迟太大了。这将会触发 SSP 算法中的等待机制。也就是说，此时工作节点 1 的最新参数请求将会被挂起，直到工作节点 2 到达第 4 次迭代位置才会解冻。在 SSP 的逻辑控制下，只要各个工作节点的迭代次数的差不超过预设的阈值，则各个节点的运算就可以独立进行，不互相干扰。但是一旦迭代次数差异太大，就会触发一些等待，避免产生过大的延迟。

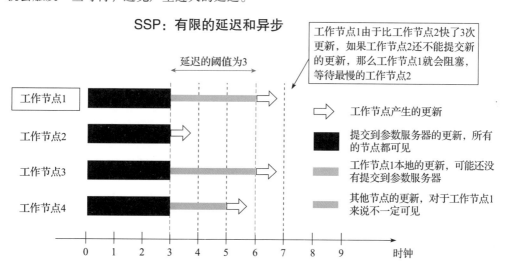

图 7.9　SSP 机制中多个工作节点之间合作的方式[15]

同步、异步之间的平衡还有很多实现方法，比如可以不要求最快的工作节点进行等待，而是维持一个全局时钟，当发现某些工作节点的更新太陈旧时，就将其丢弃并将此工作节点的当前模型刷新成参数服务器上的最新模型。这样就既能保证有限的延迟，同时也可以让快的工作节点全速前进。感兴趣的读者请参阅文献［16］。

7.4.4　讨论

本节中我们讨论了不同的通信步调。不同的步调各有优缺点。在实践中，通常需要根据训练任务、数据规模、集群规模、使用场景等选择采用哪种方式。现阶段，很多工业应用中仍然在使用同步算法。这主要是由于同步算法的稳定性和可重复性很强，对实现产品的质量控制很有帮助。虽然同步算法的效率不高，但是也可以通过某种方式（如备份工作节点等）来提高速度。

7.5　通信的频率

在分布式机器学习中，通信是必要环节，同时也是相比于单机学习而言多出来的系统开销。通信与计算的时间比例往往决定了分布式机器学习系统加速比的上限。从计算机系统的角度讲，计算机处理器的运算速度逐年增加，如今的深度学习训练往往采用GPU甚至TPU这样的专用芯片，而网络通信的带宽却增速缓慢。从机器学习算法的角度讲，优化算法具有迭代性特点，这使得通信的次数很多，加上分布式机器学习大模型的特点，使得通信的数据量很大。如果通信所需时间与计算时间可比，甚至比计算时间还要大很多，那么分布式机器学习的效率一定不会很高，加速比会比较小，有时甚至比单机计算还要慢一些。因此，优化通信的效率是分布式机器学习的关键[17]。

本节我们讨论通信的频率。在设计分布式机器学习系统时，研究人员采用了多种方法来降低通信代价。这些方法主要利用机器学习算法的容错性特点，适当降低通信的频率，从而减少通信开销。在本章中，我们把通信频率分为时间频率和空间频率两种。其中，时间频率主要指通信的频次间隔，而空间频率主要指通信的内容大小。相应地，优化通信频率可以从两方面进行，即时域滤波和空域滤波。下面我们将分别加以介绍。

7.5.1　时域滤波

时域滤波的方法旨在从通信的过程出发，控制通信的时机，减少通信次数，从而减少通信代价。采用时域滤波的主要方法有增加通信间隔、非对称的推送和获取以及计算和传输流水线。

1. 增加通信间隔

增加通信间隔是一种非常简单并且行之有效的加速分布式学习的方法。其具体做法是将通信的频率从原来本地模型每次更新后都通信一次，变成本地模型多次更新后才通信一次（如图 7.10 所示）。这种方法对于通信时间远大于计算时间的模型很有效，例如每层都是全连接层的深层神经网络。对于一个有几千万个参数的机器学习模型，如果本地迭代一轮需要花费几十毫秒的时间，而模型的通信却需要上百毫秒的时间，那么不做时域滤波的分布式机器学习几乎无法加速训练。但是如果我们把本地计算增加到100 轮，那么经过几秒之后才会有一次通信，这就极大地缩小了通信时间所占的比例，从而带来明显的系统效率提升。将增加通信间隔的思想推向极致，我们甚至可以让所有的训练都在本地进行，只在算法结束的时候用一次通信将各个局部模型进行聚合。

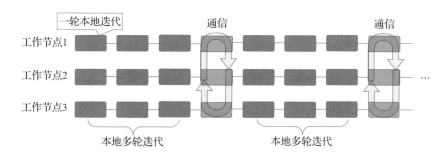

图 7.10　本地多轮迭代的并行算法

增加通信间隔会导致各个机器之间存在一定的不一致，从而对优化带来一定影响。这类方法在凸优化的情况下是有理论保证的[18]，但是在处理神经网络等非凸模型时缺乏理论保证，往往需要通过调节一些超参数来取得好的训练效果，比如本地迭代的轮数、各个模型使用的学习步长等[19]。在第 9 章介绍具体分布式机器学习算法时我们再针对这一点进行进一步的讨论。

2. 非对称的推送和获取

在异步算法中，还可以通过另外一种方法来减少通信的时间频率。异步通信存在两种通信操作——推送模型更新和获取最新的全局模型，我们可以对这两种操作采用不同的频率。谷歌提出的第一代分布式机器学习系统 DistBelief[12] 就采用了这种做法。

用 Δt_{push} 和 Δt_{pull} 分别表示推送本地模型更新的时间间隔和获取最新全局模型的时间间隔。当推送和获取的频率相同时，我们有 $\Delta t_{push} = \Delta t_{pull}$ ，当使用不同的推送和获取频率时，$\Delta t_{push} \neq \Delta t_{pull} \geqslant 1$ 。

与增加通信间隔类似，调整推送和获取的时间间隔也可能给模型训练带来一定的精度损失。幸运的是，在很多实际系统中，通过设置合理的间隔，可以将对模型的影响控制到最小。这是因为推送的目的是让参数服务器根据工作节点的本地训练结果来更新全局参数，而获取的目的是用参数服务器的全局模型来校准工作节点的本地模型。如果某个工作节点在训练过程中本地模型参数发生的变化不太大，实际上是没有必要那么频繁地把很小的更新发送到参数服务器的。同样，也没有必要在每一步都对本地模型进行校准。通过调节 Δt_{push} 和 Δt_{pull} 这两个参数，我们可以在系统性能和模型精度之间找到一个平衡点。

3. 计算和传输流水线

除了减少通信次数的方法之外，还有一类方法巧妙地安排了计算和通信在时间上的流水线关系。流水线是计算机系统中常用的优化方法，通过将没有依赖关系的不同操作用流水线并行起来，可以获得很大的加速。在分布式机器学习中，我们可以将一次迭代分为计算和通信两个步骤。虽然相邻两次迭代之间存在依赖性，但我们可以利用机器学习的容错性，适当打破这种依赖关系，从而将两次迭代之间的计算和通信用流水线的方式并行起来。这种方法被广泛地应用在各种实际分布式学习系统中，比如 CNTK[20]、MxNet[21]、Multiverso[13]、GeePS[22] 等。图 7.11 给出了这种方法的示意图。图中有两个线程：训练线程完成计算的部分，传输线程完成网络通信的部分。系统中有两个模型缓存（buffer1 和 buffer2），训练过程基于 buffer1 中的模型参数，产生模型的更新。在训练的同时，通信线程先将上轮训练线程产生的更新发送出去，然后获取一份当下最新的全局模型，保存在 buffer2 中。当计算和传输的线程都完成一轮操作后，交换两个缓存中的内容：buffer2 中的新模型参数将被交换到训练线程中，作为下一轮训练迭代的初始值；而 buffer1 中新产生的本地更新将被交换给通信线程，并发送给参数服务器。

如上所述，模型的训练和网络通信在时间轴上是相互重叠的，从而减少了总体的时间开销。这种方法在工程实践中十分有效。与不带流水线的方法相比，这种方法模型更新的延迟稍有所增加，但在实践中，却能有效地提高系统的效率。

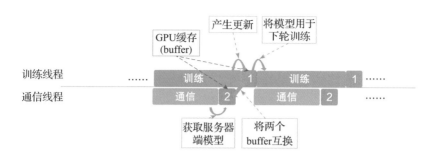

图7.11 计算和通信的流水线结构

7.5.2 空域滤波

空域滤波的方法旨在从通信的内容出发，尽量减少要通信的数据量，对传输的内容进行过滤、压缩或者量化，减少每一次传输所需的时间。接下来我们就介绍几种比较有代表性的做法。

1. 模型过滤

一种比较直观的方法是对模型参数进行过滤。其基本思想是，如果一次迭代中某些参数没有明显变化，便可以将其过滤掉，从而减少通信量。实践中，在训练的后期，众多的参数会趋于收敛，只需要保留少量的参数更新信息，整个模型学习的结果就可以有效地保留下来。这种方法用形式化语言加以描述，如算法7.1所示。值得注意的是，在该算法中，考虑到精度和效率的平衡，需要对 Δ 进行精心设置。比如在训练早期，可以为 Δ 选择比较大的值，在后期则可以选择比较小的值。实践中发现，在模型训练的后期，通过这样的方法甚至可以过滤掉99%的参数，而模型仍然可以收敛到原有的精度[23]。

算法7.1 参数过滤

Initialize：阈值 Δ，迭代数 T

for $t = 1, 2, \cdots, T$ **do**

　　从服务器端获取全局模型 w^t

　　进行本地模型更新，产生新的模型 w^{t+1}

　　选择参数集合 $\mathcal{P} = \{j \mid j \in \{1, \cdots, |\mathcal{W}|\} \text{ and } |w_j^{t+1} - w_j^t| > \Delta\}$，并将集合 $\mathcal{P}$ 对应的参数更新发送给参数服务器

end for

2. 模型低秩化处理

模型过滤通过去除不重要的参数来减少通信量，而模型低秩化处理则通过低秩分解压缩参数来减少通信量。这种方法探索了参数中的低秩结构，其具体做法是通过矩阵低秩分解，如 SVD 分解[24]，将原来比较大的参数矩阵分解成几个比较小的矩阵的乘积。如图 7.12 所示，在网络通信的时候实际传输的是分解得到的比较小的矩阵，在传输之后再重新恢复成比较大的参数矩阵。假设原本的参数矩阵维度是 $n_{l-1}n_l$，低秩化处理之后 U 矩阵的维度变成了 $n_{l-1}r$，V 矩阵的维度为 rn_l，Σ 矩阵的维度为 rr。当 $r \ll n_{l-1}$，$r \ll n_l$ 时，通过这种方法，实际通信的信息规模比原始参数矩阵要小很多。

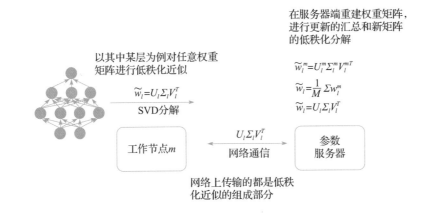

图 7.12　借助低秩分解有效降低网络传输代价

需要注意的是：采用以上方法，虽然可以减少通信量，但是会带来额外的压缩与解压缩的开销。因而在实践中，通常需要权衡这些额外开销与减少的通信开销，从而得到更好的系统性能。

3. 模型量化

除了参数过滤和参数矩阵低秩化处理之外，还有一类方法通过对要传输的信息的精度进行控制来降低通信代价。这种方法通过降低参数的每一维浮点数的精度来减少通信量。比如，在一比特量化方法[25]中，将原本需要通过网络传输的参数更新信息，从 32 比特的浮点数压缩到了 1 比特的二进制数，从而把网络通信量压缩了 32 倍。具体的算法如算法 7.2 所示。

算法 7.2　一比特量化压缩算法

Initialize：量化误差 Δ_0，迭代数 T

for $t = 1, 2, \cdots, T$ **do**

    1. 本地计算出各维参数的梯度 g_t

    2. 对梯度实施量化，并记录量化误差

$$g_t^{\text{quant}} = \phi(g_t + \Delta_{t-1})$$
$$\Delta_t = g_t - \phi^{-1}(g_t^{\text{quant}})$$

    其中 ϕ 为量化函数，将梯度量化到 1 比特。Δ_t 用来记录梯度在当前这次梯度量化中产生的量化误差，这个误差要在下一个小批量样本产生的梯度上加回来。g_t^{quant} 是当前迭代的量化结果。可以看到，量化的对象就是本次样本训练产生的梯度和上轮的量化误差两个部分。

    3. 通信获取量化后的梯度，并反量化后聚合，依据聚合后的梯度更新本地模型

end for

    虽然该方法大大降低了梯度的精度，但在实践中依然能够收敛。这归功于该算法每次量化时均要记录量化误差，并将其与梯度一起计算在下次要量化的对象里。值得注意的是，以上算法量化的对象是参数更新（梯度）而不是参数本身。这是因为，相比于参数，参数更新的动态范围更小，量化的误差也会比较小。一比特量化方法[25]所采用的是一个确定性量化算法，即根据本轮参数梯度的分布情况确定量化的基准，然后通过对比真实梯度来给出一个确定性的量化结果（1 或者 -1）。后来，研究人员在此基础上加入随机性，提出了 Terngrad 方法[26]。在该方法中，一个梯度值以一定的概率量化成 ±1 或 0。由于随机性的引入，为量化方法的收敛性提供了强有力的理论保证。

7.5.3　讨论

    通信的效率对分布式机器学习的加速效果有很大影响，通常是分布式机器学习中的瓶颈。本节介绍了通信的频率，以及如何通过滤波的方式降低通信的频率。我们可以从时间上进行滤波，从通信的过程出发，减少全局通信的次数和时间。我们也可以在空间上进行滤波，从通信的内容出发，减少通信量和通信时间。我们讨论了模型过滤、低秩压缩以及模型量化三种空域滤波方法。实践中，这些方法也常常结合在一起使用，以获取最大限度的效率提升。

7.6 总结

在本章中，我们详细介绍了分布式机器学习的基本通信机制，了解了在不同的并行模式下通信的基本内容，各个工作节点之间相互通信的拓扑结构，以及相关的同步或者异步通信算法。在此基础上，本章还介绍了如何通过降低通信频率有效地减少通信在分布式机器学习中的时间占比，从而提高分布式机器学习的加速比。

参考文献

[1]   Dean, Jeffrey, Sanjay Ghemawat. MapReduce：Simplified Data Processing on Large Clusters[J]. Communications of the ACM 51, 2008, 1：107-113.

[2]   Chu, Cheng-Tao, Sang K Kim, Yi-An Lin, YuanYuan Yu, Gary Bradski, Kunle Olukotun, Andrew Y Ng. Map-reduce for Machine Learning on Multicore[J]. Advances in Neural Information Processing Systems, 2007：281-288.

[3]   Gillick, Dan, Arlo Faria, John DeNero. Mapreduce：Distributed Computing for Machine Learning [J]. Berkley, 2006.

[4]   White T. Hadoop：The Definitive Guide[M]. O'Reilly Media, Inc. , 2012.

[5]   Meng X, Bradley J, Yavuz B, et al. Mllib：Machine learning in Apache Spark[J]. The Journal of Machine Learning Research, 2016, 17(1)：1235-1241.

[6]   Ghoting A, Krishnamurthy R, Pednault E, et al. SystemML：Declarative Machine Learning on MapReduce[C]//2011 IEEE 27th International Conference on Data Engineering.

[7]   Chun B G, Condie T, Curino C, et al. Reef：Retainable Evaluator Execution Framework[J]. Proceedings of the VLDB Endowment, 2013, 6(12)：1370-1373.

[8]   Li M, Andersen D G, Park J W, et al. Scaling Distributed Machine Learning with the Parameter Server[C]//OSDI. 2014, 14：583-598.

[9]   Li M, Zhou L, Yang Z, et al. Parameter Server for Distributed Machine Learning[C]//Big Learning NIPS Workshop. 2013, 6：2.

[10]   Xing E P, Ho Q, Dai W, et al. Petuum：A New Platform for Distributed Machine Learning on Big Data[J]. IEEE Transactions on Big Data, 2015, 1(2)：49-67.

[11]   Dai W, Wei J, Zheng X, et al. Petuum：A Framework for Iterative-Convergent Distributed ML [J]. Stat, 2013, 1050：30.

[12]   Dean J, Corrado G, Monga R, et al. Large Scale Distributed Deep Networks[C]//Advances in Neural Information Processing Systems. 2012：1223-1231.

[13]   Distributed Machine Learning Toolkit：Big Data, Big Model, Flexibility, Efficiency[EB/OL]. http://www. dmtk. io/.

[14] Recht B, Re C, Wright S, et al. Hogwild: A Lock-free Approach to Parallelizing Stochastic Gradient Descent[C]//Advances in Neural Information Processing Systems. 2011: 693-701.

[15] Ho Q, Cipar J, Cui H, et al. More Effective Distributed Ml via A Stale Synchronous Parallel Parameter Server[C]//Advances in Neural Information Processing Systems. 2013: 1223-1231.

[16] Chilimbi T M, Suzue Y, Apacible J, et al. Project Adam: Building an Efficient and Scalable Deep Learning Training System[C]//OSDI. 2014, 14: 571-582.

[17] Li M, Andersen D G, Smola A J, et al. Communication Efficient Distributed Machine Learning with the Parameter Server[C]//Advances in Neural Information Processing Systems. 2014: 19-27.

[18] Shamir O. Open Problem: Is Averaging Needed for Strongly Convex Stochastic Gradient Descent? [C]//Conference on Learning Theory. 2012: 47. 1-47. 3.

[19] Sun S, Chen W, Bian J, et al. Ensemble-compression: A New Method for Parallel Training of Deep Neural Networks[C]//Joint European Conference on Machine Learning and Knowledge Discovery in Databases. Springer, Cham, 2017: 187-202.

[20] Seide F, Agarwal A. Cntk: Microsoft's Open-source Deep-learning Toolkit[C]//Proceedings of the 22nd ACM SIGKDD International Conference on Knowledge Discovery and Data Mining. ACM, 2016: 2135-2135.

[21] Chen T, Li M, Li Y, et al. Mxnet: A Flexible and Efficient Machine Learning Library for Heterogeneous Distributed Systems[J]. arXiv preprint arXiv:1512. 01274, 2015.

[22] Cui H, Zhang H, Ganger G R, et al. GeePS: Scalable Deep Learning on Distributed GPUs with A GPU-specialized Parameter Server[C]//Proceedings of the Eleventh European Conference on Computer Systems. ACM, 2016: 4.

[23] Lin Y, Han S, Mao H, et al. Deep Gradient Compression: Reducing the Communication Bandwidth for Distributed Training[J]. arXiv preprint arXiv:1712. 01887, 2017.

[24] Denton E L, Zaremba W, Bruna J, et al. Exploiting Linear Structure within Convolutional Networks for Efficient Evaluation[C]//Advances in Neural Information Processing Systems. 2014: 1269-1277.

[25] Seide F, Fu H, Droppo J, et al. 1-bit Stochastic Gradient Descent and Its Application to Data-parallel Distributed Training of Speech DNNs[C]//Fifteenth Annual Conference of the International Speech Communication Association. 2014.

[26] Wen W, Xu C, Yan F, et al. Terngrad: Ternary Gradients to Reduce Communication in Distributed Deep Learning[C]//Advances in Neural Information Processing Systems. 2017: 1508-1518.

CHAPTER

8

第8章

DISTRIBUTED MACHINE LEARNING
Theories, Algorithms, and Systems

数据与模型聚合

8.1 基本概述

上一章我们讲解了分布式机器学习中的通信部分。当信息到达接收方后，是如何被聚合在一起达到多机协作学习的目的呢？这就是本章要详细介绍的内容。

聚合也是分布式机器学习特有的逻辑，因为分布式机器学习的方法五花八门，所以聚合本身的逻辑也多种多样。不同的分布式机器学习算法，聚合的内容和执行主体不尽相同。从聚合的内容来看，有些算法聚合的是模型（例如在数据并行的模式下），而有些算法聚合的是数据（例如在模型并行或者某些基于数据交换的分布式学习模式下）。从聚合执行的主体来看，有时是由全局服务器来完成的，有时则是由各个工作节点自己来完成的。在由全局服务器来完成聚合的情况下，有些算法聚合的对象是全部工作节点的信息，而有些算法则为了更加快捷和鲁棒只聚合部分工作节点的信息。

有效的聚合往往会带来更好的加速效果。通常我们对聚合方法有以下需求：①聚合本身的时间代价比较少，这样给整个学习流程带来的额外负担较小；②聚合算法合理、有效，整体的收敛性仍然能保持与单机算法大体一致。

8.2 基于模型加和的聚合方法

基于模型加和的聚合方法是分布式机器学习中最常见的一种聚合方法。这种方法主要用于数据并行。当不同工作节点训练产生各自的模型或者模型更新以后，聚合逻辑负责综合考虑它们来产生全局模型。本节我们首先介绍基于全部模型加和的聚合逻辑，然后介绍基于部分模型加和的聚合逻辑。

为了方便起见，我们将借助参数服务器的架构来对不同的聚合方法进行描述（虽然同步并行算法不一定需要参数服务器的参与，但是同步并行算法也可以使用参数服务器来辅助完成分布式的运算，并且参数服务器的引入并不影响模型聚合的逻辑）。

8.2.1 基于全部模型加和的聚合

最常用的模型聚合方法就是在参数服务器端将来自不同工作节点的模型或者模型更新进行加权求和。表 8.1 汇总了一些基于全部模型加和的聚合方法所使用的具体算法逻辑。

表 8.1 不同分布式优化算法的模型聚合逻辑

算法	模型聚合的逻辑
模型平均（MA）[1]	$w_{t+1} = \dfrac{1}{K} \sum\limits_{k=1}^{K} \hat{w}_t^k$
BMUF[2]	$\bar{w}_t = \dfrac{1}{K} \sum\limits_{k=1}^{K} \hat{w}_t^k$ $\Delta_t = \eta_t \Delta_{t-1} + \zeta_t (\bar{w}_t - w_t)$ $w_{t+1} = w_t + \Delta_t$
ADMM[3]	$w_{t+1}^k = \arg\min\limits_{w^k} \left(L^k(w^k) + (\lambda_t^k)^T (w^k - z_t) + \dfrac{\rho}{2} \| w^k - z_t \|_2^2 \right)$ $z_{t+1} = \dfrac{1}{K} \sum\limits_{k=1}^{K} \left(w_{t+1}^k + \dfrac{1}{\rho} \lambda_t^k \right)$
同步随机梯度下降法（SSGD）[4]	$w_{t+1} = w_t - \dfrac{\eta}{K} \sum\limits_{k=1}^{K} \hat{g}^k$
弹性平均随机梯度下降法（EASGD）[5]	$w_{t+1} = (1 - \beta) w_t + \beta \left(\dfrac{1}{K} \sum\limits_{k=1}^{K} \hat{w}_t^k \right)$

模型平均（MA）是一种非常简单的模型聚合方法[1]，这种方法在收到所有工作节点的模型之后，将这些模型的参数进行平均，得到新的全局模型。BMUF[2] 方法在 MA 的基础上加入了冲量概念，每次从各个工作节点得到更新的模型以后，首先计算出平均参数，再用冲量更新的模式对其进行调整。最终的更新既包含当前迭代块中产生的总体模型修改（$\bar{w}^t - w^t$），也包含前面更新积累的冲量。BMUF 的目的是保持单机算法中冲量的作用，使每次梯度更新能够在整个优化过程中起作用，使更新的总体方向更加平稳、快速。ADMM[3] 方法则是通过解一个全局一致性的优化问题，把来自所有工作节点的模型聚合成为一个全局模型。

同步随机梯度下降法（SSGD）[4] 将参数的平均换成了梯度的平均。K 机并行的同步随机梯度下降法在逻辑上等价于小批量扩大 K 倍的单机随机梯度下降法。小批量的大小对随机梯度下降法的优化过程有很大影响，因此，在实践中，需要调整同步随机梯度下降法的学习率来抵消小批量大小的变化。

弹性平均随机梯度下降法（EASGD）[5] 对模型平均的结果做了进一步处理，从而保持各个工作节点的多样性。具体而言，EASGD 引入了所谓的弹性机制，将工作节点的模型平均值与当前服务器端的参数再进行一次线性的加和。从某种意义上讲，弹性平均在当前的全局模型和工作节点的最新更新之间进行权衡，一方面探索新模型，一方面保留一定的历史状态。

可以看出，以上这些方法的共同特点是采用（或者部分采用）了加和形式的聚合方

法，这些加和方法运算复杂度低，逻辑简单，不会对整个分布式训练过程带来过多的额外压力。[⊖]

8.2.2 基于部分模型加和的聚合

上一小节提到的聚合方法都是将所有节点的模型聚合到一处。当这类方法以同步并行的机制运行时，少量速度慢的机器可能会拖累甚至阻塞整个系统的学习进度。为了解决这个问题，研究人员提出了基于部分模型加和的聚合方法。一个极端的例子是采用异步通信，每次全局模型仅需要与一个工作节点的训练结果进行聚合。除此之外，本小节再介绍三种方法：带备份节点的同步随机梯度下降法、异步 ADMM 算法以及去中心化方法。对于带备份节点的同步随机梯度下降法和异步 ADMM 算法，在同步并行过程中，只要有足够多的工作节点完成了计算任务，就将这部分的数据或模型聚合起来，实现分布式机器学习的一次信息整合。而去中心化方法仅需与其连接的邻居节点通信，便可完成聚合。

1. 带备份节点的同步随机梯度下降法

带备份节点的同步随机梯度下降法[6]的设计思路和通用 MapReduce 系统中的备份节点有些类似。在 MapReduce 系统中，当我们发现某个节点比较慢的时候，系统会启动一个额外的节点作为其备份，形成某种竞争关系，谁先结束就采用谁的计算结果。类似的思想可以应用到同步随机梯度下降法的训练过程中，在聚合梯度时，仅聚合一定比例的梯度，防止计算很慢的节点拖累聚合的效率。带备份节点的同步随机梯度下降法采用了用空间换时间的思想：用 $K(1+\alpha)$ 个工作节点来保证每次取前 K 个工作节点作为聚合对象时会保持比较高的效率，其中 α 表示备份节点与实际工作节点的比例。实际中，α 的大小可以根据系统的状况和资源进行调节。在文献 [6] 的实验中，使用了 $\alpha = 5\%$，也就是 100 个工作节点外加 5 个备份节点。

带备份节点的同步随机梯度下降法在实际应用中是行之有效的。在对 ImageNet 数据集进行分布式深层神经网络训练的实验中[6]，与同步随机梯度下降法相比，带备份节点的同步随机梯度下降法可以获得明显的加速。在工作节点数目少于 100 的情形下，带备份节点的同步随机梯度下降法几乎可以取得与异步随机梯度下降法（ASGD）相同的速度。当然，当节点数目进一步扩大到 200 时，它与异步随机梯度下降法在效率方面还是

⊖ 值得一提的是，模型聚合的逻辑远比本小节介绍的丰富。每个新的优化算法（比如坐标下降法、方差缩减法等）都可能对应不同的聚合方法。事实上，模型聚合的逻辑是分布式机器学习研究的重点之一，有兴趣的读者可以查看相关的学术文献 [14-15]。

存在一定差距的。同时，带备份节点的同步随机梯度下降法可以达到与同步随机梯度下降法类似的精度，比异步随机梯度下降法的精度要更好调节。

2. 异步 ADMM 算法

如前文所述，ADMM 算法使用了对偶变量 z 和 λ^k 来控制各个工作节点的学习过程，使得模型的参数尽可能达到全局一致。全局对偶变量 z 的更新由主节点完成：主节点需要等待所有工作节点都完成本地的优化并把模型发送过来以后才能进行有关 z 的更新。这个过程同样会被速度比较慢的工作节点所拖累。而解决这个问题的常用手段就是采取异步的并行模式。但由于 ADMM 需要求解一个全局优化的问题，因此无法简单地将其异步并行。最近，研究人员提出了一种基于局部同步的异步 ADMM（AADMM）实现[7]。这种方法在思想上比较接近于带备份的同步随机梯度下降法，同时它还考虑到异步延迟的问题，在并行机制中加入了对最慢工作节点最大延迟的控制。

假设集群中有 K 个工作节点，异步 ADMM 算法在收集各工作节点本地模型的时候不强制要求得到所有工作节点的响应，而是设置一个最少同步工作节点数 $K_0(K_0 < K)$。也就是说，只需要收到 K_0 个工作节点推送来的模型，就可以进行 z 的聚合和分发了。同时，异步 ADMM 算法控制最大延迟，以避免从速度过慢的工作节点上学习到不准确的信息。值得注意的是，在异步 ADMM 算法中，各个工作节点是否会参与到最后的模型聚合中是不确定的，因此我们不能任意选择某个工作节点作为主节点来处理 z 的更新。基于这种考虑，异步 ADMM 比较适合在参数服务器的框架下实现，利用参数服务器来实现聚合逻辑以及其他一些信息管理逻辑（比如设置和跟踪每个工作节点的时钟周期等）。其示意图如图 8.1 所示，具体算法流程参见算法 8.1。

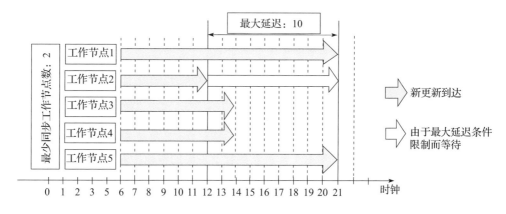

图 8.1　异步 ADMM 算法示意图

算法 8.1　异步 ADMM 算法流程

工作节点 k 端

Initialize：工作节点上的参数 w^k，迭代次数 T

for $t = 1, 2, \cdots, T$ **do**

　　获取全局对偶变量 z_t，对本地对偶变量 λ_t^k 进行更新：

$$\lambda_t^k = \lambda_{t-1}^k + \rho(w_t^k - z_t)$$

　　根据当前的对偶变量值 z_t 和 λ_t^k 进行本地的参数求解：

$$w_{t+1}^k = \arg \min_{w^k} \left(L^k(w^k) + (\lambda_t^k)^T (w^k - z_t) + \frac{\rho}{2} \| w^k - z_t \|_2^2 \right)$$

　　将 w_{t+1}^k 发往参数服务器

end for

// 参数服务器端

Initialize：$t = 0$，允许的工作节点的最大延迟 τ

Repeat

　　Repeat

　　　　等待

　　Until 收到至少 K_0 个来自工作节点的更新模型，并且满足 $\max(\tau_1, \tau_2, \cdots, \tau_N) \leqslant \tau$

　　for 工作节点 $i \in \Phi_t$ **do**

　　　　$\tau_i = 1$

　　end for

　　for 工作节点 $i \notin \Phi_t$ **do**

　　　　$\tau_i = \tau_i + 1$

　　end for

　　更新 z：$z_{t+1} = \dfrac{1}{N} \sum_{i \in \Phi_t} \left(w_{t+1}^i + \dfrac{1}{\rho} \lambda_t^i \right)$

　　将最新的 z 发送给所有在 Φ_t 中的节点

　　$t = t + 1$

Until 终止

从算法描述中可以看出，异步 ADMM 与经典 ADMM 方法很类似，主要的差别在于服务器端的操作。异步 ADMM 用一个集合 Φ_t 来表示当前已经将模型更新发送到服务器端的工作节点，当集合的大小达到 S 并且所有节点的延迟都小于等于 τ 时，就进行 z 变量的更新，随后让集合 Φ_t 中的所有工作节点继续下一轮的本地学习。异步 ADMM 算法允许部分速度较慢的工作节点暂时不参与当前的全局变量更新，当它的更新最终到达参数服务器时，可以和其他节点的更新一起参与下一轮的全局变量更新。可以证明，异步

ADMM 算法的收敛速率是 $O\left(\dfrac{K\tau}{TK_0}\right)$。当延迟 τ 越大时，速度慢的节点的信息会越少更新到全局模型中，因此收敛速度会变得越慢；当 K_0 越小时，全局更新时考虑的工作节点越少，收敛速度也会越慢。在实际运行中，异步 ADMM 方法可以很大程度缓解同步给 ADMM 方法带来的问题：异步 ADMM 的训练速度要明显快于标准 ADMM 方法的训练速度，尤其是网络传输和等待时间明显减少[7]。

3. 去中心化方法

前面提到了几种部分加和的模型聚合方法。这些方法虽然摆脱了对全部工作节点同步的依赖，但是却和全局加和一样仍然以中心化的模式进行，需要一个中心节点（如参数服务器）来协调模型聚合的过程。

这种中心化的模式存在自身的弊端。首先，当网络传输代价比较大时，中心化模式容易在中心节点处形成瓶颈，在网络连接情况比较差的时候尤为明显。其次，中心化模式对系统的稳定性要求更高，因为它要求中心节点能够稳定地聚合和分发模型，一旦中心节点出错，整个任务必然失败。

为了解决这些问题，人们研究了去中心化的分布式机器学习方法。图 8.2 对比了中心化网络与去中心化网络两种不同的拓扑结构。去中心化方法的思路是让每个工作节点有更多的自主性，使模型的维护和更新更加分散化，易于扩展。具体而言，每个工作节点可以根据自己的需求来选择性地仅与少数其他节点通信。

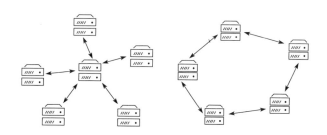

图8.2　中心化网络和去中心化网络

去中心化的算法最早出现在传感器网络中，因为在传感器网络中网络连接状况本身是稀疏的，无法支持中心化的信息共享。把去中心化的思想应用到分布式机器学习中是近年的事情，它可以有效降低对网络传输的需求，同时还能够在各个工作节点维护自己的模型，提高整个系统的鲁棒性。下面我们就来详细介绍一种去中心化的算法 D-PSGD（参见算法8.2）[8]。我们仍然以随机梯度下降法为基本优化单元开展讨论。

算法8.2　去中心化的分布式机器学习算法（D-PSGD）

// 算法是运行在每个独立的工作节点上，这里记作节点 k

Initialize：节点 k 上的本地模型参数 w_0^k，各个节点之间的网络通信的权重矩阵 W，即邻居关系以及邻居的权重

for $t = 1, 2, \cdots, T$ **do**

　　本地构建随机样本（或者小批量随机样本）D_t^k

　　基于 D_t^k 计算本地的随机梯度 $\nabla f_i(w_t^k; D_t^k)$

　　从邻居节点获取对方的参数，计算出邻居参数组合 $w_{t+\frac{1}{2}}^k = \sum_{j=1}^{n} W_{k_j} w_t^j$

　　用本地梯度和邻居的参数组合共同更新本地的参数：

$$w_{t+1}^k \leftarrow w_{t+\frac{1}{2}}^k - \eta \nabla f_k(w_t^k; D_t^k)$$

end for

Output：$\dfrac{1}{n} \displaystyle\sum_{k=1}^{n} w_T^k$

在 D-PSGD 算法中，每个工作节点在每次迭代时需要两方面的输入：一是在当前模型基础上根据本地数据计算出来的梯度，二是来自邻接节点的最新模型。我们用邻接矩阵表示节点之间的通信拓扑关系，矩阵中的每个元素表示两个邻接节点之间的关联度。例如，环形通信拓扑结构的邻接矩阵（矩阵中的空白元素表示 0）如下所示：

$$\begin{bmatrix} 1/3 & 1/3 & & & & & 1/3 \\ 1/3 & 1/3 & 1/3 & & & & \\ & 1/3 & 1/3 & \ddots & & & \\ & & \ddots & \ddots & 1/3 & & \\ & & & 1/3 & 1/3 & 1/3 & \\ 1/3 & & & & 1/3 & 1/3 \end{bmatrix} \in \mathbf{R}^{n \times n}$$

对于邻接节点的关联度，可以根据各个节点之间的静态拓扑关系来定义，也可以按照工作节点梯度的变化程度来动态调整。可以证明，D-PSGD 的收敛速率与中心化的并行随机梯度下降法的收敛速率是同阶的，并且算法获得 ε – 近似最优所需的迭代步骤与工作节点数目无关。当工作节点数目增加时，训练时间会成比例地缩短，因此 D-PSGD 算法可以实现线性的加速比。此外，在实践中，去中心化的学习方法通常比中心化的方法效率更

高。这是因为去中心化方法需要的网络通信代价要小很多，因此系统的整体表现会更好。

8.3　基于模型集成的聚合方法

上一节我们介绍了基于模型参数加和或平均的聚合方法。但是，并非所有情况下这类方法都是可取的。事实上，只有在凸优化问题中这种简单加和或平均的手段才能保证训练性能。

具体地，假设损失函数关于模型参数是凸函数，于是以下不等式成立：

$$l\big(g\big((\overline{w};x)\big),y\big) = l\left(g\left(\frac{1}{K}\sum_{k=1}^{K}w^{k};x\right),y\right) \leqslant \frac{1}{K}\sum_{k=1}^{K}l\big(g(w^{k};x),y\big)$$

其中，左端是参数平均后的模型 $\overline{w} = \frac{1}{K}\sum_{k=1}^{K}w^{k}$ 对应的损失函数取值，右端是各个局部模型的损失函数值的平均值。这说明，在凸优化问题中，平均模型的性能不会低于原有各个模型性能的平均值。

但是，对于非凸的神经网络，由于模型输出关于模型参数非凸，即使使用凸的交叉熵损失函数，损失函数关于模型参数也是非凸的。所以，上述不等式将不再成立，模型的性能在参数平均后也不再具有保证。

这一结论在实验中也得到了验证（见图 8.3）。我们分别用 4 块 GPU 卡和 8 块 GPU 卡周期往复地依据模型平均方法训练神经网络，观察到参数平均之后对应的测试误差有时会出现大幅度的增长，尤其是当通信周期（如图中括号内所示）比较长的时候。这使得训练过程极不稳定，模型的性能也难以达到理想效果。

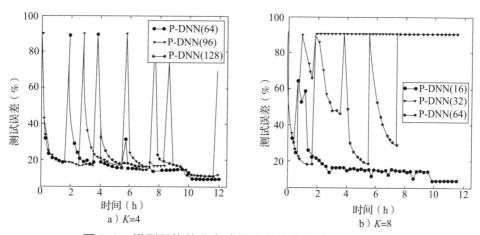

图 8.3　模型平均的分布式算法训练曲线（DNN 模型）

为了解决这个问题，人们提出了基于模型集成的聚合方法。

8.3.1   基于输出加和的聚合

虽然神经网络的损失函数关于模型参数是非凸的，但是它关于模型的输出一般是凸的（比如当使用常用的交叉熵损失函数时）。这时利用损失函数的凸性可以得到如下不等式：

$$l\left(\frac{1}{K}\sum_{k=1}^{K}g(w^k;x),y\right) \leqslant \frac{1}{K}\sum_{k=1}^{K}l(g(w^k;x),y)$$

其中，左端是对不同局部模型的输出进行平均后对应的损失函数取值，右端是局部模型的损失函数值的平均值。所以，如果对局部模型的输出进行加和或者平均，所得到的预测结果要好于局部模型预测结果的平均值。

这种对模型输出进行加和或平均的方法称为模型集成（ensemble）。模型集成方法在机器学习中非常常见，通过集成多个模型的预测结果，可以取得比单个模型更好的性能。模型集成作为分布式机器学习的聚合方法也被应用在神经网络的训练过程中[9]。

虽然模型集成在模型精度上有更好的保障，但是模型集成后产生的新模型参数量是局部模型的 K 倍。考虑到模型聚合会在分布式学习的迭代算法中多次发生，这很可能导致模型规模爆炸的问题。那么，有没有一种既能利用模型集成的优点，又能避免增加整体模型规模的方法呢？

人们提出了一种用压缩方法来降低集成模型规模的算法，称为"集成－压缩"的模型聚合方法[9]。具体做法如算法8.3所示。这种集成－压缩的聚合方法，既可以通过集成获得性能提升，又可以在整个机器学习的迭代过程中保持全局模型的大小基本不变。

算法8.3   集成－压缩的算法流程

// 工作节点 k

Initialize：模型初始点 w_0

for $t = 1, 2, \cdots, T$ **do**

　　获取最新模型 w_t^k

　　生成新的模型更新： $w_{t+1}^k = w_t^k - \eta\Delta(l(g(w_t^k;x^k),y^k))$

　　将新模型 w_{t+1}^k 发送至参数服务器

end for

// 参数服务器

Repeat

 Repeat

  等待

 Until 获取到 K 个机器上的局部模型 w_t^k

 集成：$\widetilde{w}_t \leftarrow \{w_t^1, w_t^2, \cdots, w_t^k\}$

 压缩集成模型，使其仍然和局部模型一样大：$w_{t+1} = \mathrm{compress}(\widetilde{w}_t)$

 $t = t + 1$

Until 结束

该算法分为三个步骤：

1）各个工作节点依照本地局部数据训练出局部模型；

2）工作节点之间相互通信获取彼此的局部模型，集成所有的局部模型得到集成模型，并对（一部分）局部数据使用集成模型进行再标注；

3）利用模型压缩技术，结合数据的再标注信息，在每个工作节点上分别进行模型压缩，获得与局部模型大小相同的新模型作为最终的聚合结果。

从以上流程可以看出，模型集成与模型平均相比，最大的差别在于引入了模型压缩的环节。在这方面有不少可以借鉴的方法，其中最为常用的是知识蒸馏（Knowledge Distillation）[10-11]。在知识蒸馏中，首先使用大规模的集成模型对样本进行再标注，然后指定一个小规模的模型，按照样本的输入特征和新的标注信息训练小规模模型中的参数。也就是说，将大规模模型所包含的"知识"在样本标签相同的意义下"蒸馏"到了小模型之中。

为了进一步节省计算量，可以将知识蒸馏的模型压缩过程和本地局部模型的训练过程结合在一起，优化以下的（学习－压缩）复合损失函数：

$$l_{LC}(g(w^k; x_i^k), y_i^k) = \sum_{i=1}^{n_k} \left(l(g(w^k; x_i^k), y_i^k) + \beta l_{\mathrm{compress}}(g(w^k; x_i^k), \bar{y}_i^k) \right)$$

其中，n^k 是第 k 个工作节点上的样本总数。其具体算法流程见算法 8.4。

算法 8.4　加速压缩的算法流程

// 工作节点 k

在本地采样一个样本量为 n_k 的小数据集合

$$D_k = \{(x_1^k, y_1^k), \cdots, (x_{n_k}^k, y_{n_k}^k)\}$$

并利用集成模型 $\tilde{w}$ 进行打分获取 $\bar{y}_i^k$

本地模型从当前的 w^k 开始：$w_t^k = w^k$

for $i = 0, 1, \cdots, n_k - 1$

进行加速压缩的迭代：$w_{t+i+1}^k = w_{t+i}^k - \eta\Delta(l_{LC}(g(w_{t+i}^k; x_i^k), y_i^k))$

end for

Output：迭代完成时的模型 $\hat{w}^k = w_{t+n_k}^k$

实验表明，集成 – 压缩的模型聚合方法和相应的训练方案对于非凸优化问题（如神经网络训练）是行之有效的（如图 8.4 所示，集成 – 压缩方法对应于 EC-DNN）。当各个工作节点之间相互通信的频率较低时，基于模型平均的聚合方法（MA-DNN）表现很差，但基于集成 – 压缩的聚合方法（EC-DNN）却依然能取得理想的效果。这是因为集成学习在子模型具有多样性时效果更好[12]，而较低的通信频率会导致各个局部模型更加分散，多样性更强。因为较低的通信频率意味着较低的通信代价，所以基于集成 – 压缩的聚合方法也适用于网络环境比较差的场景。

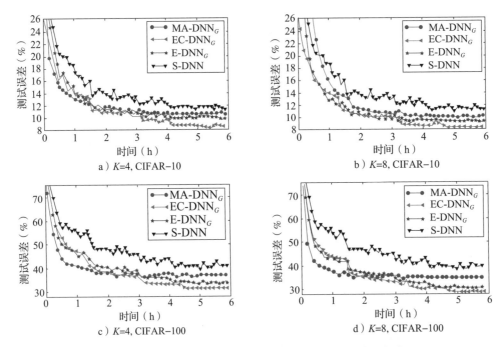

图8.4　在 CIFAR 数据集上对比各种分布式训练方法

另一个值得讨论的问题是，与只在各个工作节点完成局部训练任务之后进行一次集成相比，在训练过程中不断进行模型集成 – 压缩的循环，是否会带来显著的好处？实验结果表明，后者对应的模型精度要明显高于前者。直观上，训练过程中的跨节点交互可以实现全局信息的交换，这样局部模型可以利用全局信息提高自身的效果。局部模型的效果更好了，同时训练时还能保证一定的模型差异性，那么最终集成模型的精度自然就更高了。

　　基于模型集成的分布式训练方法是一个比较新的研究领域，还存在很多没有解决的问题。比如，当工作节点非常多或者本地模型本身就很大的时候，集成模型的规模会变得非常大，这会带来较大的网络开销。另外，当集成模型较大时，模型压缩也会带来较大的开销。为了解决这些问题，我们需要新技术的支持，感兴趣的读者可以对此进行深入研究。

8.3.2　基于投票的聚合

　　为了增强大家对分布式机器学习中数据和模型聚合的理解，在这一节中，我们补充介绍一类比较特殊的机器学习模型——决策树（或者基于决策树的更加复杂的模型，如梯度提升决策树）。这类方法由于效果好、可解释性强，被广泛应用在很多工业领域中。

　　决策树每次生长需要在众多特征中选出一个特征的特定取值，我们称之为最佳分割点。依据最佳分割点把数据分割成两部分从而使所能得到的收益（例如分割前、后的整体信息增益变化）最大化。以上过程本身的计算复杂度很高，需要检查所有特征的每一个取值，所以实践中通常需要对这个过程进行分布式并行计算。

　　经典的决策树分布式训练可以分为基于数据的并行（如图 8.5a 所示）和基于特征的并行（如图 8.5b 所示）这两种类型。

- 基于数据的并行，就是将数据按照样本划分成互不重叠的子集分配给不同的工作节点，每个工作节点只能看到本地局部数据，并由此建立起特征的局部统计信息（例如直方图）。为了能准确地得到全局最佳分割点，在每次迭代中，需要将局部直方图汇总到服务器，计算出全局直方图，并求出最佳分割点，再将相关信息发送回各个工作节点，以便进行树的生长。

- 基于特征的并行，就是对数据的特征进行划分，在每个工作节点上保留所有数据的部分特征，这样每个工作节点自身是可以直接计算出来局部最佳分割点的。但是因为数据是按照特征划分的，所以每个机器上的特征是不重叠的。当确定了最佳特征及其分割点之后，能够独立进行树生长和数据划分的就只有那个拥有该特征的工作节点。为了让整个学习过程继续下去，该工作节点需要向其他工作节点传输数据划分的信息，以保证其他节点也可以进行树的生长。

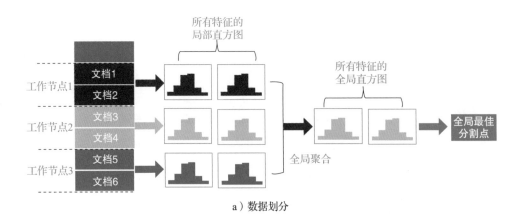

a）数据划分

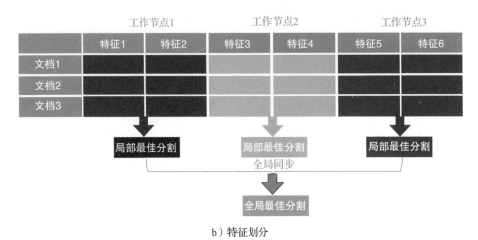

b）特征划分

图8.5 分布式训练中求最佳分割点的计算过程

以上两种方法分别将数据–特征矩阵进行了横向和纵向切分，将切分后的子任务分配到各个工作节点上执行，然后通过聚合各个节点上的信息，完成分布式训练。基于数据的并行方法汇总直方图所需的通信代价与特征的数目和直方图的粒度成正比，而基于特征的并行方法传输数据切分信息所需的通信代价与数据样本的个数成正比。显然，当训练数据量大、特征维度高时，这两种方法的通信代价都很高昂。

为了解决以上问题，近期研究人员提出一种基于投票的并行方案[13]。首先，利用每个工作节点的局部数据对最佳特征及其分割点进行预计算，然后将本地选出的前 a 个特征告知中心服务器。中心服务器把来自各个工作节点的最佳特征聚合在一起，进行一次投票，选出全局的前 a 个最佳特征。然后中心服务器会与各个工作节点进行一次通信，要求它们把与这 a 个特征对应的直方图信息汇总到中心服务器。根据这些直方图信息，中心服务器再进行一次精准计算，从而判断出这 a 个候选特征中哪一个才是真正的全局最佳特征,并且计算它的最佳分割点。通过这种两级投票的策略,可以把通信代价控制在一个常数范围(主要传输的是 a 个候选特征的直方图),而与特征总数和数据量无关。这就巧妙地解决了前面提到的基于数据的并行方法和基于特征的并行方法所遇到的通信瓶颈问题。

因为每个工作节点进行本地投票时只使用了局部数据的统计信息,所以其得到的统计信息可能会比较粗略。一个隐忧是如此选出的候选特征是否能够包含真正的全局最佳特征呢?可以证明,当每个工作节点的数据量足够大时,本地数据与全局数据之间的统计偏差其实是比较小的,这时依大概率全局最佳特征会存在于局部投票产生的前 a 个特征之中[13]。

实验表明,这种基于投票的聚合方式是行之有效的。图 8.6 中,Serial 代表单机学习的最终收敛值,Data Parallel 代表基于数据划分的方法,Attribute Parallel 代表基于特征划分的方法,PV-Tree[13] 表示基于投票的分布式训练方法。与决策树的经典并行方法相

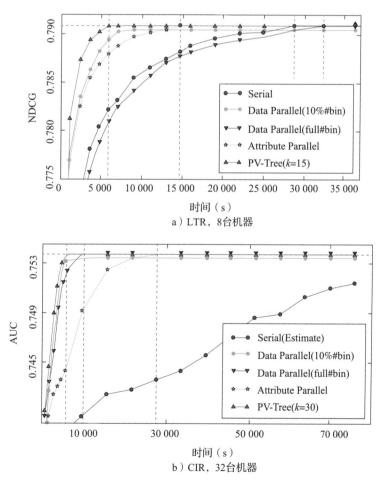

a)LTR,8 台机器

b)CIR,32 台机器

图 8.6　在不同的数据集上,　不同的树并行策略对应的性能

比，基于投票的聚合方法能够以更快的速度收敛，并且模型精度与单机的模型相比几乎没有损失。

8.4   总结

本章介绍了在分布式机器学习中广泛使用的数据和模型聚合方法，比如基于全部或部分模型加和的聚合方法、基于输出加和的聚合方法以及基于投票的聚合方法。数据与模型的聚合是分布式机器学习系统中的核心部分。聚合的算法本身体现了分布式训练的核心思路，但是相关的研究还不太成熟，希望读者能够受本章的启发，开展相关课题的研究工作。

参考文献

[1] McDonald R, Hall K, Mann G. Distributed Training Strategies for The Structured Perceptron[C]// Human Language Technologies：The 2010 Annual Conference of the North American Chapter of the Association for Computational Linguistics. Association for Computational Linguistics, 2010：456-464.

[2] Chen K, Huo Q. Scalable Training of Deep Learning Machines by Incremental Block Training with Intra-block Parallel Optimization and Blockwise Model-update Filtering[C]//Acoustics, Speech and Signal Processing（ICASSP）, 2016 IEEE International Conference on. IEEE, 2016：5880-5884.

[3] Boyd, Stephen, Neal Parikh, Eric Chu, Borja Peleato, Jonathan Eckstein. Distributed Optimiza-tion and Statistical Learning via the Alternating Direction Method of Multipliers[J]. Foundations and Trends® in Machine Learning 3, 2011,1：1-122.

[4] Zinkevich M, Weimer M, Li L, et al. Parallelized Stochastic Gradient Descent[C]//Advances in Neural Information Processing Systems. 2010：2595-2603.

[5] Zhang S, Choromanska A E, LeCun Y. Deep Learning with Elastic Averaging SGD[C]//Advances in Neural Information Processing Systems. 2015：685-693.

[6] Chen, Jianmin, et al. Revisiting Distributed Synchronous SGD[J]. arXiv preprint arXiv：1604. 00981, 2016.

[7] Zhang, Ruiliang, James T Kwok. Asynchronous Distributed ADMM for Consensus Optimization [J]. ICML, 2014.

[8] Lian X, Zhang C, Zhang H, et al. Can Decentralized Algorithms Outperform Centralized Algo-rithms? A Case Study for Decentralized Parallel Stochastic Gradient Descent[C]//Advances in Neural Information Processing Systems. 2017：5336-5346.

[9] Sun S, Chen W, Bian J, et al. Ensemble-compression：A New Method for Parallel Training of

Deep Neural Networks[C]//Joint European Conference on Machine Learning and Knowledge Discovery in Databases. Springer, Cham, 2017: 187-202.

[10] Hinton G, Vinyals O, Dean J. Distilling the Knowledge in A Neural Network[J]. arXiv preprint arXiv:1503.02531, 2015.

[11] Z-H Zhou, Y Jiang. NeC4.5: Neural Ensemble Based C4.5[J]. IEEE Transactions on Knowledge and Data Engineering, 2004, 16(6): 770-773.

[12] Z-H Zhou. Ensemble Methods: Foundations and Algorithms[M]. Boca Raton, FL: Chapman & Hall/CRC, 2012.

[13] Meng, Qi, Guolin Ke, Taifeng Wang, Wei Chen, Qiwei Ye, Zhi-Ming Ma, Tieyan Liu. A Communication-efficient Parallel Algorithm for Decision Tree[J]. Advances in Neural Information Processing Systems, 2016: 1279-1287.

[14] De S, Goldstein T. Efficient Distributed SGD with Variance Reduction[C]//Data Mining (ICDM), 2016 IEEE 16th International Conference on. IEEE, 2016: 111-120.

[15] Liu J, Wright S J, Ré C, et al. An Asynchronous Parallel Stochastic Coordinate Descent Algorithm [J]. The Journal of Machine Learning Research, 2015, 16(1): 285-322.

CHAPTER

9

第9章

DISTRIBUTED MACHINE LEARNING
Theories, Algorithms, and Systems

分布式机器学习算法

9.1 基本概述

前几章中我们介绍了分布式机器学习框架的各个组成部分，包括数据与模型划分、单机优化、通信、数据/模型聚合等。基于这些内容，我们可以设计出不同的分布式机器学习算法。不同的算法可能对应于不同的数据与模型划分，使用不同的优化方法，采用不同的通信机制，以及不同的数据与模型聚合方式。

分布式机器学习算法多种多样，由于篇幅所限，我们不可能穷尽所有。为了使大家对这个领域有一个直观的认识，了解实践中常用的算法以及研究热点，在本章中我们有所侧重。具体来说，在单机优化算法方面，我们偏重随机梯度下降法（SGD）；在数据/模型划分方面，我们偏重基于数据划分的并行算法；在模型聚合方面，我们主要讨论基于模型加和的聚合方法。相应地，我们选取了若干种典型的分布式机器学习算法列在表9.1中，同时也给出了它们在分布式机器学习框架下的不同配置。请注意，表中很多算法在前面章节中都有所提及，不过当时的讨论主要是针对分布式机器学习框架中的某个组成部分展开的。本章中，我们会呈现这些算法的全貌，描述必要的算法细节。

表9.1 常见的分布式机器学习算法及其特点

分布式机器学习算法	单机优化	划分	通信	聚合
同步 SGD	SGD	数据样本划分	同步通信	全部模型（梯度）加和
模型平均（MA）	不限	数据样本划分	同步通信	全部模型加和
BMUF	SGD	数据样本划分	同步通信	全部模型加和
ADMM	不限	数据样本划分	同步通信	全部模型加和
弹性平均 SGD（EASGD）	SGD	数据样本划分	同步/异步通信	全部模型加和
异步 SGD（ASGD）	SGD	数据样本划分	异步通信	部分模型加和
Hogwild!	SGD	数据样本划分	异步无锁共享内存	部分模型加和
Cylades	SGD	数据样本划分	异步无锁共享内存	部分模型加和
AdaDelay	SGD	数据样本划分	异步通信	部分模型加和
AdaptiveRevision	SGD	数据样本划分	异步通信	部分模型加和
带延迟补偿的异步 SGD（DC-ASGD）	SGD	数据样本划分	异步通信	部分模型加和
DistBelief	SGD	数据样本划分 模型划分	异步通信	部分模型加和
AlexNet	SGD	模型划分	同步通信	数据聚合

这些算法按照通信步调，大致可以分为同步算法和异步算法两大类。我们首先介绍多种同步算法，并借助其与单机算法的等价关系来分析其优缺点。接下来介绍异步算法

及其优缺点，并针对异步算法带来的延迟问题，介绍已有的处理策略及相应的改进算法。此外，我们还将介绍如何融合同步和异步算法，从而达到通信效率和训练效果的平衡。最后，我们简要介绍两种模型并行算法。

9.2 同步算法

同步算法的最大特点是在通信过程中有一个显式的全局同步状态，我们称之为同步屏障。当工作节点运行到同步屏障时，就会进入等待状态，直到其他工作节点均运行到同步屏障为止。接下来不同工作节点的信息被聚合并分发回来，然后各个工作节点据此开展下一轮的模型训练。就这样，一次同步接着下一次同步，周而复始地运行下去。

在接下来的小节中，大家会看到几种不同的同步算法，包括同步 SGD 算法及其变种、模型平均方法及其变种，以及弹性平均方法等。我们会介绍这些算法的细节，并进行一定程度的横向比较。

9.2.1 同步 SGD 方法

首先我们从最基础的算法开始介绍。在单机优化算法中，最简单有效的方法应该非随机梯度下降法（SGD）莫属。将 SGD 算法套用到同步的 BSP 框架中，所产生的最基本的基于数据并行的算法就是同步 SGD（也称为 SSGD）[1]。

SSGD 对应的算法流程可以表达如下：

算法 9.1　SSGD 算法流程

// 工作节点 k

Initialize： 全局参数 w_0，工作节点数 K，全局迭代数 T，学习率 η_t

for $t = 0, 1, \cdots, T-1$ **do**

　　读取当前模型 w_t

　　从训练集 S 中随机抽取或者在线获取样本（或小批量）$i_t^k \in [n]$

　　计算这个样本上的随机梯度 $\nabla f_{i_t^k}(w_t)$

　　同步通信获得所有节点上的梯度的和 $\sum_{k=1}^{K} \nabla f_{i_t^k}(w_t)$

　　更新全局参数 $w_{t+1} = w_t - \dfrac{\eta_t}{K} \sum_{k=1}^{K} \nabla f_{i_t^k}(w_t)$

end for

从算法 9.1 可以看出：SSGD 算法实际上是将各个工作节点依据本地训练数据所得到的梯度叠加起来。这个过程其实等价于一个批量大小增大 K 倍的单机 SGD 算法。由于这种等价性，SSGD 的理论性质比较容易分析。SSGD 算法在每一个小批量更新之后都有一个同步过程，因此通信频率较高。如果每个小批量训练的计算量很大，而模型规模又不大（比如深度神经网络中的卷积神经网络），则同步通信带来的网络传输开销相对较小，可以获得理想的加速性能。但是，如果小批量中样本较少（从而计算量不大），而模型规模又较大，则可能需要花费数倍于计算时间的代价来进行通信，结果是多机并行运算可能无法得到理想的加速。

那么如何解决这个问题呢？一般而言，我们有两种途径。一是在通信环节中加入时空滤波的方法，减少通信量，节省通信时间（参见第 7 章中的详细介绍）。这样在计算时间不变的情况下，可以提高加速比。二是扩大本地学习时的批量大小，这样可以拉长本地计算时间，从而在通信时间不变的情况下提高加速比。然而，对于机器学习问题而言，我们不仅关心数据处理的速度快慢，更关心学习到的模型的精度如何。那么，小批量中样本个数对于模型优化的影响又是怎样的呢？

在第 4 章和第 5 章中我们为大家详细介绍过梯度下降法（GD） 和 SGD 算法。SGD 算法每次使用一个样本来计算参数梯度，GD 则使用全部样本计算平均梯度。SGD 每次迭代的计算代价小，迭代速度快，然而计算所得梯度的方差很大，会影响更新的精确度。GD 计算出来的梯度比较准确，但是需要用全部数据进行计算才能进行一次更新，本身迭代的代价太大。小批量 SGD 算法是 SGD 和 GD 之间的折中。回顾了这些知识以后，我们很容易理解 SSGD 带来的结果：当为了获得更好的加速比而增加小批量中的样本个数时，我们成功地减小了所求梯度的方差，提高了模型的精度。但另一方面，我们也增大了一次迭代的代价，降低了训练速度。从这个意义上讲，小批量大小是存在一个最优值的，常常需要依赖实验调试，一味增加小批量的大小将会事与愿违。

近年来，随着深度神经网络的盛行，人们对于在训练深度神经网络过程中小批量大小对模型性能的影响做了特别的研究。因为神经网络的目标函数是高度非凸的，所以对它的分析会与局部最优、损失函数曲面、学习率等因素有关，比简单的方差 - 速度的平衡要更加复杂。总结起来，这些研究有如下几点启示：

1）随着批量大小的增加，随机梯度的方差变小，这降低了算法跳出某些局部最优点的可能性，使得最终优化的模型容易停留在一个不太好的局部最优（或者极端情况下就困在初始点附近的一个局部最优）上，使模型的精度受到损失。

2）当批量大小较大时，模型比较容易收敛到所谓优化曲面比较尖锐的局部最优点，而当批量大小较小时则会收敛到优化曲面相对平坦的局部最优点[2]。图 9.1 示意了两种局部最优的关系。虽然这两个最优点在训练集上的损失函数值相近，但直观上平坦的局部最优点的泛化性更好，所以在实验中批量较小时往往得到的模型的测试精度会更好。

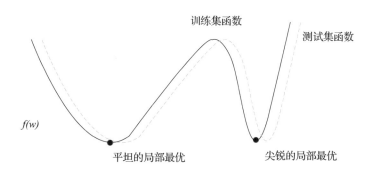

训练集函数

测试集函数

$f(w)$

平坦的局部最优　　　　　尖锐的局部最优

图 9.1　不同小批量大小对应的收敛点的对比

3）考虑到小批量中的样本较多时求得的梯度更加准确，我们可以相应地增加学习率使得每步更新得更多一些，从而解决收敛变慢的问题。在最近的有关大规模并行深度神经网络训练的工作中，人们常用的方案是在训练初期模型更新比较大时使用小的学习率，然后慢慢将学习率调大[3]（参见图 9.2）。通过这样的方法，在处理同样的样本数时，SSGD 往往可以获得与 SGD 方法类似的收敛精度，从而取得近似线性的加速比。

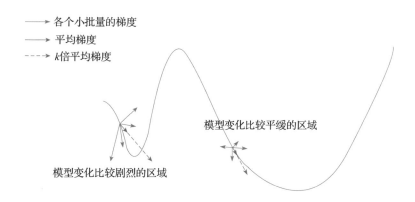

—— 各个小批量的梯度

—— 平均梯度

---- k 倍平均梯度

模型变化比较平缓的区域

模型变化比较剧烈的区域

图 9.2　处于优化路径的不同状态时扩大小批量相应的表现

除了 SGD 以外，第 4 章和第 5 章中介绍过的大部分优化算法都可以进行类似的同步并行实现。其中同步的 SVRG、Frank-Wolfe、L-BFGS 等算法通常也采用数据划分的并行模式，而同步的 SCD、SDCA 等算法则通常采用基于模型划分的并行模式。

9.2.2 模型平均方法及其改进

前面提到 SSGD 由于通信比较频繁，在通信与计算的占比较大时，难以取得理想的加速效果。接下来我们将要介绍一种通信频率比较低的同步算法——模型平均方法（Model Average，MA）[4]。在 MA 算法中，每个工作节点会根据本地数据对本地模型进行多轮的更新迭代，直到本地模型收敛或者本地迭代轮数超过一个预设的阈值，再进行一次全局的模型平均，并以此均值作为最新的全局模型继续训练，其具体流程如下所示。

算法 9.2　MA 算法流程

// 工作节点 k

Initialize：全局参数 w_0，工作节点数 K，全局迭代数 T，通信间隔 M，学习率 η_m

for $t = 0, 1, \cdots, T-1$ **do**

　　读取当前模型 $w_t^k = w_t$

　　for $m = 0, 1, \cdots, M-1$ **do**

　　　　从训练集 S 中随机抽取或者在线获取样本（或小批量）$i_m^k \in [n]$

　　　　更新 $w_t^k = w_t^k - \eta_m \nabla f_{i_m^k}(w_t^k)$

　　end for

　　同步通信得到所有节点上参数的平均 $\dfrac{1}{K}\sum\limits_{k=1}^{K} w_t^k$

　　更新全局模型：$w_{t+1} = \dfrac{1}{K}\sum\limits_{k=1}^{K} w_t^k$

end for

MA 方法按照通信间隔的不同，可以分为下面两种情况：

1）只在所有工作节点完成本地训练之后，做一次模型平均。这种情况所需的通信量极少，本地模型在迭代过程中没有任何交互，可以完全独立地并行计算，通信只在模型训练的最后发生一次。这类算法在强凸问题下的收敛性是有保证的，但对非凸问题不一定适用（比如神经网络），因为本地模型可能落到了不同的局部凸子域，对参数的平均无法保证最终模型的性能。

2）在本地完成一定轮数的迭代之后，就做一次模型平均，然后用这次平均的模型的结果作为接下来的训练的起点，继续进行迭代，循环往复。相比于只在最终做一次模型平均，中间的多次平均控制了各个工作节点模型之间的差异，降低了它们落到不同的局部凸子域的可能性，从而保证了最终模型的精度。这种方法被广泛应用于很多实际的机器学习系统（如 CNTK）之中。

在 MA 算法中，不论梯度的本地更新流程是什么策略，在聚合平均的时候都只是将来自各个工作节点的模型进行简单平均。如果把每次平均之间的本地更新称作一个数据块（block）的话，那么模型平均可以看作基于数据块的全局模型更新流程。我们知道，在单机优化算法中，常常会加入冲量[5]以有效地利用历史更新信息来减少随机梯度下降中梯度噪声的影响。类似地，我们也可以考虑在 MA 算法中对每次全局模型的更新引入冲量的概念。一种称为块模型更新过滤（Block-wise Model Update Filtering，BMUF）[6]的算法基于数据块的冲量思想对 MA 进行了改进，其有效性在相关文献中被验证。BMUF 算法实际上是想利用全局的冲量，使历史上本地迭代对全局模型更新的影响有一定的延续性，从而达到加速模型优化进程的作用。其具体过程可以参考算法 9.3。

算法 9.3　BMUF 算法流程

// 工作节点 k

Initialize：全局参数 w_0，更新 Δ_0，工作节点数 K，全局迭代数 T，通信间隔 M，学习率 η_m，冲量系数 μ_t, ζ_t

for $t = 0, 1, \cdots, T-1$ **do**

　　读取当前模型 $w_t^k = w_t$

　　for $m = 0, 1, \cdots, M-1$ **do**

　　　　从训练集 S 中随机抽取或者在线获取样本（或小批量）$i_m^k \in [n]$

　　　　更新 $w_t^k = w_t^k - \eta_m \nabla f_{i_m^k}(w_t^k)$

　　end for

　　同步通信得到所有节点上参数的平均 $\overline{w}_{t+1} = \dfrac{1}{K} \sum\limits_{k=1}^{K} w_t^k$

　　计算更新 $\Delta_t = \mu_t \Delta_{t-1} + \zeta_t (\overline{w}_{t+1} - w_t)$

　　更新全局模型 $w_{t+1} = w_t + \Delta_t$

end for

9.2.3　ADMM 算法

在 MA 算法中，来自各个工作节点的模型被简单地进行平均。ADMM 算法为模型的聚合提供了一种更加优雅的方式——通过求解一个全局一致性的优化问题进行模型聚合。该方法利用全局共享的对偶变量，将各个工作节点的模型有效地联系起来。接下来我们用数学语言来描述一下将 ADMM 用于分布式机器学习的原理。

使用 K 台机器进行数据并行的分布式机器学习可以用下面的优化问题来描述：

$$\min_{w} \sum_{k=1}^{K} \hat{l}^{k}(w)$$

ADMM 算法引入一个辅助变量 z 来控制各个工作节点上的模型 w^{k} 的差异，使它们彼此接近。换言之，我们转而求解以下带约束优化问题：

$$\min_{w^{1}, \cdots, w^{k}} \sum_{k=1}^{K} \hat{l}^{k}(w^{k})$$
$$\text{s.t.}\, w^{k} - z = 0, \quad k = 1, \cdots, K$$

有了这个基本的定义，利用对偶方法，实际求解的优化问题就变成

$$\min_{w^{1}, w^{2}, \cdots, w^{k}} \sum_{k} \left(\hat{l}^{k}(w^{k}) + (\lambda_{t}^{k})^{T}(w^{k} - z_{t}) + \frac{\rho}{2} \|w^{k} - z_{t}\|_{2}^{2} \right)$$

算法 9.4 给出了利用 ADMM 进行分布式机器学习的算法流程[7]。

算法 9.4　ADMM 算法流程

// 工作节点 k

Initialize：本地参数 $w_{0}^{k}, \lambda_{t}^{k}$，局部工作节点数 K，全局迭代数 T

for $t = 0, 1, \cdots, T-1$ **do**

　　获取全局对偶变量 z_{t}

　　对本地对偶变量 λ_{t}^{k} 进行更新，$\lambda_{t+1}^{k} = \lambda_{t}^{k} + \rho(w_{t}^{k} - z_{t})$

　　求解局部最优化问题，更新本地的参数 w_{t}^{k}

$$w_{t+1}^{k} = \arg\min_{w} \left(\hat{l}^{k}(w^{k}) + (\lambda_{t}^{k})^{T}(w_{t}^{k} - z_{t}) + \frac{\rho}{2} \|w_{t}^{k} - z_{t}\|_{2}^{2} \right)$$

　　将 $w_{t+1}^{k}, \lambda_{t+1}^{k}$ 发往主节点

end for

// 主节点

Initialize：本地参数 z_{0}，局部工作节点数 K

Repeat

　Repeat

　　　等待收取工作节点发来的局部模型 $w_{t}^{k}, \lambda_{t}^{k}$

　　Until 收取到所有 K 个节点的局部模型

进行全局的对偶变量的修改 $z_{t+1} = \dfrac{1}{K} \sum_{k=1}^{K} \left(w_t^k + \dfrac{1}{\rho} \lambda_t^k \right)$

将 z_{t+1} 发回各个工作节点

Until 终止

算法 9.4 分为本地的最小化求解过程和全局对偶变量更新过程两个步骤。从并行性能来说，ADMM 每次迭代都需要求解一个比较复杂的优化问题，本地计算的时间相对比较长，因而通信代价小，并行的效率很高，很容易通过多机的并行达到线性加速比。

下面我们把 MA 算法和 ADMM 算法进行简单比较。首先，MA 整体的计算步骤与 ADMM 是非常类似的。实际上 ADMM 中的 z 变量对应于 MA 中的全局平均模型，只是 MA 的本地更新过程没有引入拉格朗日正则项。因此，从本地优化的角度来看，MA 对原本的目标函数的优化更加直接，计算量也更少。从训练效率上来看，MA 比 ADMM 要更快，所以 MA 确实是众多工程系统中常用的方法。从泛化性能来看，ADMM 中全局的正则项使得模型聚合之后不容易出现过拟合，在测试集上往往有更好的表现。

9.2.4　弹性平均 SGD 算法

前面介绍的几种算法，无论本地模型用什么方法更新，都会在某个时刻聚合出一个全局模型，并且用其替代本地模型。但是这种处理方法对于像深度学习这种有很多个局部极小点的优化问题而言，是否是最合适的选择呢？答案是不确定的。由于各个工作节点所使用的训练数据不同，本地训练的流程有所差别，各个工作节点实际上是在不同的搜索空间里寻找局部最优点，由于探索的方向不同，得到的模型有可能是大相径庭的。简单的中心化聚合可能会抹杀各个工作节点自身探索的有益信息。

为了解决以上问题，研究人员提出了一种非完全一致的分布式机器学习算法，称为弹性平均 SGD（简称 EASGD）[8]。该方法的出发点和 ADMM 类似，但并不强求各个工作节点继承全局模型 z。如果我们定义 w^k 为第 k 个工作节点上的模型，$\overline{w}$ 为全局模型，则可以将分布式优化描述成如下面式子：

$$\min_{w^1, w^2, \cdots, w^K} \sum_{k=1}^{K} \hat{l}^k(w^k) + \frac{\rho}{2} \|w^k - \overline{w}\|^2$$

换言之，分布式的优化有两个目标：一是使得各个工作节点本身的损失函数得到最小化，二是希望各个工作节点上的本地模型和全局模型之间的差距比较小。按照这个优化目标，如果分别对 w^k、$\overline{w}$ 求导，就可以得到算法 9.5 中的更新公式。

算法 9.5 弹性平均 SGD 算法流程

// 工作节点 k

Initialize：全局参数 w_t，本地参数 w_t，局部工作节点数 K，迭代次数 T，学习率 η_t，
        约束系数 α

for $t = 0, 1, \cdots, T - 1$ **do**

  从训练集 S 中随机抽取或者在线获取样本 (或小批量) $i_t^k \in [n]$

  计算这个样本上的随机梯度 $\nabla f_{i_t^k}(w_t)$

  完成本地模型的更新，更新时考虑最新的梯度和当前模型与全局模型的差异：

$$w_{t+1}^k = w_t^k - \eta_t \nabla f_{i_t^k}(w_t^k) - \alpha(w_t^k - w_t)$$

  同步通信得到所有工作节点上的局部参数之和 $\sum_{k=1}^{K} w_t^k$

  更新全局参数 $w_{t+1} = (1 - \beta)w_t + \beta\left(\dfrac{1}{K}\sum_{k=1}^{K} w_t^k\right)$

end for

如果我们将 EASGD 与 SSGD 或者 MA 进行对比，可以看出 EASGD 在本地模型和服务器模型更新时都同时兼顾全局一致性和本地模型的独立性。具体而言，是指：

1）当对本地模型进行更新时，在按照本地数据计算梯度的同时，也力求用全局模型来约束本地模型不要偏离太远。

2）在对全局模型进行更新时，不是直接把各个本地模型的平均值作为下一轮的全局模型，而是部分保留了历史上全局模型的参数信息。

这种弹性更新的方法，既可以保持工作节点各自的探索方向，同时也不会让它们彼此相差太远。实验表明，EASGD 在精度和稳定性方面都有较好的表现。$^{\ominus}$

9.2.5 讨论

本节介绍了分布式机器学习中几种常用的同步算法。SSGD 有着与单机算法类似的理论性质，但是在实践中多少有些限制，比如小批量不能太大，要注意通信和计算的比

$\ominus$ 除了可以适用于同步的设置外，EASGD 算法也可以有异步的版本。由于篇幅所限，我们就不对其进行详细介绍了。读者可以根据后面章节对异步算法的详细介绍，参考 EASGD 的相关论文了解算法细节。

例平衡等。MA 允许工作节点在本地进行更多轮迭代，因而更加高效。但是 MA 通常会带来精度损失，实践中需要仔细调整参数设置，或者通过增加数据块粒度的冲量来获取更好的效果。ADMM 算法用全局一致性优化来决定模型的聚合，在本地更新时也引入一些约束条件，通常会带来测试精度的增益。EASGD 方法则不强求全局模型的一致性，而是为每个工作节点保持了独立的探索能力。

以上这些算法的共性是：所有的工作节点会以一定的频率进行全局同步。当工作节点的计算性能存在差异，或者某些工作节点无法正常工作（比如死机）的时候，分布式系统的整体运行效率不好，甚至无法完成训练任务。为了克服同步算法的这个问题，人们提出了异步的并行算法，我们将在下节中进行详细介绍。

9.3　异步算法

在异步的通信模式下，各个工作节点不再需要互相等待，而是以一个或多个全局服务器作为中介，实现对全局模型的更新和读取。这样可以显著减少通信时间，从而获得更好的多机扩展性。本节中我们将会介绍几种典型的异步学习算法，并讨论它们各自的优缺点和适用场景。

9.3.1　异步 SGD

异步 SGD(简称为 ASGD)[9] 是最基础的异步算法，其流程如算法 9.6 所示。粗略地讲，ASGD 的参数梯度计算发生在工作节点，而模型的更新则发生在参数服务器端。当参数服务器接收到来自某个工作节点的参数梯度时，就直接将其加到全局模型上，而无须等待其他工作节点的梯度信息。

算法 9.6　ASGD 算法流程

// 工作节点 k

Initialize：全局参数 w，工作节点的局部模型，局部工作节点数 K，当前工作节点编号 k，全局迭代数 T，迭代的步长(或学习率) η_t

for $t = 1, 2, \cdots, T$ **do**

　　从参数服务器获取当前模型 w_t^k

　　从训练集 S 中随机抽取或者在线获取样本(或小批量) $i_t^k \in [n]$

　　计算这个样本(或小批量)上的随机梯度 $g_t^k = \nabla f_{i_t^k}(w_t)$

　　将 g_t^k 发送到参数服务器

end for

//参数服务器
Repeat
  Repeat
    等待；
  Until 收到新消息
  if 收到更新梯度信息 g_t^k **do**
    更新服务器端的模型 $w = w - \eta g_t^k$
  end if
  if 收到参数获取请求 **do**
    发送最新的参数 w 给对应的工作节点
  end if
Until 终止

ASGD 避免了同步开销，但会给模型更新增加一些延迟。为了给大家一个直观的印象，我们把 ASGD 的工作流程用图 9.3 加以剖析。用 worker(k) 来代表第 k 个工作节点，用 w_t 来代表第 t 轮迭代时服务器端的全局模型。按照时间顺序，首先 worker(k) 从参数服务器端取回全局模型 w_t，根据本地数据求出模型的梯度 $g(w_t)$，并将其发往参数服务器。一段时间以后，worker(k') 也从参数服务器端取回当时的全局模型 w_{t+1}，并同样依据它的本地数据求出模型的梯度 $g(w_{t+1})$。请注意，在 worker(k') 取回参数并进行梯度计算的过程中，其他的工作节点（比如 worker(k)）可能已经将它的梯度提交给服务器并对全局模型进行了更新。所以当 worker(k') 将其梯度 $g(w_{t+1})$ 发送给参数服务器时，全局模型已经不再是 w_{t+1}，而是被更新过的新版本。

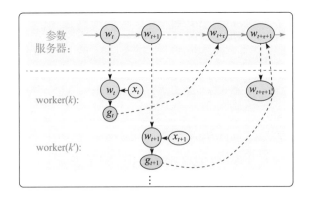

图 9.3　ASGD 算法及延迟的示意图

换言之，工作节点在计算梯度时是针对当时的全局模型进行的，但是当这个梯度发送到参数服务器时，服务器端的模型已经被修改了，因此会出现梯度和模型失配的问题：我们用了一个比较旧的参数计算了梯度，而将这个"延迟"的梯度更新到了最新的模型参数上。假设延迟为 τ，则 ASGD 的模型更新规则如下：

$$w_{t+\tau+1} = w_{t+\tau} - \eta g(w_t)$$

这个过程与单机版的随机梯度下降法是存在差别的。对比单机随机梯度下降法的参数更新规则（如下所示，模型和梯度总是匹配的）：

$$w_{t+\tau+1} = w_{t+\tau} - \eta g(w_{t+\tau})$$

可以发现，延迟使得 ASGD 与 SGD 之间在参数更新规则上存在偏差，可能导致模型在某些特定的更新点上出现严重抖动，甚至优化过程出错，无法收敛。为了克服延迟带来的问题，研究人员做了很多尝试。在后续的讨论中我们会逐步加以介绍。

9.3.2　Hogwild! 算法

异步并行算法既可以在多机集群上开展，也可以在多核系统下通过多线程开展。当我们把 ASGD 算法应用到多线程环境中时，因为不再有参数服务器这一角色，算法的细节会发生些许变化。特别地，因为全局模型存储在共享内存中，所以当异步的模型更新发生时，我们需要讨论是否将内存加锁，以保证模型写入的一致性。

Hogwild! 算法[10]为了提高训练过程中的数据吞吐量，选择了无锁的全局模型访问，其工作逻辑如算法 9.7 所示。

算法 9.7　Hogwild! 中工作线程的算法流程

Initialize：全局参数 w，迭代的步长（或学习率）η_t
Repeat
　　获取一组训练样本 $i_t^k \in [n]$，用 e 表示与这组样本相关的参数的下标集合
　　根据这组样本，完成参数的梯度计算并得到一组需要更新的参数的梯度
$$g_j(w) = \nabla_j f_{i_t^k}(w_t), \quad j \in e$$
　　对于 $j \in e$，使用梯度进行更新
$$w_j = w_j - \eta_t g_j(w)$$
Until 终止

当采用不带锁的多线程的写入（即在更新 w_j 的时候，不用先获取对 w_j 的写权限，而直接对其进行更新）时，极有可能会出现某个线程将其他线程刚刚写入的信息覆盖掉的情况。直观的感觉是这应该会对学习过程产生负面影响。不过，当我们对模型访问的稀疏性（sparsity）做一定的限定后，这种访问冲突实际上是非常有限的。这正是 Hogwild! 算法收敛性存在的理论依据。

假设我们要最小化的损失函数为 $l: \mathcal{W} \rightarrow \mathbf{R}$，对于特定的训练样本集合，损失函数 l 是由一系列稀疏子函数组合而来的：

$$l(w) = \sum_{e \in E} f_e(w_e)$$

也就是说，实际的学习过程中，每个训练样本涉及的参数组合 e 只是全体参数集合中的一个很小的子集。我们可以用一个超图 $G = (V, E)$ 来表述这个学习过程中参数和参数之间的关系，其中节点 v 表示参数，而超边 e 表示训练样本涉及的参数组合。那么，稀疏性可以用下面几个统计量加以表示：

$$\Omega := \max_{e \in E} |e|$$

$$\Delta := \frac{\max_{1 \leqslant v \leqslant n} |\{e \in E : v \in e\}|}{|E|}$$

$$\rho := \frac{\max_{e \in E} |\{\hat{e} \in E : \hat{e} \cap e \neq \varnothing\}|}{|E|}$$

其中，Ω 表达了最大超边的大小，也就是单个样本最多涉及的参数个数；Δ 反映的是一个参数最多被多少个不同样本涉及；而 ρ 则反映了给定任意一个超边，与其共享参数的超边个数。这三个量的取值越小，则优化问题越稀疏。在 Ω、Δ、ρ 都比较小的条件下，Hogwild! 算法可以获得线性的加速性能。更准确地讲，Hogwild! 算法的收敛性保证还需要假设损失函数是凸函数，并且是 Lipschitz 连续的，详细的理论证明和定量关系请参考文献［10］。

9.3.3　Cyclades 算法

虽然在稀疏的条件下 Hogwild! 算法的收敛性有一定的理论保证，但是在实际使用过程中，仍存在一定的不足之处。首先，因为运算是完全随机的，所以算法比较难于重复验证，并且出现问题后调试参数和定位问题都比较困难。其次，由于多线程访问内存的模式是完全随机的，会使系统缓存命中率较低，内存访问将成为瓶颈，加速性能会受到很大的制约。

为了克服以上问题，人们提出了 Hogwild！算法的改进版 Cyclades[11]。Cyclades 算法的核心思想是尽量从算法设计的角度减少不同线程之间的冲突。如果各个线程的运算本身就没有多少冲突，它们自然可以安全地异步执行，而不用担心影响整体的收敛性。图 9.4 给出了 Cyclades 算法的系统流程图。

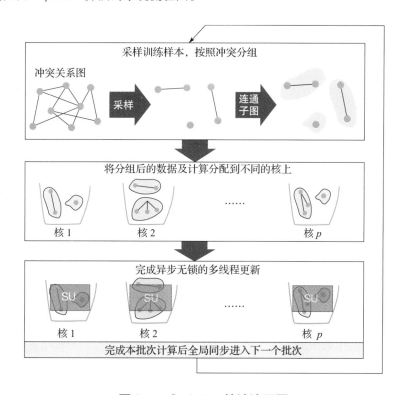

图 9.4 Cyclades 算法流程图

如图 9.4 所示，Cyclades 算法的基本流程如下：

首先要对数据进行预处理。Cyclades 算法本质上是将样本（及其对应的参数区间）进行分组，目的是使不同分组里的样本所对应的参数之间尽量不重叠。为了实现这个目的，首先构建样本和参数之间的二部图，进而得到样本之间的冲突关系图。然后对冲突关系图进行切分，得到相互不冲突的样本分组。接下来，按照分组情况将不同的样本分配到不同的核上进行计算。由于这些样本对应的参数区间基本互不重叠，因此不同核在读写对应参数时也基本不存在冲突。这样，该算法几乎可以完全复现单机串行版本的计算流程。

Cyclades 算法带来的好处是很直观的：它可以减少甚至完全消除无锁访问带来的冲突问题。同时由于计算任务被分割成小的分组，每个核都比较容易控制内存的访问，系统缓存的命中率也明显提高。因此，Cyclades 算法与 Hogwild! 算法相比，无论是收敛速率还是加速性能都有更好的实验表现（图 9.5 给出了在不同任务和数据集下两种算法的对比结果）。

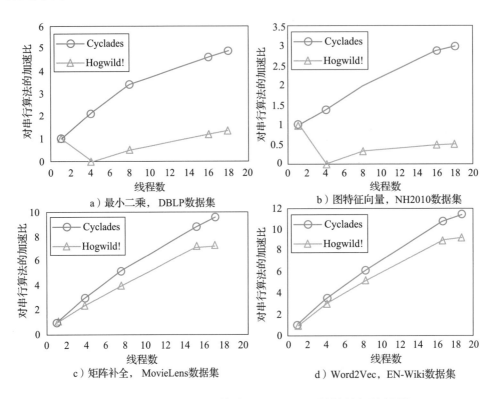

图 9.5　对比 Cyclades 算法和 Hogwild! 算法的加速性能

9.3.4　带延迟处理的异步算法

上文提及异步算法会受到延迟问题的困扰，尤其是在多机并行、数据稠密的情况下更是如此。近年来，研究人员针对这个问题开展了很多研究工作，本小节将对其中一些有代表性的工作加以介绍。

1. AdaDelay 算法

为了处理延迟问题，一种直观的做法是对有延迟的梯度进行一定程度的惩罚：因为这些梯度有延迟（因而与当前的全局模型失配），所以我们有必要降低对它们的信任度。

依照这个思路，AdaDelay 算法[12]将模型更新的学习率（步长）与延迟联系起来。

特别地，假设时刻 t 模型的延迟是 τ_t，那么步长 $\alpha(t, \tau_t)$ 的计算方法为

$$\alpha(t,\tau_t) = (L + \eta(t,\tau_t))^{-1}, \quad \eta(t,\tau_t) = c \sqrt{t + \tau_t}$$

其中，c 用来调节延迟方差和梯度均值对步长的影响。

可以看到，当 c 为常数并且延迟为 0 时，AdaDelay 的步长计算方法就会退化为 SGD 中常用的步长下降策略。实际中，AdaDelay 采用动态的 c，并且对每个参数维度分别计算步长位移 η，其计算公式如下：

$$\eta_j(t,\tau_t) = c_j \sqrt{t + \tau_t}$$

$$c_j = \sqrt{\frac{1}{t} \sum_{s=1}^{t} \frac{i}{s + \tau_s} g_j^2(s - \tau_s)}$$

其中 c_j 是历史梯度的加权平均。

事实上，在提出 AdaDelay 算法之前，人们还提出了一些类似的异步并行方案[13]，它们同样采用了调节步长的策略，只是具体公式与 AdaDelay 有所差别。它们都采用了 $\alpha(t, \tau_t) = (L + \eta(t, \tau_t))^{-1}$ 的形式，但 $\eta(t, \tau_t)$ 的计算方式不同[13]。表 9.2 对这些方法做了总结。实验表明（参见图 9.6），这几种算法中 AdaDelay 的表现最好，并且随着机器数增多，AdaDelay 的优势愈发明显。

表 9.2　不同步长调节方法中 $\eta_j(t, \tau_t)$ 的计算方式

AdaDelay	$\sqrt{\dfrac{1}{t} \sum_{s=1}^{t} \dfrac{s}{s + \tau_s} g_j^2(s - \tau_s)} \sqrt{t + \tau_s}$
AsyncAdaGrad	$\sqrt{\sum_{s=1}^{t} g_j^2(s, \tau_s)}$
AdaptiveRevision	$\sqrt{\sum_{s=1}^{t} g_j^2(s, \tau_s) + 2g_j(t, \tau_t) \sum_{s=t-1}^{t} g_j^2(s, \tau_s)}$

2. 带有延迟补偿的 ASGD 算法 DC-ASGD

AdaDelay 的基本思想是惩罚带延迟的梯度（延迟越大，则学习率越小）。这种做法的问题是并未充分利用分布式学习过程中求得的每一个梯度（某些梯度的作用被弱化了）。那么，有没有一种方法可以充分利用每一个梯度呢？带有延迟补偿的 ASGD（简称

DC-ASGD）算法[14]为此提供了一个有益的思路。

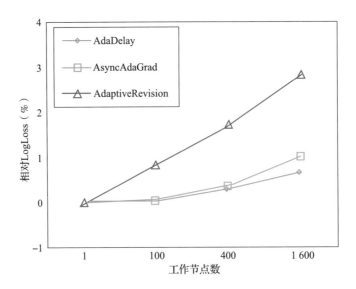

图 9.6   在 CTR2 数据集上 AdaDelay、AsyncAdaGrad、AdaptiveRevision 三个算法在不同工作节点数（最大延迟）情况下相对性能的对比（数值越低越好）

为了更好地说明 DC-ASGD 的原理，我们再次考察 SGD 和 ASGD 的更新公式：

$$\text{SGD：} w_{t+\tau+1} = w_{t+\tau} - \eta g(w_{t+\tau})$$

$$\text{ASGD：} w_{t+\tau+1} = w_{t+\tau} - \eta g(w_t)$$

其中 $g(w_t)$ 与 $g(w_{t+\tau})$ 之间的差别是由延迟带来的。充分利用延迟梯度的一种方法是设法从中恢复出真实梯度，也就是使用延迟梯度 $g(w_t)$ 去尽可能地近似 $g(w_{t+\tau})$。为此，我们对 $g(w_{t+\tau})$ 在 w_t 点进行泰勒展开：

$$g(w_{t+\tau}) = g(w_t) + (\nabla g(w_t))^T (w_{t+\tau} - w_t) + O((w_{t+\tau} - w_t)^2)I$$

对比 ASGD 的更新公式，可以发现 ASGD 实际上使用了 $g(w_{t+\tau})$ 泰勒展开中的 0 阶项作为 $g(w_{t+\tau})$ 的近似，而完全忽略了其余高阶项 $(\nabla g(w_t))^T (w_{t+\tau} - w_t) + O((w_{t+\tau} - w_t)^2)I$，这就是延迟梯度导致问题的根本原因。

洞悉到这一点，一个自然的解决方案是利用泰勒展开式中的高阶项来获得对真实梯度更好的近似。然而这种做法在实际中是有困难的，因为高阶项的计算代价很高。即使是最简单的延迟补偿——仅额外保留泰勒展开式中的一阶项，即

$$g(w_{t+\tau}) = g(w_t) + (\nabla g(w_t))^T (w_{t+\tau} - w_t)$$

也是相当困难的，因为一阶项中包含了梯度 g 的导数，也就是损失函数的海森矩阵 $H(w_t)$。对于一个典型的深度学习模型而言，几百万维参数是极为常见的，相应的海森矩阵将会包含数万亿个元素。很明显，海森矩阵的计算需要花费巨大的计算量和存储空间，在实践中会得不偿失。DC-ASGD 算法巧妙地使用了一种对海森矩阵的近似，避免了上述计算和存储的困难。下面我们就详细地介绍一下。

首先，用 $G(w_t)$ 表示梯度 $g(w_t)$ 的外积矩阵：

$$G(w_t) = \left(\frac{\partial}{\partial w} l(w_t; x, y) \right) \left(\frac{\partial}{\partial w} l(w_t; x, y) \right)^T$$

由于交叉熵函数是 softmax 分布的负对数似然函数，根据费舍尔信息矩阵（Fisher Matrix）的两种等价计算方式，我们可以得出外积矩阵 $G(w_t)$ 是海森矩阵的一个渐近的无偏估计：

$$\varepsilon_t \triangleq \mathbb{E}_{(y|x,w^*)} \| G(w_t) - H(w_t) \| \to 0, \quad t \to \infty$$

当然，好的近似不仅仅要求无偏，还需要有较小的方差。为了进一步降低 $G(w_t)$ 近似的方差，我们采用 $G(w_t)$ 与 $H(w_t)$ 的均方误差（MSE）作为衡量标准：

$$\mathrm{mse}^t(G) = \mathbb{E}_{(y|x,w^*)} \| G(w_t) - H(w_t) \|^2$$

通过一定的数学推导，可以得出如果使用 $\lambda G(w_t) \triangleq [\lambda g_{ij}^t]$ 来近似 $H(w_t)$，并恰当地选择 λ，可以取得比 $G(w_t)$ 更小的估计均方误差[14]。为了进一步节约 $\lambda G(w_t)$ 的存储与运算时间，实践中还可以采用对角化技术，只存储和计算 $\lambda G(w_t)$ 的对角线元素 $\mathrm{Diag}(\lambda G(w_t))$，作为 $H(w_t)$ 的近似。有了上述高效的近似，我们可以得到 DC-ASGD 的最终算法，参见算法 9.8。

算法 9.8　DC-ASGD 算法流程

// 工作节点 k 的算法流程

Initialize：全局参数 w，工作节点的局部模型，局部工作节点数 K，当前工作节点编号 k，全局迭代数 T，迭代的步长（或学习率）η_t

for $t = 1, 2, \cdots, T$ **do**

　　从参数服务器获取当前模型 w_t^k

　　从训练集 S 中随机抽取或者在线获取样本（或小批量）$i_t^k \in [n]$

计算这个样本(或小批量)上的随机梯度 $g_t^k = \nabla f_{i_t^k}(w_t)$

将 g_t^k 发送到参数服务器

end for

// 参数服务器端的算法流程

Initialize：参数服务器中存储的全局参数 w，每个工作节点最近取走的参数的备份

        $w^{\text{bak}_k}, k = 1, 2, \cdots, K$

Repeat

  Repeat

    等待；

  Until 收到新消息

  if 收到更新梯度信息 g_t^k **do**

    更新服务器端的模型 $w = w - \eta_t (g_t^k + \lambda_t g_t^k \odot g_t^k \odot (w - w^{\text{bak}_k}))$

  end if

  if 收到参数获取请求 **do**

    发送最新的参数 w 给对应的工作节点

    更新 k 在服务器端的备份模型 $w^{\text{bak}_k} = w$

  end if

Until 终止

图 9.7 和图 9.8 展示了 DC-ASGD、ASGD 和 SSGD 三种分布式算法分别在 CIAFR-10 数据集和 IMAGENET 数据集上学习的效果对比。从图中可以看到，在使用 8 个工作节点的情况下，不管是 ASGD 算法还是 SSGD 算法，在训练得到的模型的精度方面都比 SGD 要差一些，其中 ASGD 算法的结果是最差的。DC-ASGD 算法可以通过补偿异步延迟，达到远超过 ASGD 算法的收敛效果，甚至可以和单机 SGD 算法相媲美。若以绝对时间为横轴，DC-ASGD 算法和 ASGD 算法有着同样的数据吞吐速率，但是由于收敛效果好，加速比最快。在 16 个工作节点的情况下，DC-ASGD 算法仍然收敛速度最快，加速比最高。

3. 进一步理解异步方法中的延迟问题

异步的分布式学习算法因为速度上有明显优势，受到学术界的热议。有人认为异步更新不合理，因为对延迟缺乏科学的描述和处理办法；有人则在尝试各种实际的办法来减少延迟带来的问题。近年来，研究人员开始尝试对异步延迟进行比较系统的数学建模，甚至寻找它的合理性。在本小节中，我们为大家介绍一些对异步延迟的解释工作。

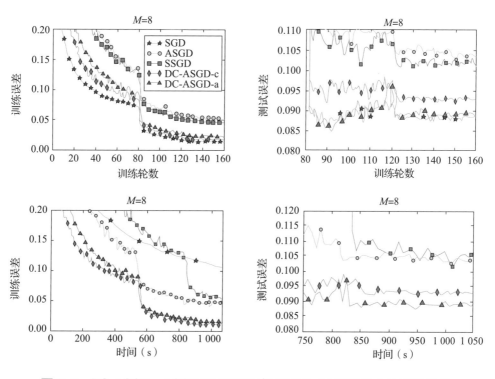

图 9.7　DC-ASGD、ASGD 和 SSGD 在 CIFAR-10 数据集上的实验结果

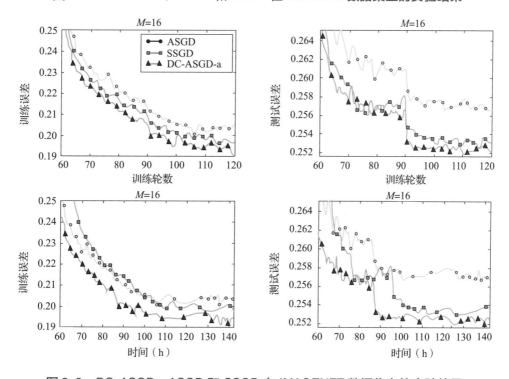

图 9.8　DC-ASGD、ASGD 和 SSGD 在 IMAGENET 数据集上的实验结果

为了阐述方便，我们仍然以 ASGD 算法为对象进行讨论。该算法在训练中需要不断地随机抽取样本（或者小批量）来进行训练，因此算法流程本身就充满着随机噪声。而异步延迟带来的影响也可以理解成一种噪声。从这个角度来看，有两个有趣的问题：以上两种噪声强弱对比如何？异步延迟到底会对 ASGD 的优化产生多大的影响呢？

Chris Ré 的研究组对这个问题开展了一些有益的讨论[15]。按照他们的分析，在凸优化问题中，随机样本带来的噪声远远大于异步延迟所带来的噪声，因此 ASGD 完全有可能达到与单机 SGD 相同的收敛速率。这个结论的前提条件是最优模型附近的海森矩阵是正定的，同时梯度是光滑的。这个结论说明，对于凸优化问题 ASGD 的延迟不会对学习算法造成颠覆性的影响。另一方面，对于非凸问题，异步延迟引入的额外随机性可能帮助我们探索更多、更好的局部最优点，并缓解训练过程中的过拟合问题。

也有研究人员从冲量的角度对异步并行优化进行定量的解释[16]。其基本观点是认为异步的更新过程实际上是将一些旧的梯度通过排队的方式更新到当前模型中，其效果与在 SGD 的迭代过程中加入冲量项的作用非常类似。我们考虑 K 个异步工作的节点，对参数更新的期望满足下面的形式：

$$\mathbb{E}[w_{t+1} - w_t] = \left(1 - \frac{1}{K}\right)\mathbb{E}[w_t - w_{t-1}] - \frac{\eta}{K}\mathbb{E}\,\nabla_w f(w_t)$$

其中 η 是学习率。这种形式正好对应了一个带冲量的更新过程，其中冲量系数为 $1 - \frac{1}{K}$。依据上述公式，当机器数目 K 变大时，异步带来的冲量实际上是随之变大的，相应地，原算法中的冲量应该减小。以上的理论分析为我们提供了一种处理异步延迟的新手段：只要将原优化算法中的冲量系数调小，就可以部分地补偿异步延迟带来的影响。不过这种调节有一定的局限性，当工作节点数 K 过大时，异步延迟所带来的冲量增加已经无法靠调小原算法中的冲量系数加以补偿，这时异步分布式算法就无法达到单机算法的收敛速率了。因此，异步并行的分布式机器学习过程中，总的工作节点数 K 不能太大：假设一个 SGD 优化方法的最优冲量系数为 μ^*，为了使异步并行算法达到和单机算法一样的收敛速率，就要求 $1 - \frac{1}{K} < \mu^*$，或者 $K < \frac{1}{1-\mu^*}$。

以上讨论可以帮助我们加深对异步分布式机器学习的理解。然而，我们还远没有完全掌控异步延迟带来的所有影响。与此相关的研究空间还很大，感兴趣的读者可以继续思考。

9.3.5　异步方法的进一步加速

在第 5 章中,我们介绍了改进随机优化算法的方差缩减方法,这类方法可以有效地提高优化的收敛速率[5,17]。那么,我们不禁好奇:这类方差缩减方法是否也能帮助我们提高异步算法的效率呢? 研究人员对此进行了研究[18],证明了异步随机方差缩减梯度法能取得更好的收敛速率,同时,该方法在实践中对稀疏模型也能取得接近线性的加速。另一方面,带有方差缩减的异步并行方法与经典 ASGD 方法相比,要增加一个求全局梯度的过程。这个过程相当于将数据多过了一遍,因此其运算复杂度大体上是 ASGD的两倍。

9.3.6　讨论

本节主要介绍了异步分布式机器学习算法。从某种意义上讲,异步算法将整个分布式机器学习系统从全局同步的桎梏中解放出来,允许速度比较快的工作节点更好地发挥自己的效能。但异步并行是一把双刃剑:一方面,它可以带来更高的吞吐率;另一方面,它也带来了延迟更新的问题,使得整体优化过程的收敛速率受到一定影响。不过,实践表明,如果可以在算法层面对于延迟进行合理的处理,速度的优势将会成为主导因素。因此,异步并行算法在大规模的分布式环境中大有用武之地。

9.4　同步和异步的对比与融合

9.4.1　同步和异步算法的实验对比

前面我们分别介绍了常见的同步和异步算法,本小节中,我们对这些算法进行实验对比。我们主要考察三种同步算法(SSGD、MA、BMUF)和两种异步算法(ASGD、DC-ASGD)。我们选取 CIFAR10 数据集和 ResNet18 模型[19],在 4 块 GPU 卡上进行数据并行的实验,分别对比不同算法的收敛速率和加速性能。实验结果如图 9.9 所示。

为了比较加速效果,图 9.9a 展示了每种算法随时间收敛的曲线。从图中可以看出,各种算法相比于单机 SGD 都取得了显著的加速。其中异步算法如 ASGD、DC-ASGD 由于等待的时间较少,加速效果较明显。SSGD 相对于异步算法要稍慢一些。而基于模型平均的算法由于通信频率比较低,与异步算法在时间上表现相似,不过由于通信频率过低,算法最终收敛到的点比其他算法略差。

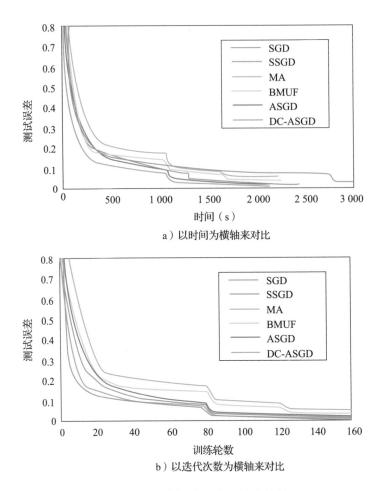

a）以时间为横轴来对比

b）以迭代次数为横轴来对比

图9.9　比较各种同步和异步算法

图 9.9b 对比各种算法在同样迭代次数下的收敛速率。从图中可以看出，SSGD 算法比 ASGD 算法的精度要好，与单机 SGD 算法更加接近。DC-ASGD 算法由于采用了延迟补偿的技术，精度有所提高。基于模型平均的算法 MA 和 BMUF 比其他方法的精度略差。其中 BMUF 由于引入了冲量，表现略好于 MA。

总之，每种算法在不同场景下各有优势。由于 SSGD 与单机 SGD 算法存在某种等价关系，在通信代价不构成瓶颈的前提下，是一种很好的选择。当通信成为分布式计算的瓶颈时，我们可以使用异步算法在更短的时间内训练出一个不错的模型。当异步的延迟很大时，DC-ASGD 技术可以缓解延迟问题，从而提高模型的精度。如果即便使用异步更新通信开销还是明显大于计算开销，那么可以使用基于模型平均的算法，通过降低通信频率来提高整体模型训练的效率。建议读者在实践中根据自己的应用场景，参照每种算法各自的优缺点，选择适合自己的算法。

9.4.2 同步和异步的融合

同步和异步算法有各自的优缺点和适用场景。如果可以把它们结合起来应用，取长补短，或许可以更好地达到收敛速率与收敛精度的平衡。例如：对于机器数目很多、本地工作节点负载不均衡的集群，可以考虑按照工作节点的运算速度和网络连接情况进行聚类分组，将性能相近的节点分为一组。由于组内的工作节点性能相近，可以采用同步并行的方式进行训练；而由于各组间运算速度差异大，更适合采用异步并行的方式进行训练。这种混合并行方法既不会让运行速度慢的本地工作节点过度拖累全局训练速度，也不会引入过大的异步延迟从而影响收敛精度。图 9.10 展示了一个能够完成这种混合并行的原型系统框架。

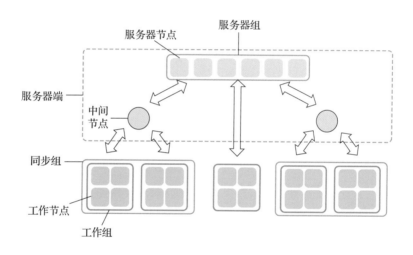

图 9.10 有分组的并行机器学习系统

混合并行算法的核心挑战是如何找到一种合理的工作节点分组方式。对于分组方式的简单暴力搜索是不可行的，因为组合数非常大。比如对于 16 个工作节点组成的集群，不同的分组情况有 10 480 142 147 种。一种比较实用的方法是对工作节点按照某种指标进行聚类，再按照聚类结果，采用组内同步、组间异步的方式来规划分布式机器学习系统的运行逻辑。不过，显而易见，当采取不同的指标时，聚类的结果会有很大差别。为了取得更好的聚类效果，我们可以利用另外一个机器学习模型来学习最优的聚类，也就是采取所谓元学习（meta learning 或 learning to learn）的思路。

图 9.11 给出了一个可行的元学习系统流程：首先针对工作节点和运行的学习任务提取一系列的特征。工作节点的特征可以包括 CPU/GPU 的计算性能、内存、硬盘的信

息，以及工作节点两两之间的网络连接情况等；学习任务的特征可以包括数据的维度、模型的大小和结构等。我们可以首先利用工作节点的特征，采用层次聚类的方法得到若干候选分组。然后用这些候选分组在抽样的数据集上进行试训练，得到分布式训练的速度（比如到达特定的精度所需要的时间）。而后针对这些分组和学习任务的特征，训练一个预测优化速度的神经网络模型。之后利用这个模型对于未知的候选分组进行打分，最终找到这个任务上最好的分组。

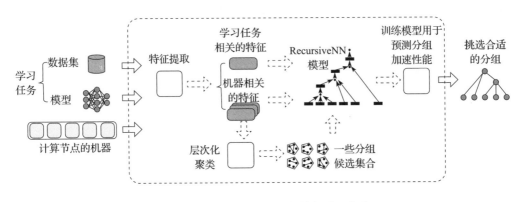

图 9.11   一种可行的混合并行选取框架

我们针对以上元学习的思路，在 CIFAR-100 数据集上进行了一些初步的实验研究。具体而言，我们采用递归神经网络来对学习效果进行预测。如图 9.12 所示，我们用各工作节点按照层次化聚类得到的分组结果来定义递归神经网络的结构，分组内的权重称为同步权重，组间的权重称为异步权重。同时，工作节点的特征、训练数据集、训练模型的特征也被输入到递归神经网络中，并在最高层通过任务权重进行复合。

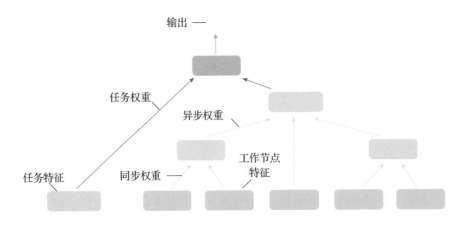

图 9.12   递归神经网络示意图

实验中，我们使用了 16 个工作节点组成的集群。随机选出 4 个工作节点，将其负载变高，运算速度变慢，以模拟性能不均衡的集群环境。此时混合并行算法展现出了比纯同步或异步都更好的效果（参见图 9.13）。

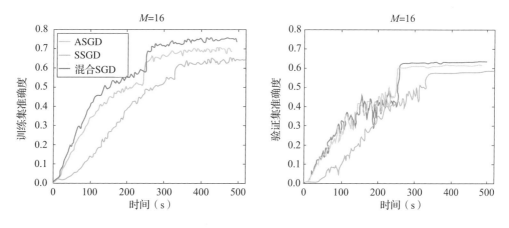

图 9.13　比较混合 SGD 和 ASGD、SSGD 的表现　（CIFAR-100）

客观地讲，有关混合并行的研究还很初步，还有很大的发展空间。我们鼓励读者对这个方面进行更加深入的研究，通过大家的共同努力，使得超大规模异构集群上的分布式机器学习方法得到更加长足的发展。

9.5　模型并行算法

前面几节中，我们主要介绍了基于数据并行的同步、异步算法，在本章的最后，我们简要介绍几种模型并行的算法。模型并行通常用来解决大模型的挑战。当模型太大以至于单机内存不能完全存储时，需要将模型划分并存储在不同机器上，并利用这些机器协同完成大模型的训练。接下来，我们将为大家介绍模型并行的两个经典算法：DistBelief[20] 和 AlexNet[21]。

9.5.1　DistBelief

DistBelief 是利用分布式机器学习来进行大规模神经网络训练较早的案例。DistBelief 既采用了数据并行，又使用了模型并行。整个系统如图 9.14 所示。该系统由多个模型副本和参数服务器组成。该系统首先利用参数服务器进行数据并行，对每个模型副本上使用了前面描述的 ASGD 算法进行异步训练。由于模型过大，每个模型副本又由一组模型并行的节点来完成训练。

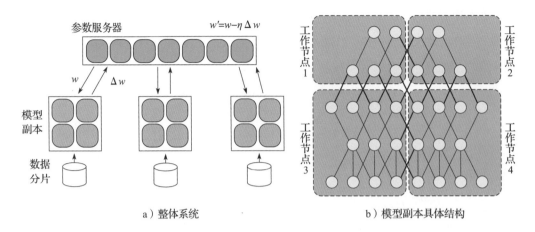

图 9.14 DistBelief **系统结构图**

在 DistBelief 的实验中，作者使用了最多 144 份模型分块来进行并行训练。在这样的分布式模式下，各个工作节点上会聚合来自其他不同节点的中间数据，用以完成它自己的本地运算，随后，它再把自己产生的数据传递给后续工作节点。其实验结果显示[20]：当模型较大时，加速比会随着机器数目的增加而提高，最好的情况是可以用 128 台机器实现 12 倍的加速比。而当模型较小时，使用 16 台以上机器实现模型并行并不会产生加速，有时甚至因为通信而比单机更慢。

9.5.2 AlexNet

基于模型并行的算法还有一个典型例子，那就是用于图像分类的 AlexNet 算法[21]。AlexNet 的训练需要由两个 GPU 卡并行完成。在 AlexNet 中，卷积核被划分为两组，分别在两块 GPU 上做模型并行训练。不过，AlexNet 对模型进行了一定的修改。依照常规的模型并行逻辑，每层神经网络的计算过程中都会发生通信，然而在 AlexNet 中，第一个卷积层到第二个卷积层、第三个卷积层到第四个卷积层以及第四个卷积层到第五个卷积层的两路计算之间没有依赖，因而无须交互和通信。这样做主要是为了减少通信的数据量，提高并行的效率。

基于模型并行的算法从直观上可以理解成把多个工作节点虚拟化为一个巨大的计算节点。在计算过程中模型划分越多，交互和通信也将越多，并且任何一个工作节点出现问题整个计算都会受到影响，因此鲁棒性欠佳。AlexNet 在提高效率方面进行了有益的尝试，通过在模型设计中放弃一些交互，换来整体效率的提升。

AlexNet 使用了两个 GPU 卡，训练速度比单 GPU 版本（中间卷积层拥有一半参数，最后一个卷积层拥有相同参数）要略快一些，而精度上则比单 GPU 版本对应的小模型有 1.7% 和 1.5% 的提高（特指在 ImageNet 数据集上的 Top1 和 Top5 精度）。

9.6　总结

本章中，我们详细介绍了常用的分布式机器学习算法。具体来说，我们主要将分布式机器学习算法分为同步算法和异步算法两类，讨论了每个算法的细节以及它们的优缺点。

同步算法的学习流程比较可控，但需要考虑如何有效缩小同步带来的通信代价（包括传输和等待）。现行的方法主要通过参数调节来改善效率，比如合理设置小批量的大小、学习率（步长）的大小，以及在同步时加入冲量等。

异步方法在运行过程中不存在等待的问题，但需要考虑异步并行带来的延迟，以保证训练精度。处理延迟问题的方法包括对延迟更新进行惩罚、使用延迟补偿对延迟更新进行纠正等。另外，理论分析表明，异步带来的影响也可以解释为一种模型冲量，因而可以通过调整训练过程中的冲量系数来加以缓解。

同步和异步的方法各有利弊，并且很大程度上受到硬件资源情况的影响。比如，通常的实验室环境下，各个机器都是独占运行，并且它们的硬件配置也比较一致，因此不存在哪个工作节点明显拖后腿的问题，这种情况下可以考虑同步的方法，既简单又有效。但如果在一个大规模的数据中心里，情况就有所不同了。机器之间的硬件配置和网络连接都可能有所不同，甚至会使用虚拟化的技术实现计算和存储资源共享。这时候，很可能不同机器的工作压力不同，有的机器快，有的机器慢，同步并行的效率就会低下；反之，异步方法往往更加行之有效。在更加复杂的情形，可能需要考虑同步方法和异步方法的混合，让系统中工作速度比较接近的节点以同步的方式工作，而速度差别比较大的节点采用异步方式工作，从而在效率和精度之间达到平衡。

参考文献

[1]　Zinkevich M, Weimer M, Li L, et al. Parallelized Stochastic Gradient Descent[C]//Advances in Neural Information Processing Systems. 2010：2595-2603.

[2]　Keskar N S, Mudigere D, Nocedal J, et al. On Large-Batch Training for Deep Learning：Generalization Gap and Sharp Minima[C].// ICLR 2017.

[3] Goyal P, Dollár P, Girshick R, et al. Accurate, Large Minibatch SGD: Training Imagenet in 1 Hour[J]. arXiv preprint arXiv:1706.02677, 2017.

[4] McDonald R, Hall K, Mann G. Distributed Training Strategies for the Structured Perceptron[C]// Human Language Technologies: The 2010 Annual Conference of the North American Chapter of the Association for Computational Linguistics. Association for Computational Linguistics, 2010: 456-464.

[5] Sutskever I, Martens J, Dahl G, et al. On the Importance of Initialization and Momentum in Deep Learning[C]//International Conference on Machine Learning. 2013: 1139-1147.

[6] Chen K, Huo Q. Scalable Training of Deep Learning Machines by Incremental Block Training with Intra-block Parallel Optimization and Blockwise Model-update Filtering[C]//Acoustics, Speech and Signal Processing (ICASSP), 2016 IEEE International Conference on. IEEE, 2016: 5880-5884.

[7] Boyd, Stephen, Neal Parikh, Eric Chu, Borja Peleato, Jonathan Eckstein. Distributed Optimization and Statistical Learning via the Alternating Direction Method of Multipliers[J]. Foundations and Trends® in Machine Learning 3, 2011,1: 1-122.

[8] Zhang S, Choromanska A E, LeCun Y. Deep Learning with Elastic Averaging SGD[C]//Advances in Neural Information Processing Systems. 2015: 685-693.

[9] Agarwal A, Duchi J C. Distributed Delayed Stochastic Optimization[C]//Advances in Neural Information Processing Systems. 2011: 873-881.

[10] Recht B, Re C, Wright S, et al. Hogwild: A Lock-free Approach to Parallelizing Stochastic Gradient Descent[C]//Advances in Neural Information Processing Systems. 2011: 693-701.

[11] Pan X, Lam M, Tu S, et al. Cyclades: Conflict-free Asynchronous Machine Learning[C]//Advances in Neural Information Processing Systems. 2016: 2568-2576.

[12] Sra S, Yu A W, Li M, et al. Adadelay: Delay Adaptive Distributed Stochastic Convex Optimization[J]. arXiv preprint arXiv:1508.05003, 2015.

[13] McMahan B, Streeter M. Delay-tolerant Algorithms for Asynchronous Distributed Online Learning [C]//Advances in Neural Information Processing Systems. 2014: 2915-2923.

[14] Zheng S, Meng Q, Wang T, et al. Asynchronous Stochastic Gradient Descent with Delay Compensation for Distributed Deep Learning[J]. arXiv preprint arXiv:1609.08326, 2016.

[15] Chaturapruek S, Duchi J C, Ré C. Asynchronous Stochastic Convex Optimization: The Noise Is in the Noise and SGD Don't Care[C]//Advances in Neural Information Processing Systems. 2015: 1531-1539.

[16] Mitliagkas I, Zhang C, Hadjis S, et al. Asynchrony Begets Momentum, with An Application to Deep Learning[C]//Communication, Control, and Computing (Allerton), 2016 54th Annual Allerton Conference on. IEEE, 2016: 997-1004.

[17] Johnson R, Zhang T. Accelerating Stochastic Gradient Descent Using Predictive Variance Reduc-

tion[C]//Advances in Neural Information Processing Systems. 2013: 315-323.

[18] Reddi S J, Hefny A, Sra S, et al. On Variance Reduction in Stochastic Gradient Descent and Its Asynchronous Variants [C]//Advances in Neural Information Processing Systems. 2015: 2647-2655.

[19] He K, Zhang X, Ren S, et al. Deep Residual Learning for Image Recognition[C]//Proceedings of the IEEE Conference on Computer Vision and Pattern Recognition. 2016: 770-778.

[20] Dean J, Corrado G, Monga R, et al. Large Scale Distributed Deep Networks[C]//Advances in Neural Information Processing Systems. 2012: 1223-1231.

[21] Krizhevsky A, Sutskever I, Hinton G E. Imagenet Classification with Deep Convolutional Neural Networks[C]//Advances in Neural Information Processing Systems. 2012: 1097-1105.

CHAPTER

10

第10章

DISTRIBUTED MACHINE LEARNING
Theories, Algorithms, and Systems

分布式机器学习理论

10.1　基本概述

前几章分别介绍了分布式机器学习的各个组成部分，包括数据与模型划分、通信机制和模型聚合，以及对应的典型算法，并且讨论了部分分布式机器学习算法在实验中的加速比性能。本章将深入讨论分布式机器学习理论，为读者从理论角度理解和设计分布式机器学习算法提供更多的思路。

分布式机器学习的目标是使用大规模计算资源，充分利用大数据来训练大模型，从而加快训练速度或者实现训练规模的突破。因而，我们希望分布式机器学习算法具有以下依次递进的良好属性。

1）收敛性：具有良好的收敛性质，能够以可接受的收敛速率收敛到（正则化）经验风险的最优模型；

2）加速比：相比对应的单机优化算法，达到同样的模型精度所需要的时间明显降低，甚至随着工作节点数的增加，需要的时间以线性的阶数减少；

3）泛化性：不出现过拟合现象，不仅训练性能好，测试性能也好。

大部分分布式机器学习算法都有收敛性分析和加速比分析，我们会按照优化目标的性质、本地优化算法的类别、数据与模型并行模式、通信和聚合方式这些方面归纳总结，讨论分布式机器学习各个组成部分对收敛速率和加速比的影响。其中值得一提的是：为了达到更好的加速比，有时我们会人为减少工作节点之间的通信量。但是想要算法收敛到最优模型，一般需要满足最小的通信量，我们称之为通信量下界。通信量下界的研究目前还局限在比较简单的分布式机器学习算法，我们希望通过介绍现有工作启发读者理解或者研究更复杂的分布式机器学习算法的通信量下界。

对非凸任务（比如深度学习），与算法相关的泛化性能分析非常重要，因为不同算法在模型空间的优化路径不同，停留的局部凸子域也不同，从某种意义上讲，起到了正则化的作用。因而，对于这类机器学习任务，在进行误差分解的时候，优化误差和估计误差应该联合在一起考虑。

本章接下来的三个小节依次介绍分布式机器学习理论的这三个方面。

10.2　收敛性分析

首先，我们回顾一下优化算法的收敛速率的定义。假设优化算法的目标是

$$\min_{w \in \mathcal{W}} f(w)$$

其中，$\mathcal{W}$ 是参数空间，$f(w)$ 为目标函数。记算法在迭代的第 T 步输出的模型参数是 w_T，最优的模型参数为 $w^* = \arg \min_w f(w)$，如果两者在参数空间的距离或者对应的目标函数值有以下上界，

$$\mathbb{E} \left\| w_T - w^* \right\|^2 \leqslant \varepsilon(T)，\text{或者 } \mathbb{E} f(w_T) - f(w^*) \leqslant \varepsilon(T)$$

并且 $\varepsilon(T)$ 随 $T \to \infty$ 收敛到 0，那么称这个算法是收敛的。此时称 $\log \varepsilon(T)$ 关于 T 的阶数为算法的收敛速率。常见的收敛速率有线性的、次线性的和超线性的。

分布式机器学习算法的收敛速率与学习任务中的目标函数和优化算法以及分布式并行机制都有关系。

首先，优化问题的难易程度对分布式学习算法的收敛速率影响很大。依照第 4 章、第 5 章的讨论，我们知道如果优化目标的凸性和光滑性质比较好，算法的收敛速率会比较快。

其次，我们所选用的优化算法对收敛速率也有显著的影响。比如分布式优化算法中使用的是一阶还是二阶算法，是确定性算法还是随机算法，是原始方法还是对偶方法，对应的收敛速率是不同的。

再次，即使针对同一个优化问题，在选定使用某一个优化算法之后，分布式并行框架的各个环节也会对收敛速率产生影响。比如，是否进行数据/模型划分，通信是同步还是异步的，有锁还是无锁等等，都会影响分布式机器学习算法的收敛速率。

之前各个章节对以上因素已经有过零散的介绍，本节将具体地比对并讨论这些因素对分布式机器学习算法收敛速率的影响。

10.2.1　优化目标和算法

本小节讨论目标函数和优化方法对分布式机器学习算法的收敛性质的影响。我们固定分布式并行框架中的其他环节，并以最简单的实现为例，也就是数据在线产生并且不划分、模型不划分、同步通信、模型参数加和等。

考虑如下学习问题：

$$\min_{w \in \mathcal{W}} f(w) := E_{x,y} \left[l(w;x,y) \right]$$

我们用所学模型的期望损失和最优模型 w^* 的期望损失的差值来衡量该模型的性能，称

之为期望最优偏差。

假设分布式算法为同步算法，K 个工作节点独立同分布地从真实分布中抽取 b 个样本，计算当前模型在这 b 个样本上的梯度值之和，然后把所有工作节点的梯度值相加（对应 bK 个样本），以某种算法更新模型，进入下一轮迭代，直到抽取的总样本数达到 m 个。

研究表明[1-4]，并行算法和其串行版本的收敛性具有如下关系：

定理 10.1　假设随机梯度的方差存在上界 σ^2，如果基于 m 个样本的串行算法的期望最优偏差存在上界 $\overline{\psi}(\sigma^2, m)$，那么基于 m 个样本的分布式算法的期望最优偏差为

$$\overline{\psi}\left(\frac{\sigma^2}{bK}, \frac{m}{bK}\right)$$

其中 K 为工作节点个数，b 为小批量规模。

定理 10.1 中没有限定目标函数的具体性质，也没有限定优化算法的具体类别。也就是说，对于任何性质的目标函数的任何优化算法，其对应的同步并行版本的收敛速率都可以依照如上定理导出。

表 10.1 总结了针对不同类型的目标函数，梯度法的串行版本和并行版本所对应的收敛率（其中，D 为参数空间的直径）。

表 10.1　梯度法的收敛率

目标函数	优化算法	期望最优偏差 - 串行	期望最优偏差 - 同步并行
凸、光滑	梯度下降法	$\dfrac{2D^2\beta}{m} + \dfrac{2D\sigma}{\sqrt{m}}$	$\dfrac{2bKD^2\beta}{m} + \dfrac{2D\sigma}{\sqrt{m}}$
凸、光滑	加速梯度法	$\dfrac{4D^2\beta}{m^2} + \dfrac{4D\sigma}{\sqrt{m}}$	$\dfrac{4(bK)^2D^2\beta}{m^2} + \dfrac{4D\sigma}{\sqrt{m}}$
强凸、光滑	梯度下降法	$\dfrac{\beta}{m^2} + \dfrac{\sigma^2}{\alpha m}$	$\dfrac{(bK)^2\beta}{m^2} + \dfrac{\sigma^2}{\alpha m}$

从表 10.1 中，我们可以得到以下结论：

1）如果优化算法从梯度法加强为加速梯度法，其同步并行版本的收敛速率也会加快，从 $O\left(\dfrac{1}{m} + \dfrac{1}{\sqrt{m}}\right)$ 加快到 $O\left(\dfrac{1}{m^2} + \dfrac{1}{\sqrt{m}}\right)$。

2）如果目标函数的性质从凸性加强为强凸性，同步 SGD 的收敛速率也会加快，从

$O\left(\dfrac{1}{m}+\dfrac{1}{\sqrt{m}}\right)$ 加快到 $O\left(\dfrac{1}{m^2}+\dfrac{1}{m}\right)$。

除了梯度下降法和加速梯度法之外，第 4 章介绍过的大部分优化算法都可以实现同步并行。为方便读者查阅，我们将它们的串行版本的收敛速率整理在表 10.2 中。根据定理 10.1，可以得到这些算法的同步并行版本所对应的收敛速率。

表 10.2　更多优化算法的收敛速率

目标函数条件	优化算法	收敛速率
凸	SCD	$\dfrac{d}{c\varepsilon}$
强凸	SCD	$\dfrac{dQ}{c}\log\dfrac{1}{\varepsilon}$
强凸，光滑	SVRG	$(n+Q)\log\dfrac{1}{\varepsilon}$
凸，光滑	Frank-Wolfe	$\dfrac{d}{cb^2\varepsilon}$
强凸，光滑	SDCA	$\left(\dfrac{Q}{b\lambda}+\dfrac{n}{b}\right)\log\left(\dfrac{Q}{b\lambda}+\dfrac{n}{b}\right)\dfrac{1}{\varepsilon}$
强凸，光滑	L-BFGS	$\dfrac{Q}{\varepsilon}$

其中，ε 是算法精度，d 是维度，c 是一个维度块内包含的维度数量，Q 是强凸问题的条件数，b 是小批量规模，n 是训练样本个数，λ 为拉格朗日系数。

10.2.2　数据和模型并行

在第 6 章中，我们详细介绍了数据和模型并行，并进行了简略的收敛性分析。本小节将更加细致地分析和总结数据和模型并行对分布式机器学习算法收敛性质的影响。

1. 数据划分的影响

首先简单回顾一下第 6 章中介绍过的数据生成和划分的不同方式。数据的生成方式有在线和离线两种：在线生成方式中，数据在优化过程中在线产生，数据不会重复使用；在离线生成方式中，数据在优化过程之前提前生成好，每个数据一般在优化过程中重复使用多次。离线生成的数据可以通过随机采样的方式或置乱切分的方式分配到各个工作节点，而置乱切分又包括全局置乱切分和局部置乱切分两种方式。

为了更好地对比讨论，在线生成的数据个数记为 m，离线生成的数据集规模记为 n，

过数据的轮数记为 S，假设目标函数是强凸的、Lipschitz 连续的。回顾 6.2 节的内容，如果数据是在线生成的，对于凸问题的同步并行优化的后悔度为 $O(\sqrt{m})$，并且可以通过在线－离线转换技术得到离线情形的收敛速率。然而，据我们所知，目前无法通过类似的技术，得到对于强凸问题，同步并行优化在离线数据上的收敛速率。针对这一部分，需要其他的分析技术。表 10.3 以同步 SGD 为例总结了对于非凸问题，离线数据上不同划分方式对并行化算法的收敛速率的影响。

表10.3　不同的数据划分方式对应的收敛速率

划分模式	收敛速率
随机采样划分	$O\left(\dfrac{1}{\sqrt{nS}}+\dfrac{bK}{nS}\right)$
全局置乱切分	$O\left(\dfrac{1}{\sqrt{nS}}+\dfrac{bK}{nS}+\dfrac{\log n}{n}\right)$
局部置乱切分	$O\left(\dfrac{1}{\sqrt{nS}}+\dfrac{bK}{nS}+\dfrac{K\log n}{n}\right)$

根据表 10.3，我们有如下观察：

1）对比随机采样划分，全局置乱切分的收敛界更大，因为置乱对数据分布的保持比采样还是要差一些。

2）随机采样划分和全局置乱切分的收敛界中包含了相同的一项 $\dfrac{bK}{nS}$，如果这一项在两个界中都是速率最慢的（可以反算出 $S\leqslant bK$），那么基于随机采样划分和全局置乱切分的并行算法的收敛速率是同阶的。直观上讲，如果置乱次数增加，对数据分布的保持跟采样相比会差更多，所以需要限制置乱次数。

3）相比全局置乱切分，局部置乱切分的收敛界更大（最后一项增大了 K 倍）。因为局部置乱切分中，局部数据集在第一次全局置乱之后就固定了，总体来看，它们的方差更大，使得收敛更慢。如果想要局部置乱切分与随机采样划分对应同样的收敛速率，可以反算出 $S\leqslant b$。可见，对于局部置乱，如果想达到采样划分的速率，对置乱次数的限制更强。

值得一提的是：上述讨论中，除了数据的生成量、数据生成方式和划分方式，绝大多数的条件中都包含工作节点数 K。如果并行算法的其他因素已经固定好，以上理论结果也可以帮助我们设置合适的工作节点数以实现最好的收敛速率。

2. 模型划分的影响

对于线性模型，可以按维度来划分数据和模型。6.4.1 节中的定理说明如果预期精度为 ε，需要的迭代次数是 $O\left(\dfrac{d}{cK}\log\dfrac{1}{\varepsilon}\right)$，其中 d 为数据和线性模型维度，K 为工作节点数，c 为维度块内包含的维度的数量。由此可见，如果线性模型按维度来划分数据和模型，并不会影响收敛速率的阶数，只对系数 $\dfrac{d}{cK}$ 有所影响。每次迭代中，工作节点同时计算的梯度维度越多，收敛性能越好。

对于非线性的神经网络，当横向按层划分和跨层纵向划分时，因为可以严格重现串行神经网络的前传和后传过程，所以算法的优化路径和串行算法是完全一致的，收敛性质也没有差别。神经网络的随机切分方法在子网络上计算梯度，性能受当前网络的冗余程度和骨架网络的提取方式的影响，目前还没有对神经网络的随机模型划分的理论分析结果。

10.2.3 同步和异步

本小节以在线并行 SGD 算法为例，讨论通信中的同步机制和异步机制对收敛速率的影响。为了叙述简单，且不失一般性，我们考虑单样本的 SGD 算法。

假设 K 个工作节点基于各自在线抽取的样本计算梯度，同步算法等待所有工作节点结束各自的梯度计算之后共同更新一次模型，异步算法则利用已经计算完成的每一个梯度更新模型。

具体地，同步 SGD 的更新准则为：

$$w_{t+1} = w_t + \eta_t \sum_{k=1}^{K} \frac{\partial f_{t,k}(w_{t,k})}{\partial w}$$

其中，$\dfrac{\partial f_{t,k}(w_t)}{\partial w}$ 表示第 k 个工作节点上，关于第 t 次抽取到的样本上的梯度值。

异步 SGD 的更新准则为：

$$w_{t+1} = w_t + \eta_t \frac{\partial f_{t-\tau}(w_{t-\tau})}{\partial w}$$

其中，$\dfrac{\partial f_{t-\tau}(w_{t-\tau})}{\partial w}$ 表示最新得到的梯度值，对应的模型是第 $t-\tau$ 次更新后的，对应的样本是某一个工作节点在读取模型 $w_{t-\tau}$ 后在线抽取的。梯度的延迟程度由 τ 表征，其上界也被称作整个异步算法的延迟。

需要注意的是，同步模型每收获 K 个梯度后更新一次模型，m 个在线数据可以支持 $\frac{m}{K}$ 次模型更新；异步模型每收获一个梯度便更新一次模型，m 个在线数据可以支持 m 次模型更新。因而，对同步和异步算法收敛速率的对比，应该建立在相同的在线生成数据量之上。

表 10.4 总结了（有锁）异步和同步 SGD 在不同性质的目标函数下的期望最优偏差[5]，其中 σ^2 是随机梯度的方差的上界。

表 10.4   （有锁）异步和同步 SGD 在不同情况下的期望最优偏差

目标函数	期望最优偏差（异步）	期望最优偏差（同步）
凸、光滑	$\dfrac{\tau\beta D + \beta D^2}{m} + \dfrac{D\sigma}{\sqrt{m}}$	$\dfrac{2K D^2 \beta}{m} + \dfrac{2D\sigma}{\sqrt{m}}$
强凸、光滑	$O\left(\dfrac{(1 + 6\tau\rho + 6\tau^2\Omega\sqrt{\Delta})\,\log m}{m}\right)$	$\dfrac{K^2\beta}{m^2} + \dfrac{\sigma^2}{\alpha m}$

注：Ω、ρ、Δ 为数据稀疏性的系数。

从表 10.4 中，我们可以得到如下观察：

1）异步 SGD 算法中虽然使用了关于旧模型参数所计算的梯度，算法仍然收敛。

2）异步算法关于样本数的收敛速率没有同步算法快，但是由于异步机制没有等待时间，并且对通信带宽的要求比同步机制要低很多，当工作节点的计算速度差别较大或者通信带宽相对受限时，异步算法将会更具有优势。

3）虽然表 10.4 只是针对 SGD 算法，对其他的异步算法也可以得到相似结论。

请注意，表 10.4 只反映了不同的通信机制对收敛率带来的影响。其实在异步算法中还有一个隐含的因素也会影响收敛率。具体而言，异步算法有两个执行版本，有锁执行和无锁执行。在有锁执行中，工作节点对模型参数向量的读取和写入都是安全的。在无锁执行中没有这一个限制，目的是加大吞吐量，因此可能出现多个工作节点同时写入或者一个写入一个读取模型向量的情形。在有锁执行中，每个工作节点读取的都是完整的模型，也就是工作节点可以"一致读取"；在无锁执行下，工作节点读取的可能并不是任何一个根据算法计算出的模型（在读取过程中，模型被其他节点写入了），因此工作节点无法实现"一致读取"。那么，模型是否被一致读取会影响算法的收敛速率吗？

下面以非凸学习任务为例，对这个问题加以讨论。这时，我们用所学模型的稳定程度来衡量算法的收敛性质：

$$\frac{1}{T}\sum_{t=1}^{T}E(\|\nabla f(w_t)\|^2)$$

表 10.5 给出了异步 SGD 在加锁和无锁两种情形下的收敛速率。

表 10.5　有锁和无锁异步 SGD 的收敛速率

目标函数	条件	速率
有锁异步 SGD	$\eta = \sqrt{\dfrac{f(w_1) - f(w^*)}{K\beta T\sigma^2}}$ $T \geqslant \dfrac{4K\beta(f(w_1) - f(x^*))}{\sigma^2}(\tau + 1)^2$	$4\sqrt{\dfrac{(f(w_1) - f(w^*))\beta}{KT}}\sigma$
无锁异步 SGD	$\eta = \sqrt{\dfrac{2(f(w_1) - f(w^*))d}{K\beta_T T\sigma^2}}$ $T \geqslant \dfrac{16 K\beta_T(f(w_1) - f(x^*))}{\sqrt{d}\sigma^2}(d^{\frac{3}{2}} + 4\tau^2)$	$\sqrt{\dfrac{72(f(w_1) - f(w^*))\beta_T d}{KT}}\sigma$

注：β_T 为目标函数关于第 T 次更新将被写入的模型的维度的光滑系数，因而 $\beta_T d \leqslant \beta$。

从表 10.5 中可以看到，如果把无锁的执行看作关于每个维度的有锁执行，延迟也可以相应地定义在维度级别，那么无锁和有锁情形下异步 SGD 的收敛速率和对最大延迟的要求是一样的。也就是说，无锁作为维度级别的有锁操作和有锁的异步算法的收敛方式是相同的。

10.3　加速比分析

分布式机器学习利用多个工作节点来加速算法运行，希望用更短的时间达到指定的精度。换言之，我们希望分布式机器学习能达到理想的加速比。之前各章关于加速比的讨论都是建立在对加速比的这个直观理解上的。本节将给出加速比的严格定义，并讨论如何从收敛速率推导出加速比。

记在 K 个工作节点上并行化实现后的算法为 A_K，对应的串行算法为 A_1，每次迭代中的计算时间为 T_1，通信时间为 T_2，在迭代 T 次后 A_K 的精度为 $\varepsilon(T; A_K)$。于是，并行算法 A_K 相对于串行版本 A_1 的加速比 $\mathrm{SU}(A_K)$ 有以下两种定义方式：

1）时间加速比：

$$\mathrm{SU}(A_K; \varepsilon) = \frac{T^{(-1)}(\varepsilon; A_1)T_1}{T^{(-1)}(\varepsilon; A_K)(T_1 + T_2)}$$

其中，$T^{(-1)}(\varepsilon)$ 表示 $\varepsilon(T)$ 的反函数。也就是，要达到精度 ε，并行化算法所需时间与串行算法所需时间相比缩小的比例，该数值越大，加速效果越好。如果 $SU(A_K;\varepsilon)=K$，称并行算法 A_K 具有线性的时间加速比。

2）精度加速比：

$$SU(A_K;T) = \frac{\varepsilon(T';A_1)}{\varepsilon(T;A_K)}, \quad 其中 T' = \frac{(T_1+T_2)T}{T_1}$$

也就是，在相同的时间 T 内，并行算法达到的精度相比于串行算法改进的比例，该数值越大，加速效果越好。如果 $SU(A_K;T)=K$，称并行算法 A_K 具有线性的精度加速比。

在以上两种定义中，并行算法的加速比都要受两方面的影响：收敛速率以及通信/计算时间比 $\frac{T_2}{T_1}$。如果随着并行程度 K 的增大，收敛精度相应地以线性速率变好，并且通信时间与计算时间相比可以忽略，那么我们就说并行算法具有线性的精度加速比。

10.3.1　从收敛速率到加速比

为了讨论方便，本小节暂时假设通信时间与计算时间相比可以忽略，关注由并行算法收敛性质所导出的加速比。由于从收敛速率到加速比的分析方法对不同的并行算法是一样，本小节只以凸问题中离线采样下的同步 SGD 为例来讨论。

如本章之前的表 10.3 所示，将迭代次数 $T=\frac{nS}{bK}$ 代入，并且假定 $T>1$，此时同步 SGD 的收敛速率为

$$\varepsilon(T;A_K) = O\left(\frac{1}{T^2} + \frac{1}{bKT}\right)$$

其中，nS 为过数据的总次数，S 为轮数，b 为小批量规模，K 为工作节点数。

将 $K=1$ 代入收敛界，得到串行 SGD 的收敛速率：

$$\varepsilon(T;A_1) = O\left(\frac{1}{T^2} + \frac{1}{bT}\right)$$

由于忽略通信/计算时间比，即 $\frac{T_2}{T_1}=0$，于是精度加速比

$$SU(A_K;T) = \frac{\varepsilon(T';A_1)}{\varepsilon(T;A_K)} = \frac{\varepsilon(T;A_1)}{\varepsilon(T;A_K)}$$

如果 $K \leqslant T/b$，于是 $b \leqslant T$，并行和串行的收敛界中都是第二项是主阶，

$$\mathrm{SU}(A_K ; T) = \frac{\varepsilon(T ; A_1)}{\varepsilon(T ; A_K)} = \frac{\dfrac{1}{bT}}{\dfrac{1}{bKT}} = K$$

此时同步 SGD 有线性加速比。

如果 $K > T/b$，并且 $b < T$

$$\mathrm{SU}(A_K ; T) = \frac{\dfrac{1}{bT}}{\dfrac{1}{T^2}} = \frac{T}{b} < K$$

此时，同步 SGD 的加速比是比 K 小的固定值，达不到线性加速比。

如果 $K > T/b$，并且 $b > T$

$$\mathrm{SU}(A_K ; T) = \frac{\dfrac{1}{T^2}}{\dfrac{1}{T^2}} = 1$$

此时，同步 SGD 没有加速比。

所以，随着工作节点数的增大，同步 SGD 的加速比会从一开始的线性加速比降低到小于 K 的常数直到最后消失。想得到线性加速比，所能容忍的最大工作节点数目为 T/b。造成这个现象的原因是，随机算法中随机梯度的方差随着小批量数据规模的增大以平方根号分之一的速率减小。当小批量数据规模增大到一定程度后，取得的方差方面的好处将难以弥补计算成本的线性增加，从而导致加速比下降。

请注意，这里我们假设通信时间与计算时间相比可以忽略，这对通信硬件条件有很高的要求。实际中更多的情形是通信条件相对有限，我们设计并行算法的时候就要考虑每次的通信量，并且要考虑设计良好的流水线来充分利用系统有限的通信能力。

10.3.2　通信量的下界

第 7 章中我们曾经提到，为了提高加速比，可以采用各种时空滤波的方法减少通信

量。但是，这种减少是否可以无限制地进行下去呢？答案是否定的。为了达到预设的算法精度，实际中对通信量是有最低要求的。

假设有 K 个工作节点，每个工作节点有一个凸的目标函数 $f_k: R^d \to R$，而我们的任务是优化如下总体目标：

$$\min_w f(w) = \frac{1}{K} \sum_{k=1}^{K} f_k(w)$$

其中 $f_k(\cdot)$ 为模型在第 k 份局部数据集上的经验损失。

最小通信量定义为使得上式中分布式优化达到指定精度时所需要的最少通信次数。每次通信中，工作节点传输的信息量与模型的维度呈线性关系。比如，通常大规模机器学习的优化方法中，工作节点会传输模型参数或梯度，但不会传输与模型维度的平方同阶的海森矩阵，即使本地优化使用二阶优化算法。

除了对单次通信信息量有要求之外，最小通信量还依赖于分布式机器学习问题的以下属性：

1）凸性和光滑性。这两个性质对优化算法的收敛速率有关键性的影响，这方面内容已经在第 4 章中详细介绍过，此处不再赘述。本小节假定目标函数是凸的或者 α-强凸的，并且是 β-光滑的。

2）局部目标关联程度。直观上，如果局部数据的统计性质相似，则局部目标之间的关联程度比较大。例如，如果数据是完全随机置乱切分的，局部模型参数值、梯度值和海森矩阵的差距存在上界 $\delta = O\left(\frac{1}{\sqrt{n}}\right)$，其中 n 是局部数据集的规模。如果不存在这个上界，则称局部目标无关联。

3）局部更新方式。假定每个工作节点在两次通信之间迭代地计算本地参数的一阶或者二阶信息，加和到当前参数上，并且满足

$$\gamma w + \nu \nabla f_k(w) \in \text{span}\{w', \nabla f_k(w'), (\nabla^2 f_k(w') + D)w, (\nabla^2 f_k(w') + D)^{-1}w\}$$

其中 $w, w' \in R^d$，D 是对角阵，二阶信息 $\nabla^2 f_k(w')$ 存在，二阶逆 $(\nabla^2 f_k(w') + D)^{-1}$ 存在。请注意，这个条件其实是比较弱的，常见的一阶或二阶梯度优化方法都满足这个更新方式的条件。

在以上条件下，人们证明了分布式学习在最坏情形下的最小通信量[6]，详见表 10.6：

表 10.6　局部数据关联性对收敛速率的影响

目标函数	光滑		非光滑	
	强凸	凸	强凸	凸
局部目标无关联	$\Omega\left(\sqrt{\dfrac{1}{\alpha}}\log\dfrac{1}{\varepsilon}\right)$	$\Omega\left(\sqrt{\dfrac{1}{\varepsilon}}\right)$	$\Omega\left(\sqrt{\dfrac{1}{v\varepsilon}}\right)$	$\Omega\left(\dfrac{1}{\varepsilon}\right)$
局部目标 δ-关联	$\Omega\left(\sqrt{\dfrac{\delta}{\alpha}}\log\dfrac{1}{\varepsilon}\right)$	?	?	?

依据表 10.6，我们有以下讨论：

首先，对局部目标无关联的情形，关于最小通信量的结果很完整。光滑情形相比非光滑情形需要的通信量要小，并且两种情形下，目标从凸加强为强凸会进一步减少通信量。可见，目标函数凸性和光滑性的改善对降低通信量是有好处的。对于光滑目标，最小通信量由并行 Nesterov 加速方法达到。

其次，对局部目标有关联的情形，光滑强凸目标的最小通信量是局部目标无关联情形中的 $\sqrt{\delta}$ 倍。考虑到 δ 是个小量（与数据规模的平方根成反比），局部目标有关联的情形其实对最小通信量的要求降低。关联度越大，δ 越小，最小通信量越小。因此，如果把固定规模的训练样本分配到更多的工作节点，虽然计算并行程度更高，但是 δ 值变大，最小通信量会增加。所以实际中我们需要权衡通信和计算两方面来决定使用多少工作节点。对于局部目标有关联的情形，如果目标函数不是强凸的或者不是光滑的，最小通信量仍然未知。而分布式机器学习中，局部数据集通常采用采样或者随机置乱来生成，关联关系是一般存在的。补充非强凸或者非光滑情形下的最小通信量分析，能启发设计通信量最优的分布式机器学习算法。

作为一种极端情况，如果我们要求分布式算法只能进行一次通信，并且通信量的阶数不能超过参数规模的平方阶，那么在算法结束的时候选用最好的局部模型作为最终的模型，性能是最好的。

10.4　泛化分析

第 2 章中，我们简单介绍了机器学习中非常核心的衡量算法好坏的泛化能力。分布式机器学习算法利用更多计算资源加快了优化的速度，优化和泛化的互动决定了最后算法的表现。了解二者之间的互动关系，会让我们更清楚优化或者分布式优化的作用和局限，也能启发我们更深入地利用这个关系设计新的算法。

本节围绕泛化能力做以下两个方面的讨论：

1）优化对泛化的局限性：并行算法只能带来优化上的改进，优化只是泛化误差的一部分，改进到一定程度，估计误差会在整个误差中占主导。此时，优化算法再进行下去的意义就不是很大了。

2）非凸问题的优化中考虑泛化：非凸问题中，尤其是深度学习，算法不同，落入的模型空间的区域就不同，对应不同的泛化能力。在非凸优化算法的设计中更好地考虑泛化，能够提升最终所学模型的性能。

10.4.1　优化的局限性

由 2.6.3 节的误差分解，Bottou 和 Bousquet 利用 VC 维来给出优化误差和估计误差的期望的上界[7]：

$$\mathbb{E}_{A,S}\mathcal{E} \leq \left(\mathcal{E}_{\mathrm{app}} + \frac{d}{n}\log\left(\frac{n}{d}\right) + \rho \right)$$

其中 ρ 是优化算法 A 输出的模型的优化误差。

如果令优化误差 ρ 与估计误差 $\frac{d}{n}\log\left(\frac{n}{d}\right)$ 同阶，可以推出 $n \sim \frac{d}{\rho}\log\left(\frac{1}{\rho}\right)$，并且此时优化误差和估计误差的和是最小的（不考虑逼近误差）。于是，可以比较达到相同的最优误差，各个随机算法所需的计算复杂度，如表 10.7 所示。

表 10.7　各种随机算法达到最优误差所需计算复杂度

算法	一轮的计算代价	达到误差 ρ 所需要的轮数	达到误差 ρ 所需要的总时间	达到 $\mathcal{E} \leq \mathcal{E}_{\mathrm{app}} + \varepsilon$ 所需要的总时间
梯度下降法	$O(nd)$	$O\left(Q\log\frac{1}{\rho}\right)$	$O\left(nd\kappa Q\log\frac{1}{\rho}\right)$	$O\left(\frac{dQ^2}{\varepsilon}\log^2\frac{1}{\varepsilon}\right)$
牛顿法	$O(d^2+nd)$	$O\left(\log\log\frac{1}{\rho}\right)$	$O\left((d^2+nd)\log\log\frac{1}{\rho}\right)$	$O\left(\frac{d^2}{\varepsilon}\log\frac{1}{\varepsilon}\log\log\frac{1}{\varepsilon}\right)$
随机梯度下降法	$O(d)$	$\frac{vQ^2}{\rho}+O\left(\frac{1}{\rho}\right)$	$O\left(\frac{dvQ^2}{\rho}\right)$	$O\left(\frac{dvQ^2}{\varepsilon}\right)$
随机牛顿法	$O(d^2)$	$\frac{v}{\rho}+O\left(\frac{1}{\rho}\right)$	$O\left(\frac{d^2v}{\rho}\right)$	$O\left(\frac{d^2v}{\varepsilon}\right)$

注：v 为 $\mathrm{tr}(GH^{-1})$ 的上界，G 和 H 分别为目标函数的 FIM 矩阵和海森矩阵。

以上得到的计算复杂度对于我们设计分布式机器学习算法是有其意义的。具体而言，当我们使用 K 个工作节点，提供了超出该计算复杂度的优化能力以后，估计误差将成为主要矛盾，再进一步提高并行优化的能力已经没有太大好处，应该转而增加训练样本或者限制模型的复杂度。

除了利用 VC 维作为工具来分析泛化误差以外，Meng、Chen 及其合作者于 2016 年提出了利用机器学习算法的稳定性来分析分布式机器学习的优化误差和估计误差，从而得到更紧的泛化误差界[8]。

首先，重温一下机器学习算法的稳定性理论。机器学习的任务是从一个训练集 S，通过算法 A，输出函数集 $\mathcal{G}$ 中的一个模型 A_S，即

$$A : S \to A_S \in \mathcal{G}$$

令 $S^{\backslash i}$ 表示训练集中除去第 i 个元素剩余元素构成的集合，如果

$$\left| \mathbb{E}_A \left[l(A_S; \cdot) \right] - \mathbb{E}_A \left[l(A_S^{\backslash i}; \cdot) \right] \right| \leqslant \beta_0, \forall i$$

称机器学习算法 A 关于损失函数是 β_0 一致稳定性的。也就是说，当数据集只差一个元素时，损失函数在这两个数据集输出的模型上的最大差距是存在上界的。等价地，可以定义机器学习算法关于输出模型的 β_1 一致稳定性为：

$$\| A_S - A_S^{\backslash i} \|_{\mathcal{G}} \leqslant \beta_1, \forall i$$

对于目标函数为凸的情况，定理 10.2 刻画了基于算法稳定性的泛化误差上界（非凸情形，请见相关引文[8]中的定理 3.9）。

定理 10.2　对于正则经验风险最小问题，如果目标函数是 L-Lipschitz 连续，γ-光滑，并且算法 A 关于损失函数和输出模型分别是 β_0，β_1 一致稳定，我们有

$$\mathbb{E}_{A,S}\mathcal{E} \leqslant \mathcal{E}_{\mathrm{app}} + 2\beta_0 + \mathbb{E}_{A,S}\,\rho_0(T) + \frac{\gamma \mathbb{E}_{A,S}\,\rho_1(T)}{2} + \sqrt{\mathbb{E}_{A,S}\,\rho_1(T)\left(\frac{L^2}{2n} + 6L\gamma\beta_1\right)}$$

其中 $\rho_0(T) = \hat{l}_n(A_T) - \hat{l}_n(\hat{g}_n)$，$\rho_1(T) = \| A_T - \hat{g}_n \|^2$，$\rho_2(T) = \| \nabla \hat{l}_n(A_T) \|^2$。

由以上定理可以看出泛化误差与估计误差和优化误差有关。估计误差由数据规模 n 决定，优化误差由迭代轮数 T 决定。给定一个机器学习问题以及固定的大小为 n 的数据集，在训练开始阶段，优化误差比较大，当 T 超过一定的阈值时，估计误差开始变为主

阶。我们称这个阈值为最优优化轮数。那么，根据以上定理，可以分析随机优化算法的最优优化轮数（参见表10.8）。

表 10.8　随机优化算法的最优优化轮数

算法	凸：总的轮数	凸：过的数据量	非凸：总的轮数	非凸：过的数据量
梯度下降法	$O\left(Q\log\dfrac{1}{\varepsilon}\right)$	$O\left(nQ\log\dfrac{1}{\varepsilon}\right)$	$O\left(\dfrac{1}{\varepsilon}\right)$	$O\left(\dfrac{n}{\varepsilon}\right)$
随机梯度下降法	$O\left(\dfrac{Q^2}{\varepsilon}\right)$	$O\left(\dfrac{Q^2}{\varepsilon}\right)$	$O\left(\dfrac{1}{\varepsilon^2}\right)$	$O\left(\dfrac{1}{\varepsilon^2}\right)$
随机方差减小梯度法	$O\left(Q\log\dfrac{1}{\varepsilon}\right)$	$O\left(n+Q\log\dfrac{1}{\varepsilon}\right)$	$O\left(\dfrac{1}{\varepsilon}\right)$	$O\left(n+\dfrac{n^{2/3}}{\varepsilon}\right)$

Hardt、Recht 和 Singer 同样利用随机优化算法的稳定性来分析优化算法的泛化能力。他们的分析方法基于另一种对泛化误差的分解，依据随机优化算法的稳定性，证明在凸，L-Lipschitz 连续，以及步长为 η_t 的情况下，随机梯度下降法的泛化误差具有上界 $\dfrac{2L^2}{n}\sum_{t=1}^{T}\eta_t$。值得注意的是，这样的分析得出泛化误差是随着迭代轮数的增加而增加的。也就是说，随着迭代的进行，随机优化算法是越来越不稳定的。这是由该方法的分析手段带来的，与前面利用 VC 维和机器学习算法的稳定性分析的结果，是反向的。

以上关于泛化能力的分析，是在样本量固定的情况下的，是离线算法泛化能力的分析。对于在线算法，泛化能力的分析略有不同。

10.4.2　具有更好泛化能力的非凸优化算法

上节中的泛化误差分析要基于一些凸性假设。对于非凸问题的泛化能力分析，尤其是神经网络的泛化能力分析，之前的分析手法难以胜任。近年来，关于神经网络泛化能力的分析逐渐成为一个热点问题。

Chaudhari、LeCun 等人指出[9]，如果优化收敛到一个平缓的局部极小值点，即局部极小值点周围是一个面积比较大的平坦区域，那么损失函数在训练数据集上的取值会依大概率接近其在测试数据集上的取值，因此所对应的模型会具有比较小的泛化误差。由此观点出发，他们提出了 Entropy-SGD 算法，去优化以下目标函数：

$$f(x,\gamma) = \log \int_{x' \in R^d} \exp\left(-f(x') - \frac{\gamma}{2} \|x - x'\|_2^2\right) \mathrm{d}x'$$

希望使得随机梯度下降法往更"平缓"的区域探索。

根据以下定理，我们可以得出 Entropy-SGD 的泛化性能。

定理 10.3　对于 L-Lipschitz 连续并且 β-光滑的损失函数，如果随机梯度下降法使用步长 $\eta_t \leqslant 1/t$，经过 T 轮总共 n 个数据，那么一致稳定性的上界为

$$\varepsilon \leqslant \frac{1}{n} L^{\frac{1}{1+\beta}} T^{1-\frac{1}{1+\beta}}$$

特别地，对于 Entropy-SGD，有 $\varepsilon_{\text{Entropy-SGD}} \leqslant (LT^{-1})^{\left(1-\frac{1}{1+\gamma^{-1}c}\right)\beta} \varepsilon_{\text{SGD}}$。这表明当 $T > L$ 时，Entropy-SGD 比 SGD 的稳定性更好。再利用一致稳定性与泛化能力之间的关系，我们可以得出 Entropy-SGD 具有更好的泛化能力这一结论。

然而，Dinh、Bengio 及其合作者提出与之相反的观点[10]，认为周围比较陡峭的局部极小值点（sharp minima）处也可能具有较小的泛化误差。他们的结论依赖于重新定义的"平缓"的局部极小点和"陡峭"的局部极小点（参见如下定义）。

定义 10.1　给定精度 $\varepsilon > 0$、极小值点 w，以及目标函数 f，定义 $C(f, w, \varepsilon)$ 是最大连通集满足包含 w 并且 $\forall w' \in C(f, w, \varepsilon)$，$f(w') < f(w) + \varepsilon$。于是，$C(f, w, \varepsilon)$ 的体积被作为 ε-平缓性的一个测度。

定义 10.2　令 $B(w, \varepsilon)$ 是以 w 为球心、以 ε 为半径的球。对于一个非负值的目标函数 f，$\dfrac{\max\limits_{w' \in B(w,\varepsilon)} (f(w') - f(w))}{1 + f(w)}$ 被作为 ε-陡峭性的一个测度。ε-陡峭性与海森矩阵的谱范数有关。

另外，Keskar 等人做了一系列实验来验证随机梯度下降法中的小批量规模是否与局部极小点平缓程度有关，进而与泛化能力有关[11]。其结论可总结为以下两点：

1）用较多的样本去计算每一步的梯度会收敛到目标函数较陡的极小点。这些极小点可以被刻画为有较大的正的特征值。落入周围区域较陡的极小点将会带来较差的泛化能力，因为在该点处的函数值对参数很敏感。

2）相反，用较少的样本去计算梯度能逃离较陡的极小点，使得算法收敛到周围区域较平缓的极小点，泛化性能较好。

Keskar 的发现对于我们设计分布式机器学习算法也有指导意义。例如，同步的并行算法在某种意义上相当于增大每一次求梯度时所用到的小批量数据的规模。为了达到比较好的泛化能力，我们需要用较小的批量，这也就意味着不能使用太多的工作节点进行并行训练。

10.5　总结

本章介绍了分布式机器学习的理论。首先，我们总结了分布式机器学习算法各个组成部分对收敛速率的影响，并讨论了这些理论结果对设计分布式机器学习算法的启示。然后，我们具体演示如何从收敛速率推导出加速比，介绍了如何在算法设计中平衡计算和通信从而进一步改进加速比。最后，我们以泛化能力为最终目标，阐述优化算法的局限性和如何结合泛化改进优化过程。

分布式机器学习的理论相比于传统的机器学习理论而言还处在初期阶段，尚有很多重要的理论问题未被充分挖掘。希望读者在阅读本章的抛砖引玉之后，可以沿着这些方向继续思考，为奠定分布式机器学习的坚实理论基础献计献策。

参考文献

[1]　Dekel O, Gilad-Bachrach R, Shamir O, et al. Optimal Distributed Online Prediction Using Mini-batches[J]. Journal of Machine Learning Research, 2012, 13(Jan): 165-202.

[2]　Rakhlin A, Shamir O, Sridharan K. Making Gradient Descent Optimal for Strongly Convex Stochastic Optimization[C]// ICML. 2012.

[3]　Nemirovski A, Juditsky A, Lan G, et al. Robust Stochastic Approximation Approach to Stochastic Programming[J]. SIAM Journal on Optimization, 2009, 19(4): 1574-1609.

[4]　Moulines E, Bach F R. Non-asymptotic Analysis of Stochastic Approximation Algorithms for Machine Learning[C]// Advances in Neural Information Processing Systems. 2011: 451-459.

[5]　Agarwal A, Duchi J C. Distributed Delayed Stochastic Optimization[C]// Advances in Neural Information Processing Systems. 2011: 873-881.

[6]　Irony D, Toledo S, Tiskin A. Communication Lower Bounds for Distributed-memory Matrix Multiplication[J]. Journal of Parallel and Distributed Computing, 2004, 64(9): 1017-1026.

[7]　Bottou L, Bousquet O. The Tradeoffs of Large Scale Learning[C]//Advances in Neural Information Processing Systems. 2008: 161-168.

[8]　Meng Q, Wang Y, Chen W, et al. Generalization Error Bounds for Optimization Algorithms via Stability[C]// AAAI. 2017: 2336-2342.

［9］ Chaudhari P, Choromanska A, Soatto S, et al. Entropy-sgd：Biasing Gradient Descent into Wide Valleys［J］. arXiv preprint arXiv：1611. 01838, 2016.

［10］ Dinh L, Pascanu R, Bengio S, et al. Sharp Minima Can Generalize For Deep Nets［C］// International Conference on Machine Learning. 2017：1019-1028.

［11］ Keskar N S, Mudigere D, Nocedal J, et al. On Large-batch Training for Deep Learning：Generalization Gap and Sharp Minima［C］// International Conference on Learning Representations, 2016.

DISTRIBUTED MACHINE LEARNING
Theories, Algorithms, and Systems

分布式机器学习系统

11.1　基本概述

分布式机器学习不仅关乎算法和理论，更重要的是应用与实践。为了最终利用分布式集群解决大规模机器学习的问题，我们需要将分布式机器学习算法实现为分布式机器学习系统。面对一个实际问题，我们可以为其选择一个合适的算法，并针对其特点设计开发一套系统加以实现。这种直接实现可以针对算法特性做直接优化，从而最大限度地利用硬件资源以达到最优的效率。然而，即便只针对一个特定算法，设计和开发相应的分布式机器学习系统也并非易事。如前面章节所述，分布式机器学习融合了机器学习和系统两方面的知识，这两方面考虑的问题截然不同但又相互交织。更重要的是，如果我们需要针对每个特定算法设计系统，那么许多充满挑战的设计问题将被一次次重复解决。

在多年的实践中，研究人员和开发者在解决分布式机器学习问题时抽象出了一些通用的分布式机器学习架构。这些架构将系统和学习隔离开来。一方面，这些架构实现并优化了通用且极具挑战的系统问题，如调度、局部性、容灾、网络传输等。另一方面，这些架构也抽象出分布式机器学习的核心算法逻辑，并提供了高层次的应用程序编程接口（API）。近些年来，使用这些成熟架构成了实现分布式机器学习系统的典范做法。

在前面章节中，我们曾经提及迭代式 MapReduce（IMR）、参数服务器（Parameter Server）和数据流（Data Flow）三种主流的分布式机器学习架构。目前，业界使用的分布式机器学习系统大多可以被这三种架构所覆盖。在图 11.1 中，我们总结了这三种架构的相关特性，它们对数据并行、模型并行以及同步和异步通信有着不同程度的支持。在本章中，将为大家介绍基于这三种架构的实际分布式机器学习系统的设计原理和使用方法，并通过典型案例来对比各种分布式机器学习系统之间的差异。希望本章能够对大家在实际应用中选择合适的分布式机器学习系统有所帮助。

基于 IMR 的系统主要的适用场景是"同步 + 数据并行"。它从大数据处理平台演化而来，运行逻辑比较简单。IMR 有很多成熟的实际系统可以使用，比如 Hadoop H2O、Spark MLlib[1]等。

基于参数服务器的系统可以同时支持同步和异步的并行算法。它的接口简单明了、逻辑清晰，可以很方便、灵活地与单机算法相结合。最近有很多不错的开源项目，比如 Petuum[2]、Multiverso[3]、PS Lite[4]、KunPeng[5]等。

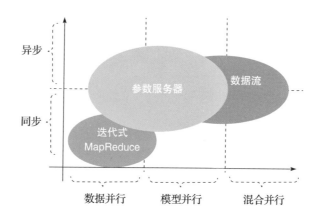

图 11.1 分布式机器学习架构概况

基于数据流的系统由一个有向无环图所定义，可以灵活地描述复杂的并行模式，比如数据并行、模型并行、混合并行等。TensorFlow[6]是这类分布式学习系统的代表。

在接下来的各节中，会按照顺序介绍这几类分布式机器学习系统，并且针对每类系统中最具有代表性的一个真实案例进行深入分析，包括 IMR 系统的代表 Spark MLlib、参数服务器系统的代表 Multiverso 和数据流系统的代表 TensorFlow。

11.2 基于 IMR 的分布式机器学习系统

11.2.1 IMR 和 Spark

IMR 是对传统 MapReduce 系统的一种改进。MapReduce 的模式过于简单，针对机器学习任务，其弱点主要体现在以下两点：

1）Map + Reduce 的抽象过于简单。复杂的计算逻辑常常需要用很长的 Map + Reduce 序列来描述。而机器学习过程通常都需要对训练数据进行多轮迭代处理，用 MapReduce 序列来完成效率愈发低下。

2）MapReduce 对于中间数据处理的灵活性和效率比较低。由于 MapReduce 通常使用 HDFS 这类硬盘存储作为所有数据（包括中间数据）的存储媒介，因此对于有大量中间数据生成的迭代式机器学习任务而言效率低下。

IMR 系统相比于传统 MapReduce 系统增加了对迭代操作和内存管理的支持。为了更好地了解 IMR 系统，我们以 Spark 为例进行介绍。

Spark 全名 Apache Spark，是目前工业领域中应用非常广泛的大数据处理系统，以高效、稳定、适合复杂迭代的机器学习应用而著称[7]。Spark 最初在 2009 年由加州大学伯克利分校的 AMPLab 开发，并于 2010 年成为 Apache 的开源项目之一。作为一个新型的面向更加复杂计算模式（包括机器学习任务、数据查询任务等）的平台，Spark 采用基于有向无环图（DAG）和弹性分布式数据集（RDD）的执行引擎来解决 MapReduce 系统存在的问题。表 11.1 简要地对比了 Spark 和传统 MapReduce 系统的区别。

表 11.1　Spark 与传统 MapReduce 系统的对比

系统	Spark	传统 MapReduce
数据 IO	基于 RDD 的内存操作，只在内存容量不够的时候写入硬盘	每步都需要通过序列化的手段进行硬盘数据输出，在后续通过反序列化的方法重新读入
编程模型	通用 DAG 的模型，可以实现很灵活的处理，同时基于 DAG 有不少性能的优化	Map + Reduce 的固定模式
内存数据	RDD 可以在整个任务的生存周期中维护，使得数据资源可以在内存中缓存，反复被训练	每个步骤完成之后工作的内存空间被销毁，无法重复利用
API	Spark 提供高级的封装，提供了多种用户 API 来服务更多的应用使用者	接口过于底层，所有的代码需要从底层开始写起
对迭代式计算的支持	基于 RDD 和 DAG 的优化，对于迭代运算有高效的支持	迭代计算依赖于 MapReduce，有很多没有必要的 Map 操作，并且所有数据需要通过硬盘存储和读入，效率低

DAG 比 MapReduce 更加通用（Map + Reduce 的计算过程本身也可以用一个特殊的 DAG 加以描述）。Spark 基于 DAG 进行执行的调度，通过对 DAG 的分析，确定任务执行的分区和阶段（如图 11.2 所示）。同一分区中计算的互相依赖被称为"窄依赖"，不同分区之间因最终合并数据而产生的依赖称为"宽依赖"。Spark 优化了分布式计算的执行，通过窄依赖尽量减少无必要的通信，只在必要时才会触发宽依赖。从这一点看，Spark 走出了 Map + Reduce 的固定模式，可以更加直接和灵活地定义计算过程。因此 Spark 可以更好地支持五花八门的应用，包括批处理任务和实时流式数据处理任务，比如文本处理、图表处理、SQL 查询、迭代式机器学习等。

弹性分布式数据集（Resilient Distributed Dataset，RDD）是 Spark 系统中最重要的核心机制，也是其编程模型[8]。Spark 中所有的计算都发生在 RDD 存储对象上。在 Spark 项目中，各个计算步骤之间通过 RDD 连接。每一个 DAG 实际上是由一系列互相依赖的 RDD 组成的。由于 RDD 是基于内存的数据结构，只有当系统内存资源不够的时候才会利用硬盘做数据交换。所以我们可以把基于 RDD 的计算理解成完全基于内存的分布式计算。RDD 提供两类操作，一类是转换操作，包括 Map、Filter、Union、Join、GroupBy、ReduceByKey 等，通过转换可以定义新的 RDD；另一类是动作操作，包括 Collect、Reduce、Count 等，通过动作可以返回对现有 RDD 的操作和改变。

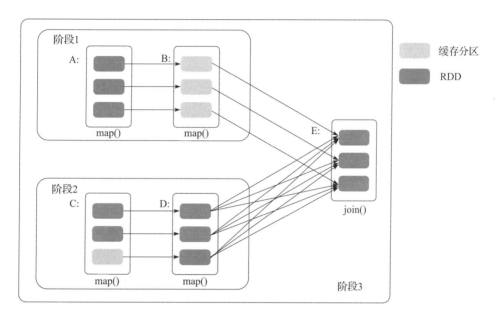

图 11.2　Spark 中的分区和阶段

　　RDD 可以跨越整个 DAG 存在，因此可以把一些要重复使用的数据存在全局的 RDD 中，提供给整个运算过程中有需要的工作节点使用。利用 RDD，Spark 在执行机器学习任务时，原始输入数据的重用和中间数据的传递都可以在内存中进行，而不需要像传统 MapReduce 那样频繁地读写硬盘。因此，Spark 的效率与 MapReduce 相比得到了很大程度的提高。Spark 的官网给出了逻辑回归算法在 Spark 和 Hadoop 中运行时间的对比（如图 11.3 所示）。从中可以看出，由于 Spark 的 RDD 机制，Spark 要比 Hadoop 快上百倍。

　　由于以上优点，近些年来 Spark 被广泛应用在分布式数据处理领域。Spark 中逐渐分化出来很多常用的工具集，包括 SQL 处理、

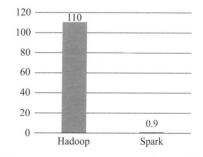

图 11.3　Spark 和 Hadoop 在 LR 算法上速度的对比

Graph 处理、流数据处理、机器学习等（参考图 11.4）。其中与分布式机器学习直接相关的是 MLlib，接下来详细介绍 MLlib 包含的内容和工作原理。

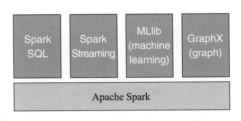

图 11.4   Spark 系统的子模块

11.2.2   Spark MLlib

Spark 最初设计时虽然考虑到了迭代计算模式，但是一直缺少一个高效、可扩展性强的机器学习套件。这种状况一直持续到 Spark MLlib 项目启动。2013 年 9 月 Spark 发布的 0.8 版本中第一次开源了 Spark MLlib。

Spark MLlib 封装了一系列常用的机器学习算法，并利用 Spark 本身的分布式优势为这些算法提供了分布式的解决方案[11]。这些算法包括线性模型、协同过滤算法、k-means算法，以及针对聚类和降维的主成分分析（PCA）方法等（参见表 11.2）。作为一个机器学习系统，Spark MLlib 中还提供了很多基础部件，包括优化方法、代数计算、统计分析、特征抽取等。对于 Spark MLlib 的用户而言，只需要简单调用已经定义好的接口就可以完成相应的学习任务。

表 11.2   Spark 中典型的机器学习算法

Spark 接口	机器学习算法
SVMWithSGD	SVM 分类器
LinearRegressionWithSGD	用 SGD 优化的逻辑回归
LogisticRegressionWithLBFGS	用 LBFGS 优化的逻辑回归
StreamingLogisticRegressionWithSGD	在线学习的逻辑回归
NaiveBayes	朴素贝叶斯分类器
GradientBoostedTrees	提升树分类器或回归模型
RandomForest	随机森林分类器
ALS	基于矩阵分解的协同过滤推荐模型
KMeans	k-means 聚类模型
LDA	LDA 主题模型
PowerIterationClustering	基于幂法迭代的聚类模型
StreamingKMeans	流式数据的 k-means 聚类模型

在 Spark MLlib 中，机器学习的训练过程一般都能用如下代码所表示：接受 RDD 中的 LabeledPoint 数据作为输入，调用相应的学习算法对象，生成对应的模型进行预测。

代码片段 11.1　调用 Spark MLlib 算法的大致流程

```
// Import 对应的机器学习算法的对象和对应的数据对象
比如
import org.apache.spark.mllib.regression.LinearRegressionWithSGD
import org.apache.spark.mllib.regression.LabeledPoint

// 加载和解析数据文件
val data = sc.textFile("mllib/data/ridge-data/lpsa.data")
val parsedData = data.map { line =>
    val parts = line.split(',')
    LabeledPoint(parts(0).toDouble, parts(1).split(' ').map(x => x.
    toDouble).toArray)
}

// 设置迭代次数并进行训练
val numIterations = 20
val model = LinearRegressionWithSGD.train(parsedData, numIterations)

// 统计回归错误的样本比例
val valuesAndPreds = parsedData.map { point =>
    val prediction = model.predict(point.features)
    {(point.label, prediction)}
}
var MSE = valuesAndPreds.map{case(v,p) =>math.pow((v-p),2)}.mean()
```

如上所示，在代码中数据被表示为 RDD 对象，训练的过程完全被封装在模型算法的代码中。大多数基于迭代优化的算法，尤其是基于随机梯度下降法的学习算法在 Spark 中都是按照类似 MapReduce 的逻辑来表述的。利用基于 RDD 的内存计算以及流水线优化机制，Spark 可以把计算速度大大提高。图 11.5 展示了 Spark MLlib 中算法分布式执行的一

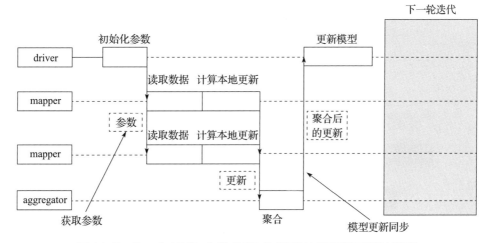

图 11.5　Spark MLlib 中以 SGD 为基础的机器学习算法流程

般流程。可以看到初始的参数会作为输入送给所有的 mapper，每个 mapper 负责一部分训练
样本的本地训练。mapper 完成后由一个 aggregator 节点负责将所有的本地训练结果汇总，
然后交给 driver 完成总体的更新，并进入下一轮迭代。在这个过程中数据始终源源不断地
由 RDD 提供，而 mapper 接受调度节点的命令，不断执行数据的训练任务。

11.3   基于参数服务器的分布式机器学习系统

11.3.1   参数服务器

在前面章节中，我们曾经提到过基于 IMR 的分布式机器学习系统的局限性，例如同
步方法效率和鲁棒性欠佳，主节点成为系统容量和扩展性的瓶颈，以及灵活性不足，很
难实现对局部参数的访问和对参数历史状态的访问。

参数服务器的设计初衷就是为了解决以上问题。参数服务器最早出现在大规模主题
模型系统[9-10]以及大规模深度神经网络系统[11]之中。这些系统有着不俗的性能，也验证
了参数服务器架构的优势。后来，人们把参数服务器实现成了通用系统，用以支持更多
的机器学习任务。图 11.6 是参数服务器系统的基本架构。

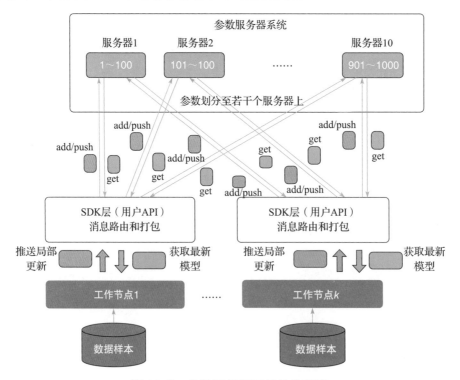

图 11.6   参数服务器系统结构示意

如图 11.6 所示，参数服务器负责存储和管理参数，对工作节点提供分布式共享存储服务并响应工作节点的请求。这里，参数服务器并不是指某一台特定的实体服务器，而是对应一个可伸缩的服务器组。通常，一组模型的参数会通过一定的规则哈希到不同的实体服务器中进行存储。图 11.6 中，使用了十台机器组成参数服务器组来存储大小为 1000 维的参数，参数被哈希为不相交的十份，其中每个实体服务器负责存储 100 维的参数（在某些复杂的参数服务器实现中还设计了对参数的冗余存储，用以提高当个别参数服务器损坏时系统的容错能力[12]）。对参数进行分布式存储主要是出于以下考虑：①通过使用多台实体服务器来分担大规模模型参数的存储和计算，从而更快地响应来自客户端的参数更新和访问请求；②多个实体服务器可以减少网络拥堵，具有更好的可扩展性；③可以利用多个实体服务器实现系统容错。

工作节点负责本地模型的训练，并利用参数服务器提供的 API 对全局模型进行获取和更新。工作节点能够访问的 API 有两类：一类是从参数服务器获取模型参数，一类是更新存储在参数服务器上的模型参数：

1）当工作节点有获取请求时，参数服务器 API 按照事先约定好的数据划分和存储协议，将请求转发给相应的实体服务器。然后等待来自这些实体服务器的回应信息，重新整理成用户需要的格式后返回给用户。

2）当工作节点有更新请求时，参数服务器 API 将要更新的参数和对应的数值信息按照数据划分和存储协议进行拆分，再分别发送给相应的实体服务器。实体服务器接到请求后依据相应的聚合算法更新全局模型。

为了能够更加细致地展示参数服务器的工作原理，下面我们以 Multiverso 参数服务器系统为例做详细介绍。

11.3.2 Multiverso 参数服务器

Multiverso 系统是由微软公司开发的开源参数服务器，其内部工作流程如图 11.7 所示。

机器学习模型通常用数值向量或矩阵来进行表示，因此 Multiverso 系统采用数据表的结构存储参数。依据模型的不同，数据表有不同的具体形式：可以是简单向量，也可以是矩阵、张量或哈希表；可以是稠密的形式，也可以是稀疏的形式。此外，为了提高访问效率，Multiverso 系统还对特定的数据表采用特殊的存储方法。例如，有时算法对模型某些部分的访问比其他部分更加频繁，这时可以将访问频繁的部分单独存储在一块连续的内存中，从而提高缓存效率，获得更高的参数访问速度。

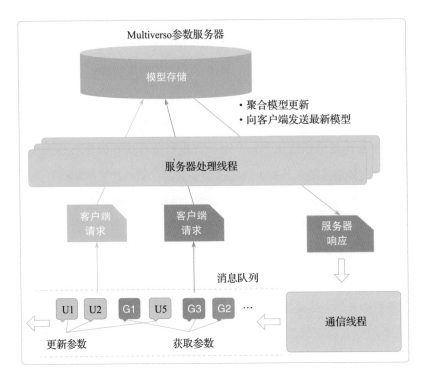

图 11.7   Multiverso 系统的参数服务器内部工作流程

为了更方便地处理来自工作节点的请求，Multiverso 系统使用消息驱动的服务模式，也就是用一个消息队列接收并保存来自工作节点的请求（比如更新某些参数、获取某些参数等）。服务器端会监听队列中的消息，并按照请求的类别由相应的消息响应函数完成服务。为了提高服务器端处理的效率，Multiverso 系统采用线程池对请求并行处理。

通过服务器端对参数请求和参数更新的控制，Multiverso 系统可以实现各种不同的同步和异步的并行学习算法（如算法 11.1 所示）。从算法中可以看出，当用 Multiverso 系统来实现分布式机器学习时，并不需要工作节点显著改变运行方式，用户在将工作节点接入参数服务器之前，只需通过参数配置就可以选择想要的并行模式。当然，参数服务器端的行为方式可以更加复杂，例如我们在前几章中介绍过的带备份工作节点的同步随机梯度下降法、控制最大延迟的异步随机梯度下降法、带延迟补偿的异步随机梯度下降法等。这时，用户则需要在参数服务器更加底层的接口上实现相关的算法逻辑。

算法 11.1　用 Multiverso 系统实现同步和异步的并行逻辑

// 参数服务器端——同步逻辑

Initialize：每个工作节点在参数服务器端的更新次数 $t_k = -1, k = 1, 2, \cdots, K$

　　　　　参数服务器更新次数 $T = 0$

　　　　　服务器端参数 w_0

Repeat

　　if 如果收到节点 k 发送过来的参数请求消息

　　　　if $t_k < T$

　　　　　　返回 w_T

　　　　else

　　　　　　缓存参数请求消息

　　　　end if

　　end if

　　if 如果收到节点 k 发送过来的参数更新消息

　　　　将在来自节点 k 的最新模型更新存在 $\hat{g}^k$ 中

　　　　设置 $t^k = T$

　　　　if 所有的 t^k 均等于 T

　　　　　　处理参数合并的逻辑，比如用平均的形式则 $w_{T+1} = w_T - \dfrac{\eta}{K} \displaystyle\sum_k \hat{g}^k$

　　　　　　$T = T + 1$

　　　　　　处理所有缓存的参数请求消息，返回 w_T 给对应节点

　　　　end if

　　end if

Until 终止

// 参数服务器端——异步逻辑

Initialize：服务器端参数 w_0，参数服务器更新次数 $T = 0$

Repeat

　　if 如果收到节点 k 发送过来的参数请求消息

　　　　将当前的 w_T 发送给工作节点 k

　　end if

　　if 如果收到节点 k 发送过来的参数更新消息

　　　　将 $\hat{g}^k$ 直接更新到全局参数中去 $w_{T+1} = w_T - \eta \hat{g}^k$

　　　　$T = T + 1$

　　end if

Until 终止

// 工作节点 k
Repeat
  请求最新的参数 w_T
  基于参数 w_T 进行本地的参数学习，产生本地模型的更新 g^k
  将 g^k 发送给参数服务器
Until 终止

图 11.8 展示了 Multiverso 系统的客户端逻辑。它包含以下功能：①用户接口（API），②客户端的存储逻辑，③客户端信息的发送逻辑。

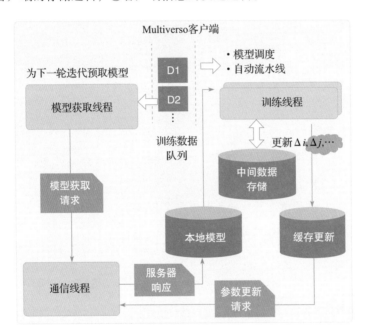

图 11.8 Multiverso 系统的客户端 SDK

Multiverso 系统提供的用户接口分为推送和获取两类，详细的解释可以参考表 11.3。API 的具体形式与用户的访问模式有关。比如在深度神经网络的学习过程中，往往是处理少量样本后就会对所有参数进行更新，这种情况下用户通常调用对全部参数操作的接口来完成。在逻辑回归的学习过程中，处理少量样本后，通常只产生对模型参数的稀疏更新，这种情况下参数的请求和更新则可以调用处理稀疏参数的接口，从而降低传输的数据量，减少网络带宽的占用，提高交互的效率。

表 11.3 参数服务器客户端 API

API 类别	API 接口
建立参数服务器端模型 Create	新建参数服务器端的模型 CreateTable（int dimension）
推送 push	交互内容是参数时的对应接口 Push（void *weight）// 将所有本地的权重参数发送出去 Push（void *weight_id, void *weight_value）// 有选择地将一些参数发送给服务器端，通常是稀疏的形式 交互的内容是梯度的时候的对应接口 Add（void *gradient）// 将所有梯度都发送出去 Add（void *weight_id, void *gradient）// 有选择地将一些参数的梯度发送给服务器
获取 pull	从参数服务器端获取的通常是参数的形式 Pull（void *weight）// 获取所有参数 Pull（void *weight_id, void *weight_value）// 获取部分的参数，稀疏形式

客户端的存储逻辑包含两个部分：一是用来存储从参数服务器端获得的全局参数，二是用来保存本地产生的模型更新。客户端存储从参数服务器端获取的参数以供工作节点进行局部训练时使用。此外，客户端也缓存本地工作节点产生的模型更新，这样做可以将本地的更新做一些汇总后再通过网络一并发送。当模型有很多稀疏更新时，如果每产生一些更新就发送出去，网络包太细碎，会严重影响网络的通信效率。通过汇总打包后再发送，可以大大减少网络请求的次数，提高交互的效率。

客户端信息的发送逻辑会在网络传输前对数据进行分包和聚合。这是因为参数是分布式存储在服务器上的，依据客户端中参数和服务器的映射关系表，客户端需要把对参数的更新请求拆分开来，将拆分后的包发送给相对应的服务器对象。反过来，在接受参数服务器端传来的最新参数时，客户端也需要将来自不同服务器的信息汇总，然后把信息存储到本地模型容器之中。

11.4 基于数据流的分布式机器学习系统

11.4.1 数据流

基于数据流的分布式机器学习系统借鉴了基于 DAG 的大数据处理系统的灵活性，将计算任务描述成为一个有向无环的数据流图，图中的节点表示对数据的操作（计算或者通信），图中的边表示操作的依赖关系。系统自动提供对数据流图的分布式执行，因此用户所要关心的只是如何设计出适当的数据流图来表达想要执行的算法逻辑。

下面我们将以数据流系统的代表 TensorFlow 中的数据流图为例介绍典型的数据流图（参见图 11.9）。图中每个节点描述了一种运算符（比如矩阵的运算和特定的优化算子等），输入节点也可以看作是一种特殊的运算符，而边代表了节点之间的数据以及它们的流动方向。当系统接收到用户定义的数据流图之后，首先对该数据流图进行优化，包括裁剪移除一些无用操作、内存优化等。然后根据分配算法，将图中计算节点分配到实际的运算设备上分布式地执行这些计算任务。系统引擎依据数据流图依次调度图中每个节点来执行相应任务。

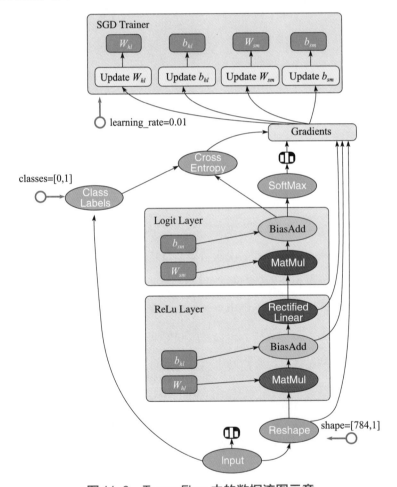

图 11.9   TensorFlow 中的数据流图示意

当用户在一个数据流图中同时包含多路的训练逻辑，然后通过加入参数聚合节点来收集它们的模型更新结果，就可以完成分布式的训练逻辑。因此，从数据流的角度看，分布式机器学习只是某种的数据流设计而已，并没有什么特别。从这个意义上讲，数据流架构要比参数服务器架构更加通用和灵活。

接下来详细介绍一个数据流系统的代表 TensorFlow。

11.4.2　TensorFlow 数据流系统

TensorFlow 是在 2015 年 11 月正式对外开源的一个机器学习系统，它可以对深度学习模型的训练提供很好的支持。近年来，TensorFlow 已经成为深度学习领域最受欢迎的开源项目之一。

在深度学习中，数据通常是以高维数组的形式存在，比如说参数矩阵通常是两维的数组（全连接层的权重）或者三维的数组（卷积层的参数）。这种高维的数组通常统称为张量（Tensor）。在训练过程中，Tensor 在数据流图中流动，这就是 TensorFlow 这个名字的由来[13]。

TensorFlow 有两种数据对象，分别为张量（Tensor）和变量（Variable）。模型参数在机器学习训练过程中不断被更新，因此属于变量。TensorFlow 运算过程中所有需要存储下来的变量合在一起被称为图的状态。而数据流图中节点的输出（通常称为中间结果）一般是不可变的数据，属于张量。张量和变量一样都可以参与运算，不同的是张量作为中间值用过以后就释放了，而变量会被系统存储下来，在下一轮迭代中继续使用。

为了能够支持深度学习，TensorFlow 系统定义了很多与深度神经网络有关的算子（Operator，或 Op）。TensorFlow::ops 是一个非常庞大而丰富的代码池。表 11.4 中列出了其中常用的一些算子。

表 11.4　TensorFlow 中的算子

类别	算子示例
数值计算操作	Add，Sub，Mul，Div，Less，Equal，…
数组操作	Concat，Slice，Split，Constant，Rank，Shape，Shuffle，…
矩阵计算操作	MatMul，MatrixInverse，MatrixDeterminant，…
状态操作	Variable，Assign，AssignAdd，AssignSub，ScatterAdd，ScatterMul…
神经网络操作	SoftMax，Sigmoid，ReLU，Conv2D，MaxPool，AvgPool，L2Loss，…
数据流操作	Barrier，AccumulatorApplyGradient，QueueEnqueue，FIFOQueue，…
控制流操作	Abort，Merge，Switch，LoopCond，NextIteratio，RefSelect，…

我们前面提到过，MapReduce 逻辑也可以表示成某种数据流图。但是相比而言，TensorFlow 系统中数据流图与具体机器学习算法的结合更加紧密，并且底层操作的复用性和灵活性更强，用户可以基于底层操作搭建各式各样的算法模型，而不只是进行

数据处理。

TensorFlow 系统中，任务是通过会话（Session）来统一管理的。用户通过会话来启动数据流图，管理运行时资源的申请和分配，以及关闭计算任务。在使用 TensorFlow 系统时，我们以会话贯穿整个计算任务，因此源码中经常会出现下面的模式：

代码片段 11.2　TensorFlow 任务的一般模式

```
sess = tf.Session()
… # 构建数据流图
… # 构建数据
… # 描述计算资源,以及数据流图和计算资源之间的对应关系

result = sess.run(graph) # 启动数据流图的计算

sess.close() # Session 结束必须要释放资源,也可以通过 with 代码块来代替显示的释放
```

在 TensorFlow 的执行过程中有几个不同的角色在起作用，包括客户端（Client）、主控程序（Master）和工作节点（Worker）。其中：

- Client 用来启动任务，它通过 Session 的接口与 Master 取得联系，告知整个系统要运行的任务内容以及所需要的资源情况。

- Master 是主控制节点，它负责分发任务、调度资源，并且把计算结果返回给客户端。Master 是一个执行引擎，拿到数据流图的信息之后，会结合数据流图和计算资源的情况将具体的计算分配给工作节点来完成。

- Worker 是工作节点，它负责管理和使用计算设备，具体而言就是机器中的 GPU、CPU 等设备。Master 将计算算子发送给 Worker，Worker 负责用其管理的设备来执行这些算子并返回结果给 Master。

TensorFlow 对于 Client-Master-Worker 有很灵活的配置方式，既可以让它们工作在单个节点中，也可以让它们工作在分布式的环境中利用多机多卡进行训练。一般在单机环境下，这三者在同一个进程当中；而在分布式环境下，它们会用远程过程调用（RPC）的方式连接起来（参见图 11.10）。

在 TensorFlow 系统中，数据流图既会定义各个计算算子的输入/输出关系，也会定义其使用的计算资源。在默认情况下，TensorFlow 会进行自动的设备分配。当用户需要自定义计算资源分配方案时，也可以显式告诉 TensorFlow 系统如何分配系统资源，手工指定各个操作和 Worker 之间的关系（参见代码片段 11.3）。

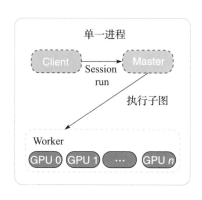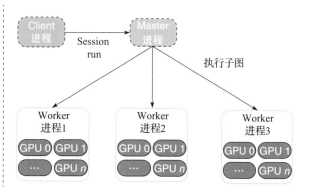

图 11. 10　TensorFlow 中的 Client-Master-Worker 在单机和多机下的架构

代码片段 11. 3　TensorFlow 手工分配数据流图中计算操作的设备

```
sess = tf.Session()
… # 构建数据流图
… # 构建数据
… # 描述计算资源,以及数据流图和计算资源之间的对应关系

with tf.Session() as sess:
    with tf.device("/gpu:1"):
        matrix1 = tf.constant([[3.,3.]])
        matrix2 = tf.constant([[2.],[2.]])
        product1 = tf.matmul(matrix1,matrix2)
    with tf.device("/gpu:2"):
        matrix3 = tf.constant([[3.,3.]])
        matrix4 = tf.constant([[2.],[2.]])
        product2 = tf.matmul(matrix3,matrix4)
    final = tf.matadd(product1,product2)
result = sess.run(final) # 启动数据流的计算
sess.close()
```

　　即便要进行多设备的分布式训练,用户也不需要处理多个设备之间的交互问题。只需定义好每个设备上的数据流图,系统就会根据数据流图中算子本身的输入输出自动识别出多设备之间的数据依赖关系。设备之间的通信由 TensorFlow 系统来负责,当计算需要跨设备或者跨网络时,系统会自动加入发送(Send)和接收(Recv)算子(如图 11.11 所示)。这样不但从用户体验上很友好,系统上也更容易统一优化,让通信环节更加高效。

　　为了支持分布式机器学习,TensorFlow 使用 Cluster、Job 和 Task 来定义一个计算集群[14]。其中 Cluster 是最顶层的定义，包含任务将要运行的完整设置。具体而言，Cluster 里面会定义有哪几种 Job 的角色，每个 Job 的角色下有多少个实际的 Task 在工作。比如一个 Job 中可以有参数服务器（PS）这类存储和管理变量的任务，也可以有 Worker 这类进行具体模型训练的任务。每个 Job 角色会由一个或者多个实体的 Worker 来实际担当。举个例子，下面的代码片段中定义了一个 Cluster，其中有两种 Job：一种叫作 worker，分别由三个具体的 Task（worker0、worker1、worker2）组成；另一种叫作 ps，由 ps0 这一个 Task 组成。

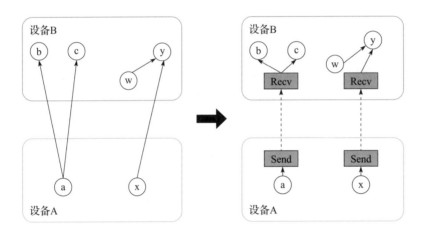

图 11.11   TensorFlow 中的跨设备数据传输机制

代码片段 11.4   TensorFlow 中的集群描述

```
tf.train.ClusterSpec({
    "worker": [
      "worker0.example.com:2222",
      "worker1.example.com:2222",
      "worker2.example.com:2222"
    ],
    "ps": [
      "ps0.example.com:2222",
]})
```

定义了集群之后需要进一步定义用于分布式学习的数据流图。TensorFlow 提供了两种分布式训练模式，分别是 In-Graph 模式和 Between-Graph 模式。

In-Graph 模式下整个任务由一张数据流图来描述：将模型训练中的运算部分手动复制后，作为不同的 Task 放在一个图里面，最后加入一个节点用来汇总信息。不同 Task

的输入数据源来自同一个输入节点，而最后的汇总节点收集多路计算的结果。In-Graph 模式中整个分布式训练任务只有一个 Client，是一种比较直观描述分布式训练的方法，完全按照数据流图的逻辑来定义，主要用于单机多卡的训练场景。

Between-Graph 比较像传统意义下的数据并行机器学习的模式。会有多个 Client，每个 Client 各自按照自己的数据流图工作，有的 Client 对应的 Job 是 PS 类型的，会负责参数更新的聚合，有的 Client 对应的 Job 是 Worker 类型，负责本地的训练任务，本地 Worker 需要通过使用 tf. train. replica_device_setter 将本地参数映射到参数服务器上，这样多个分布式训练的节点就可以共同更新模型参数，这种模式既可以用于单机多卡的训练场景，也可以用于多机多卡的分布式训练场景。

下面的代码展示了两种并行模式下的分布式训练的 Client 代码：

代码片段 11.5　TensorFlow 支持的不同并行模式

```
# In - Graph
with tf.device("/job:ps/task:0"):
    weights = {…}
    biases = {…}

with tf.device("/job:worker/task:0"):
    pred = conv_net(x, weights, biases, keep_prob)

    cost = tf.reduce_mean(softmax_LogLoss_logit(pred, y))

with tf.device("/job:worker/task:1"):
    pred2 = conv_net(x, weights, biases, keep_prob)

    cost2 = tf.reduce_mean(softmax_LogLoss_logit(pred2, y))
    cost3 = tf.add(cost,cost2)
    optimizer = tf.train.AdamOptimizer(…).minimize(cost3)

with tf.Session("grpc:// " +ps_hosts[0]) as sess:
    sess.run(init)
    while x,y from datafile
        sess.run(optimizer, x, y)

# Between - Graph
def main(_):
    ps_hosts = FLAGS.ps_hosts.split(",")
    worker_hosts = FLAGS.worker_hosts.split(",")

    # Create a cluster from the parameter server and worker hosts.
```

```
cluster = tf.train.ClusterSpec({"ps": ps_hosts, "worker": worker_hosts})

# Create and start a server for the local task.
server = tf.train.Server(cluster,
                         job_name = FLAGS.job_name,
                         task_index = FLAGS.task_index)

if FLAGS.job_name == "ps":
    server.join()
elif FLAGS.job_name == "worker":
    # Assigns ops to the local worker by default.
    with tf.device(tf.train.replica_device_setter(
    worker_device = "/job:worker/task:% d" % FLAGS.task_index,
    cluster = cluster)):

        # Build model...
        loss = ...

        train_op = tf.train.AdagradOptimizer(0.01).minimize(
            loss, global_step = global_step)

        # The MonitoredTrainingSession takes care of session initialization,
        # restoring from a checkpoint, saving to a checkpoint, and closing when done
        with tf.train.MonitoredTrainingSession(⋯) as mon_sess:
            while not mon_sess.should_stop():
                mon_sess.run(train_op)
```

TensorFlow 在数据流图的定义上是十分灵活的：如果我们将数据流图拆分开来放在不同设备上，自然就实现了模型并行；如果我们借助参数服务器，将多路计算做汇总，就可以进行数据并行。这种灵活性也使得 TensorFlow 很容易定义一些混合并行的模式，读者们可以自己尝试利用 TensorFlow 设计各种新颖的并行逻辑。

11.5 实战比较

在前面几节中，我们介绍了分布式机器学习系统的基本原理，以及 Spark MLlib、Multiverso、TensorFlow 等典型的分布式机器学习系统。为了让读者能够有更加具象化的认知，本节将以分布式逻辑回归模型（Distributed Logistic Regression）为例，详细讲述实战中如何利用这三个系统完成机器学习任务。

我们首先回顾一下逻辑回归用于二分类问题的具体形式。假设每个输入样本都可以

用一个 d 维的特征向量 $x \in R^d$ 来表示，逻辑回归模型用一个 logistic 函数将这些特征进行线性组合，并计算出样本属于某一个分类的概率：

$$g(x;w,b) = \frac{1}{1 + e^{-(w^T x + b)}}$$

其中，w 是模型中的每一维特征对应的权重，b 是模型的整体偏差。人们通常选取交叉熵作为逻辑回归问题的损失函数，在 n 个训练样本 $S = \{(x_1, y_1), \cdots, (x_n, y_n)\}$ 上的经验损失为：

$$\hat{l}_n(w) = \frac{1}{n} \sum_{i=1}^n \left[y_i \log(f(x_i)) + (1 - y_i) \log(1 - f(x_i)) \right]$$

求解过程可以使用各种优化算法求得在训练集上对应最小经验损失的参数 w，b。

下面我们来看一下各个分布式机器学习系统是如何实现分布式逻辑回归算法的。

代码片段 11.6　用 Spark 平台来实现逻辑回归

```
val points = spark.textFile(...)
                  .map(parsePoint).persist()
var w = Vector.random(D) // 随机初始向量
for (i < -1 to ITERATIONS) {
    val gradient = points.map{ p =>
        p.x * (1/(1 + exp(-p.y*(w dot p.x))) - 1)*p.y
    }.reduce((a,b) => a + b)
    w -= step_size* gradient
}
```

代码片段 11.6 给出了 Spark 上逻辑回归的实现。我们在介绍 Spark 平台时提到过，Spark 的运算基于 RDD 中的数据，在这个例子中 points 是从文件生成的 RDD 数据对象，训练是基于它进行的。值得注意的是，这里使用了 persist 操作，目的是告诉 Spark 系统这个数据对象是需要常驻内存的，因为在多轮迭代中都会使用到这个数据。

有了数据 points，接下来通过 Map 中定义的转换计算出梯度。Spark 系统会根据数据量的大小和预设的工作节点数目将任务分配到分布式的集群上运行。接下来通过 Reduce 操作将所有数据的梯度做聚合（聚合的逻辑是求和），在一轮迭代中所有数据都处理完成以后，将汇总的梯度作用在原全局参数上形成新的模型。在这个过程中，Spark 系统会自动做底层的优化，包括动态组合、分级归并等。

从这个例子中可以看出，一次参数更新是基于所有输入样本的。也就是说，这段 Spark 代码是采用传统梯度下降法进行的模型优化。另外，这段代码采用了同步的通信逻辑来进行分布式训练。

代码片段 11.7　用 Multiverso 平台来实现逻辑回归

```python
import multiverso as mv
import numpy as np
import cPickle as pickle

# 参数服务器端的参数设置确定异步和用 adagrad 进行更新
mv.init(sync = false, updater = "adagrad")

model = mv.MatrixTableHandler(784, 10)
data = pickle.load("data.pkl")

for iter in range(0, ITRATIONS):
    feature, label = data[0], data[1]

    w = model.get()
    gradient = (label - sigmoid(w * feature)) * feature
    model.add(gradient)

mv.shutdown()
```

代码片段 11.7 是在 Multiverso 系统中实现逻辑回归时工作节点上运行的 Python 代码。该代码中首先利用了 Multiverso 提供的接口 mv. init 函数启动了参数服务器。然后，通过接口 mv. MatrixTableHandler 在服务器端创建了共享模型所需要的存储，并返回了该模型在本地工作节点访问时所需要的句柄。

本地模型 model 对象可以使用 get() 方法获得参数服务器端最新的模型。当我们把本地的参数梯度计算出来之后，通过 add() 方法，将更新发送给参数服务器，由参数服务器完成对全局模型的修改。

要让这部分程序工作，还是需要有参数服务器做支持。分布式学习过程中所使用的并行机制需要在参数服务器端进行设置。这是通过 mv. init（sync = false，updater = "adagrad"）来实现的，这部分代码设置了异步算法和参数聚合的更新公式 AdaGrad。当然，我们也可以通过设置参数 sync = true 让 Multiverso 系统工作在同步模式下。这种编程界面对于开发者而言体验是非常好的，因为不需要为不同的通信机制编写不同的代码，只需要进行一些简单的系统配置即可。

代码片段 11.8　用 TensorFlow 平台来实现逻辑回归

```
import tensorflow as tf
cluster_spec = tf.train.ClusterSpec({
    "ps": ["ps0:2222"],
    "worker": ["worker0:2222", "worker1:2222", "worker2:2222"]})
Server = tf.train.Server(cluster, job_name, task_index)

X = tf.placeholder(tf.float32, data_shape)
Y = tf.placeholder(tf.float32, label_shape)

if job_name == "ps":
    server.join()
elif job_name == "worker":
    with tf.device(tf.train.replica_device_setter(cluster = cluster_spec)):
        mnist = input_data.read_data_sets(data_dir, one_hot = True)
        x_ = tf.placeholder(tf.float32, [None, 784])
        W = tf.Variable(tf.random_normal([784, 10]))
        b = tf.Variable(tf.zeros([10]))
        y = tf.matmul(x, W) + b
        y_ = tf.placeholder(tf.float32, [None, 10])

        loss = tf.reduce_mean(tf.nn.softmax_cross_entropy_with_logit(y, y_))
        global_step = tf.Variable(0)
        train_op = tf.train.AdagradOptimizer(0.01).minimize(
          loss, global_step = global_step)
        init_op = tf.global_variables_initializer()
    sv = tf.train.Supervisor(init_op = init_op, global_step = global_step)
    with sv.managed_session(server.target) as sess:
        while not sv.should_stop() and step < 1000:
            _, step = sess.run([train_op, global_step])
    sv.stop()
```

代码片段 11.8 是 Tensorflow 系统中实现分布式逻辑回归的代码。其中一个部分定义了分布式集群的组成和成员角色，另一部分定义了模型训练的过程。

从代码中可以看出，TensorFlow 系统以 Between-Graph 的方式运行。每个 Client 自己启动一个进程，如果判断本地 Task 类型为 Worker，则定义本地模型，设置本地训练器所用的参数，完成本地训练，最终通过参数服务器来同步对参数的更新。

在 TensorFlow 系统中参数服务器（PS）节点同样是一个不可或缺的部件，负责全局参数的更新逻辑。不过读者可能注意到了，在 TensorFlow 的代码中并没有显式地调用参数服务器的 Pull 或者 Push 接口，这部分隐藏在 TensorFlow 的数据流图之中，系统会自动完成服务器端的参数更新和本地参数同步的过程。这样的处理有利有弊，如果用户想要控制参数同步的细节（步调和时机），则需要深入到 TensorFlow 的细节之中。

11.6　总结

本章中我们分别介绍了基于迭代式 MapReduce、参数服务器和数据流三种不同架构的分布式机器学习系统。迭代式 MapReduce 源于大数据处理系统，这类系统通常有完善的生态，因此使用起来极为方便。但 MapReduce 系统仅支持同步通信，因此在集群规模大、计算能力差异化大的情况下效率不高。基于参数服务器的系统既可以支持同步通信，也可以支持异步通信。参数服务器提供的接口简便，用户可以很容易地将单机程序改为分布式版本，但这类系统需要用户自己定义模型训练逻辑。基于数据流的系统使用数据流图来同时描述计算与通信，可以方便地实现机器学习模型。这类系统也可以支持异步通信。同时，基于数据流的系统不仅可以支持数据并行，也可以支持模型并行。我们通过具体示例向读者介绍了如何使用三种系统，在具体实践中，请大家根据自己要解决的具体问题（如模型规模、数据规模）、计算机集群的特点（如工作节点的差异性、网络带宽等）以及大家对于不同分布式机器学习系统的熟悉程度来选择最适合的系统进行使用。

参考文献

［1］ Meng X, Bradley J, Yavuz B, et al. Mllib：Machine learning in apache spark［J］. The Journal of Machine Learning Research, 2016, 17(1)：1235-1241.

［2］ Xing E P, Ho Q, Dai W, et al. Petuum：A New Platform for Distributed Machine Learning on Big Data［J］. IEEE Transactions on Big Data, 2015, 1(2)：49-67.

［3］ https：//github. com/Microsoft/Multiverso.

［4］ https：//github. com/dmlc/ps-lite.

［5］ Zhou J, Li X, Zhao P, et al. KunPeng：Parameter Server based Distributed Learning Systems and Its Applications in Alibaba and Ant Financial［C］//Proceedings of the 23rd ACM SIGKDD International Conference on Knowledge Discovery and Data Mining. ACM, 2017：1693-1702.

［6］ https：//github. com/tensorflow/tensorflow.

［7］ Zaharia M, Chowdhury M, Franklin M J, et al. Spark: Cluster Computing with Working Sets［J］. HotCloud, 2010, 10(10-10): 95.

［8］ Zaharia M, Chowdhury M, Das T, et al. Resilient Distributed Datasets: A Fault-tolerant Abstraction for In-memory Cluster Computing［C］//Proceedings of the 9th USENIX Conference on Networked Systems Design and Implementation. USENIX Association, 2012: 2-2.

［9］ Ahmed A, Aly M, Gonzalez J, et al. Scalable Inference in Latent Variable Models［C］//Proceedings of the Fifth ACM International Conference on Web Search and Data Mining. ACM, 2012: 123-132.

［10］ Smola A, Narayanamurthy S. An Architecture for Parallel Topic Models［J］. Proceedings of the VLDB Endowment, 2010, 3(1-2): 703-710.

［11］ Dean J, Corrado G, Monga R, et al. Large Scale Distributed Deep Networks［C］//Advances in Neural Information Processing Systems. 2012: 1223-1231.

［12］ Li M, Andersen D G, Park J W, et al. Scaling Distributed Machine Learning with the Parameter Server［C］//OSDI. 2014, 14: 583-598.

［13］ Abadi M, Barham P, Chen J, et al. TensorFlow: A System for Large-Scale Machine Learning［C］//OSDI. 2016, 16: 265-283.

［14］ https://www.tensorflow.org/deploy/distributed.

第12章

DISTRIBUTED MACHINE LEARNING
Theories, Algorithms, and Systems

结　语

12.1 全书总结

近年来,人工智能取得了突飞猛进的发展,似乎每天都有新的技术诞生、新的产品发布、新的市场起伏。这个过程中机器学习技术及其分布式实现无疑起到了推波助澜的作用。我们坚信,在未来相当长的时间里,这些技术仍然会是人工智能领域强劲的动力,对这些技术进行学习和研究仍然具有非常重要的意义。

人工智能领域日新月异,就在本书的写作过程中,又有大量的论文发表、很多开源系统发布。在如此背景之下,想写出一本包罗万象、代表技术最前沿的书籍几乎是不可能完成的任务。因此,本书作者有着更加务实的定位:希望通过我们的理解和分享,为大家勾勒出分布式机器学习领域的基本框架,对典型的算法、理论和系统有所呈现,为大家在这个领域进一步深耕打下基础。

抱着这个目标,我们首先对各种纷繁复杂的分布式机器学习算法和系统进行了梳理,总结出它们共有的框架结构,包括数据/模型划分、单机优化、通信机制、模型聚合等组成部分。并且针对每个组成部分的不同选项进行了讨论。

在数据/模型划分方面,我们可以有如下选择:

- 数据划分:基于数据样本的划分(随机抽样或置乱切分)和基于数据维度的划分。
- 模型划分:依照参数对线性模型进行划分,以及横向逐层、纵向跨层或随机地对神经网络模型进行划分。

在单机优化算法方面,我们可以有如下选择:

- 确定性优化算法:包含一阶算法(如梯度下降法、投影次梯度下降、近端梯度下降法、Frank-Wolfe 算法、Nesterov 加速方法、坐标下降法、对偶坐标上升法)和二阶算法(牛顿法、拟牛顿法等)。
- 随机优化算法:包括随机梯度下降法、随机坐标下降法、随机对偶坐标上升法、随机方差缩减梯度法、随机拟牛顿法等。

在通信机制方面,我们可以有如下选择:

- 通信内容:模型参数、模型参数更新、中间计算结果等。
- 通信拓扑:基于迭代式 MapReduce、参数服务器或者数据流的拓扑结构。
- 通信步调:同步、异步、半同步或者同步、异步混合。

- 通信频率：时域滤波、空域滤波等。

在模型聚合方面，我们可以有如下选择：

- 基于全部模型的加和（或平均）。

- 基于部分模型的加和（或平均）。

- 基于输出加和的模型集成。

- 基于投票的模型集成。

基于以上这些基本的组成部分，我们可以进行多种多样的组合。比如，基于置乱切分的数据划分，既可以与单机的随机梯度下降法、跨机的同步通信以及基于模型平均的聚合方法组合在一起；也可以与单机的拟牛顿法、跨机的异步通信以及基于模型集成的聚合方法组合在一起。不同的结合方式将会对应不同的分布式机器学习算法。为了给大家更加具象化的印象，我们单独开辟了一章的篇幅（第 9 章）介绍了时下一些典型的分布式机器学习算法，以及它们对应的各个组成部分的具体选择。这些算法包括：同步随机梯度下降法（SSGD）、ADMM 算法、BMUF 算法、弹性平均随机梯度下降法、异步随机梯度下降法、Hogwild! 算法、Cyclade 算法、AdaDelay 算法、带延迟补偿的异步随机梯度下降法等。当然，这些算法远不能涵盖所有可能的组合，还有大量的组合有待我们进一步探索。

给定一个基于特定组合的分布式机器学习算法，我们很自然地会关心两个问题：

- 这个算法的组合效果如何？是否收敛？加速比如何？精度如何？

- 这个算法如何在真正的分布式系统里进行实现，应该选择哪个平台？

为了回答这些问题，我们在随后的两章里对各种分布式机器学习算法的收敛性质（包括哪些因素影响它们的收敛性）进行了总结和讨论，并且对市面上主流的分布式机器学习系统进行了介绍（并针对若干典型的分布式机器学习算法给出具体实现）。我们希望通过这两章的讨论，真正意义上形成分布式机器学习的闭环，给读者一个关于这个领域 360 度的视角。

12.2　未来展望

请读者注意，由于分布式机器学习这个领域发展非常迅速，本书的内容仅仅是一个阶段性总结，分布式机器学习还有很多开放的研究问题有待探索。比如：

在数据与模型划分方面，现有划分方法主要来源于并行计算的基本方法，比较容易基于已有的并行平台开发和实现。然而，机器学习与传统的计算任务存在很大的差别，数据和模型的划分有可能存在现有并行模式之外的更为灵活的方式。比如，如何在分布式学习中平衡局部数据统计性质的共性和差异性，并设计相应的数据和模型划分方法以便充分利用这些性质？如何在数据与模型划分的时候充分考虑到系统的硬件架构，从而一方面控制分布式架构中的通信量，另一方面尽量不影响最终的学习效果？是否可以将分布式机器学习过程本身建模成一个最优化问题，根据当前系统的一些条件变量来自适应地、动态地自动求解出更优的数据和模型划分方式？

在单机优化算法方面，我们不应该受到传统凸优化算法范畴的桎梏，可以将算法的各个环节都进一步丰富。比如，近期出现的对神经网络的随机划分方法借用了多智能体系统的概念和方法，基于集成－压缩的聚合方法利用了知识蒸馏的技巧。尤其是对于非凸的深度学习任务，仅仅用凸优化方法的多机版本会限制我们对最优解的探索，充分利用各个工作节点的协作甚至是竞争，将会产生出其不意的效果。那么是否可以为分布式机器学习以及典型的非凸机器学习任务（如深层神经网络）研发出专门的优化算法呢？这种算法的设计需要考虑局部和全局的平衡，计算和通信的平衡，以及目标函数的复杂性。

在通信机制方面，现有的同步、异步算法各有优势，也各有短板。是否能够设计出一种自适应的调度决策模块，可以根据分布式系统的物理特性（如计算能力、通信能力、存储能力）以及工作节点的状态信息（如模型的稀疏性、数据的重合度、局部模型的相对优势和探索价值等），甚至是计算过程中这些信息的动态变化来在线调整通信机制，从而发挥出整个系统最大的效能？

在模型聚合方面，目前绝大部分工作关注的是如何有效地生成全局模型。在这个背景下，各个工作节点高度同质化、单一化，它们的存在基本上是帮助全局模型探索各个数据分块或工作节点的局部信息。然而，有时保持一定程度的多样性可能会带来更好的学习效果。人类社会就是一个非常好的参考。从某种意义上讲，人类社会可以看成一个超大规模的分布式机器学习系统，每个人、每个组织都扮演着工作节点的角色。然而，另一方面，人类社会和目前典型的分布式机器学习系统有着本质的差别：人类社会中并不存在全局一致性模型，而是每个个体各司其职、各有专长、有机合作，这种多样性有利于人类获得强劲的创新力和高速的物种演化。对人类社会的参考可能会启发我们创造出新一代的、完全不同于以往的分布式机器学习架构。

在理论方面，目前绝大部分工作是对凸优化算法收敛性分析的扩展，理论结果对于算法设计的指导性不足。在我们将分布式机器学习拓展到非凸领域时，非常需要理论工作者们的建议：借用什么样的方法论，每个模块的设计如何影响系统性能，如何改进各个模块的设计和相互配合等。具体地，如果我们能把更多的系统设计元素（比如数据/模型划分、通信机制、模型聚合方式等）包含在理论分析之中，体现在收敛速率或者指标中，那么相应的结论就可以帮助我们去改进分布式机器学习框架中的各个组成部分了。

在系统方面，目前有几种主流的系统可以选择，但是它们也各有利弊。下一代的分布式机器学习系统架构应该是什么样子？是否能够创造出一种自适应、自演化的系统？是否可以与自动学习（AutoML）相结合，把分布式机器学习流程中很多两难的选择自动化？如果真的能够设计出这样的系统，将会极大降低分布式机器学习领域的准入门槛，进一步促进该领域的繁荣发展。

我们非常鼓励本书的读者沿着前面提及的研究思路进行深入思考。展望未来，我们坚信会有更多、更新的分布式机器学习的算法和理论被提出，系统被构建。我们深切地希望本书的读者能受到本书的启发，在这个历史进程中贡献自己的聪明才智，为分布式机器学习领域的健康发展添砖加瓦！

索　引